P.2 ▶1 速度

類題 1 変位と平均の速度 (p.4)

図の右向きを x 軸の正の向きとする。時刻 1.0 s のときに $x=1.0$ m の位置を，時刻 3.0 s のときに $x=5.0$ m の位置を通過した。
(1) この間に経過した時間を求めよ。
(2) この間の物体の変位を求めよ。
(3) この間の物体の移動距離を求めよ。❶
(4) この間の物体の平均の速度を求めよ。
(5) この間の物体の速度が一定であったとして，x-t グラフをかけ。❷❸

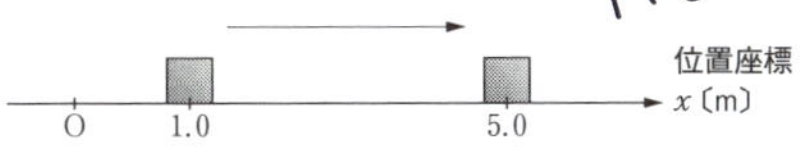

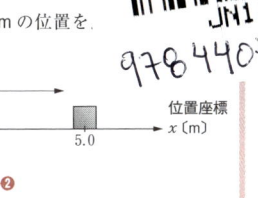

解答
(1) 2.0 s (2) +4.0 m（右向き 4.0 m） (3) 4.0 m
(4) +2.0 m/s（右向き 2.0 m/s） (5) 解説参照

リード文check
❶ ― 変位は向きと大きさの両方。移動距離は大きさのみ
❷ ― 速度は向きと大きさの両方。速さは大きさのみ
❸ ― 速さも向きも一定の運動（等速直線運動）

■ 物理量の数値計算をする基本プロセス Process

プロセス 0

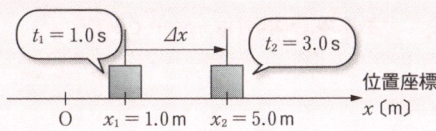

プロセス 1 文字式で表す
プロセス 2 数値を代入する
プロセス 3 物理量は〔数値〕×〔単位〕で表す

解説

(1) **プロセス 1** 文字式で表す
　求める時間を $\varDelta t$ 〔s〕とする。
　　$\varDelta t = t_2 - t_1$
プロセス 2 数値を代入する
　　$\varDelta t = 3.0 - 1.0$
　　　$= 2.0$ 〔s〕
プロセス 3 物理量は〔数値〕×〔単位〕で表す
　　答 2.0 s

(2) ❶ 求める変位を $\varDelta x$〔m〕とする。
　　$\varDelta x = x_2 - x_1$
　❷　$= 5.0 - 1.0$
　　　$= 4.0$〔m〕
　❸ **答** +4.0 m
　　　（右向き 4.0 m）

> 正の向きが定められているので，向きは符号で示せばよい。なお，"＋"の符号は省略してよい。

(3) 移動距離は変位 $\varDelta x$ の大きさ $|\varDelta x|$ のことである。
　答 4.0 m

(4) ❶ 求める平均の速度を $\bar{v}$〔m/s〕とする。
　　$\bar{v} = \dfrac{\varDelta x}{\varDelta t}$
　❷　$= \dfrac{4.0}{2.0}$
　　　$= 2.0$〔m/s〕
　❸ **答** +2.0 m/s
　　　（右向き 2.0 m/s）

> 正の向きが定められているので，向きは符号で示せばよい。なお，"＋"の符号は省略してよい。

(5) **答** 位置座標 x〔m〕　x-t グラフ

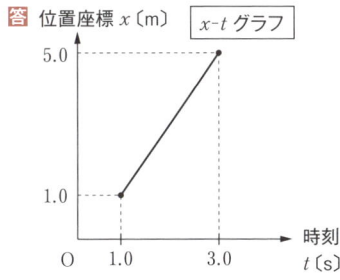

1. 速度 …… 1

類題 2 x-t グラフ，v-t グラフ (p.5)

x 軸上を運動する物体の x-t グラフがある。
(1) $t = 0\,\mathrm{s}$ から $t = 2.0\,\mathrm{s}$ の間の平均の速度を求めよ。❶
(2) $t = 2.0\,\mathrm{s}$ から $t = 4.0\,\mathrm{s}$ の間の平均の速度を求めよ。
(3) $t = 6.0\,\mathrm{s}$ から $t = 8.0\,\mathrm{s}$ の間の平均の速度を求めよ。
(4) $t = 0\,\mathrm{s}$ から $t = 8.0\,\mathrm{s}$ の間の v-t グラフをかけ。❷
(5) $t = 0\,\mathrm{s}$ から $t = 8.0\,\mathrm{s}$ の間の道のりを求めよ。❸

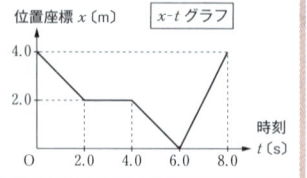

解答
(1) $-1.0\,\mathrm{m/s}$ (2) $0\,\mathrm{m/s}$ (3) $+2.0\,\mathrm{m/s}$
(4) 解説参照 (5) $8.0\,\mathrm{m}$

リード文check
❶ （平均の速度）＝（x-t グラフの傾き）。速度の向きは符号で示す
❷ 縦軸が速度 v〔m/s〕，横軸が時刻 t〔s〕のグラフ
❸ 移動距離の総和

■ x-t グラフの基本プロセス **Process**

プロセス 0

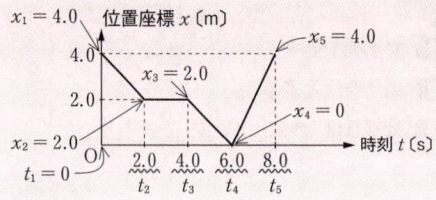

プロセス 1 文字式で表す
プロセス 2 グラフから数値を読みとって代入
プロセス 3 答えは〔数値〕×〔単位〕で表す
　　　　　　 数直線上の向きは＋や－で表す

解説

(1) **プロセス 1** 文字式で表す

求める平均の速度を $\overline{v_1}$〔m/s〕とする。

$$\overline{v_1} = \frac{\Delta x}{\Delta t} = \frac{x_2 - x_1}{t_2 - t_1}$$

プロセス 2 グラフから数値を読みとって代入

$$\overline{v_1} = \frac{2.0 - 4.0}{2.0 - 0}$$
$$= -1.0\,\text{〔m/s〕}$$

プロセス 3 答えは〔数値〕×〔単位〕で表す

答 $-1.0\,\mathrm{m/s}$

（－は，速度の向きが正の向きと逆であることを示している）

(2) **1** 求める平均の速度を $\overline{v_2}$〔m/s〕とする。

(1)と同様に $\overline{v_2} = \dfrac{x_3 - x_2}{t_3 - t_2}$

2 $= \dfrac{2.0 - 2.0}{4.0 - 2.0}$
$= 0\,\text{〔m/s〕}$

3 **答** $0\,\mathrm{m/s}$

（傾きが0なら速度も0）

(3) **1** 求める平均の速度を $\overline{v_3}$〔m/s〕とする。

(1)と同様に $\overline{v_3} = \dfrac{x_5 - x_4}{t_5 - t_4}$

2 $= \dfrac{4.0 - 0}{8.0 - 6.0}$
$= 2.0\,\text{〔m/s〕}$

3 **答** $+2.0\,\mathrm{m/s}$

(4) **答**

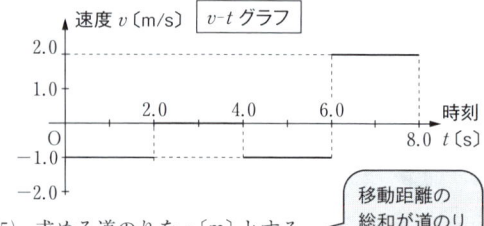

(5) 求める道のりを s〔m〕とする。

$s = |x_2 - x_1| + |x_3 - x_2| + |x_4 - x_3| + |x_5 - x_4|$
$= |2.0 - 4.0| + |2.0 - 2.0| + |0 - 2.0| + |4.0 - 0|$
$= 2.0 + 0 + 2.0 + 4.0$
$= 8.0\,\text{〔m〕}$ **答** $8.0\,\mathrm{m}$

（移動距離の総和が道のり）
（片道 $4.0\,\mathrm{m}$ の距離を往復した）

類題 3 合成速度，相対速度 (p.6)

図の右向きへ一定の速さ 1.0 m/s で動く歩道がある。静止した床では速さ 2.0 m/s で歩くことができる人 A，B について，以下の量を求めよ。

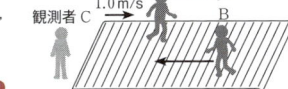

(1) 静止した床にいる観測者 C から見た，A の速度 v_A [m/s]
(2) 静止した床にいる観測者 C から見た，B の速度 v_B [m/s] ❶
(3) C のいる床上での 30 m を，A が歩道上で進むのにかかる時間 t_A [s]
(4) A から見た，B の相対速度 v_{AB} [m/s]
(5) B から見た，A の相対速度 v_{BA} [m/s] ❷

解答

(1) 右向き 3.0 m/s   (2) 左向き 1.0 m/s
(3) 10 s   (4) 左向き 4.0 m/s
(5) 右向き 4.0 m/s

リード文 check

❶ 合成された速度。(静止した床での人の速度)+(動く歩道の速度)
❷ (B の速度)−(A の速度)

■ 合成速度の基本プロセス Process

プロセス 0

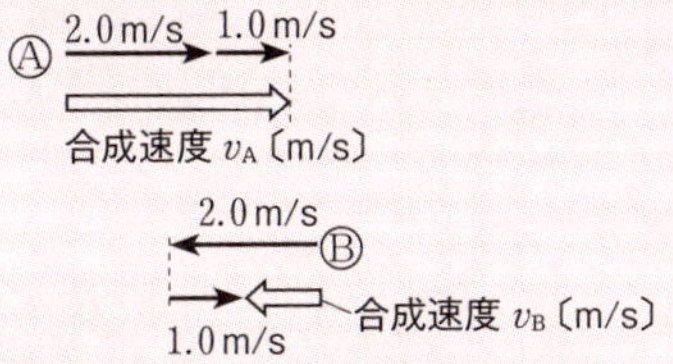

Ⓐ 2.0 m/s → 1.0 m/s →
合成速度 v_A [m/s]

← 2.0 m/s Ⓑ
← 1.0 m/s 合成速度 v_B [m/s]

プロセス 1 正の向きを定め，＋や−で速度の向きを表す
プロセス 2 向きに注意して合成する
プロセス 3 速度の向きの表し方に注意する

解説

(1) **プロセス 1** 正の向きを定め，＋や−で速度の向きを表す

問題の図の右向きを正とする。

プロセス 2 向きに注意して合成する

$v_A = (+2.0)+(+1.0)$
$\quad = +3.0$ [m/s]

（＋は右向きを表す！）

プロセス 3 速度の向きの表し方に注意する

答 右向き 3.0 m/s

(2) **2** $v_B = (-2.0)+(+1.0)$
$\quad = -1.0$ [m/s]

（−は左向きを表す！）

3 答 左向き 1.0 m/s

(3) A が，$|x_A| = 30$ m 進むのにかかる時間 t_A [s] は，
(移動距離)＝(速さ)×(時間) より，
$|x_A| = |v_A| \times t_A$
$30 = 3.0 \times t_A$
$t_A = 10$ [s]   答 10 s

(4) $v_{AB} = v_B - v_A$
$\quad = (-1.0)-(+3.0)$
$\quad = -4.0$ [m/s]
答 左向き 4.0 m/s

（相対速度）
＝（相手の速度）
−（自分の速度）

(5) $v_{BA} = v_A - v_B$
$\quad = (+3.0)-(-1.0)$
$\quad = +4.0$ [m/s]
答 右向き 4.0 m/s

相対速度は，立場を逆転させると，大きさは同じで，向きは逆

1 ［速さの単位］(p.7)

解答
(1) 20 m/s
(2) 5.0 m/s
(3) 0.50 m/s
(4) 0.12 m/s

リード文check

❶速さの単位 … 物理では，速さや速度の単位として m/s（メートル毎秒）を用いる

$$1\,\text{km/h} = \frac{1000\,\text{m}}{3600\,\text{s}} = \frac{1}{3.6}\,\text{m/s}$$

キロメートル毎時

$$1\,\text{cm/s} = \frac{\frac{1}{100}\,\text{m}}{1\,\text{s}} = \frac{1}{100}\,\text{m/s} = 10^{-2}\,\text{m/s}$$

センチメートル毎秒

解説

(1) $72\,\text{km/h} = \dfrac{72 \times 1000\,\text{m}}{3600\,\text{s}}$
   $= 20\,\text{m/s}$
   答 20 m/s

(2) $18\,\text{km/h} = \dfrac{18 \times 1000\,\text{m}}{3600\,\text{s}}$
   $= 5.0\,\text{m/s}$
   答 5.0 m/s

(3) $50\,\text{cm/s} = \dfrac{50}{100}\,\text{m/s}$
   $= 0.50\,\text{m/s}$
   答 0.50 m/s

(4) $12\,\text{cm/s} = \dfrac{12}{100}\,\text{m/s}$
   $= 0.12\,\text{m/s}$
   答 0.12 m/s

2 ［平均の速さ］(p.7)

解答
(1) 25 cm/s
(2) 0.25 m/s

リード文check

❶平均の速さ … 単位時間あたりの変位の大きさ

$$\text{平均の速さ}\,|\bar{v}| = \frac{|\Delta x|}{\Delta t} = \frac{(\text{変位の大きさ})}{(\text{時間})}$$

解説

(1) 求める平均の速さを $|\bar{v}|$ 〔cm/s〕とする。
$$|\bar{v}| = \frac{|\Delta x|}{\Delta t}$$
$$= \frac{50}{2.0}$$
$$= 25\,\text{〔cm/s〕}$$
答 25 cm/s

(2) 求める平均の速さを $|\bar{v}|$ 〔m/s〕とする。
(1)より
$$|\bar{v}| = 25\,\text{cm/s}$$
$$= \frac{25}{100}\,\text{m/s}$$
$$= 0.25\,\text{m/s}$$
答 0.25 m/s

ベストフィット

<長さの単位>
センチメートル
$1\,\text{cm} = \dfrac{1}{100}\,\text{m} = 10^{-2}\,\text{m}$

ミリメートル
$1\,\text{mm} = \dfrac{1}{1000}\,\text{m} = 10^{-3}\,\text{m}$

キロメートル
$1\,\text{km} = 1000\,\text{m} = 10^{3}\,\text{m}$

<時間の単位>
$1\,\text{〔分〕} = 60\,\text{s} = 6.0 \times 10\,\text{s}$
$1\,\text{〔時間〕} = 60\,\text{〔分〕} = 60 \times 60\,\text{s}$
$\phantom{1\,\text{〔時間〕}} = 3600\,\text{s} = 3.6 \times 10^{3}\,\text{s}$

第 1 章 物体の運動

3 ［変位と平均の速度］(p.7)

解答 (1) 60 m
(2) 北東向き 42 m
(3) 北東向き 0.53 m/s

リード文check
❶道のり … 経路に沿って移動した距離の総和。この問題の場合，$\overline{AB}+\overline{BP}$ という距離の和のこと
❷変位 … 向きと大きさの両方が必要
❸速度 … 向きと大きさの両方が必要

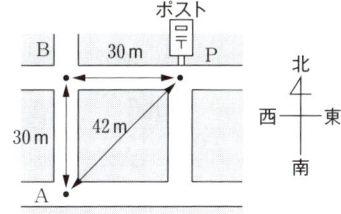

解説 (1) 求める道のりを s〔m〕とする。
$s = \overline{AB}+\overline{BP}$
$= 30+30$
$= 60$〔m〕   **答** 60 m

(2) 求める変位を Δx〔m〕とする。
$\Delta x = \overline{AP}$
$= 42$〔m〕   **答** 北東向き 42 m

向きを忘れないように！

(3) 求める平均の速度を $\bar{v}$〔m/s〕とする。
$\bar{v} = \dfrac{\Delta x}{\Delta t} = \dfrac{42}{80}$
$= 0.525$
$\fallingdotseq 0.53$〔m/s〕   **答** 北東向き 0.53 m/s

向きを忘れないように！

---

4 ［相対速度］(p.7)

解答 (1) 西向き 18 km/h
(2) 東向き 18 km/h
(3) 東向き 5.0 m/s

リード文check
❶相対速度 … (相対速度)＝(相手の速度)－(自分の速度)

解説 (1) 東向きを正とし，図のように v_A, v_B を定める。求める相対速度を v_{AB}〔km/h〕とすると，
$v_{AB} = v_B - v_A$
$= (+30)-(+48)$
$= -18$〔km/h〕
答 西向き 18 km/h

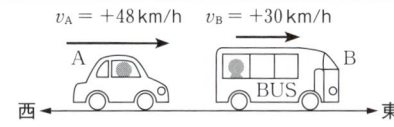

(2) 求める相対速度を v_{BA}〔km/h〕とすると，
$v_{BA} = v_A - v_B$
$= (+48)-(+30)$
$= +18$〔km/h〕
答 東向き 18 km/h

ベストフィット
$v_{BA} = -v_{AB}$
反対の立場から見た場合，相対速度は大きさが等しく逆向き

(3) $v_{BA} = 18$ km/h
$= \dfrac{18 \times 1000 \text{ m}}{3600 \text{ s}}$
$= 5.0$ m/s   **答** 東向き 5.0 m/s

5 [負の変位, 負の平均の速度] (p.7)

解答 (1) 4.0 s
(2) −6.0 m (左向き 6.0 m)
(3) −1.5 m/s (左向き 1.5 m/s)
(4) 解説参照

リード文check
❶変位 … 向きと大きさの両方が必要
❷速度 … 向きと大きさの両方が必要
❸速度が一定 … 速さも向きも一定の運動 (等速直線運動)
❹x-t グラフ … 縦軸が位置座標 x [m]-横軸が時刻 t [s] のグラフ

解説 (1)

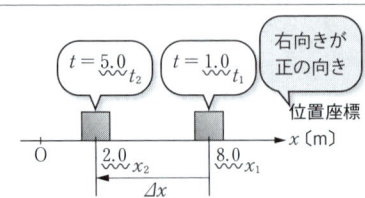

上図のように x_1, x_2, t_1, t_2 を定める。
求める時間を Δt [s] とすると,「$\Delta t = t_2 - t_1$」
より $\Delta t = 5.0 - 1.0$
$= 4.0$ [s] **答** 4.0 s

(2) 求める変位を Δx [m] とすると,「$\Delta x = x_2 - x_1$」
より $\Delta x = 2.0 - 8.0$
$= -6.0$ [m]
答 −6.0 m
(左向き 6.0 m)

正の向きが定められているので, 向きは符号で示せばよい

(3) 求める平均の速度を $\bar{v}$ [m/s] とする。
$\bar{v} = \dfrac{\Delta x}{\Delta t}$
$= \dfrac{-6.0}{4.0}$
$= -1.5$ [m/s] **答** −1.5 m/s
(左向き 1.5 m/s)

右向きを正としているので, 値が負のとき, 速度の向きは左向き

(4) **答**

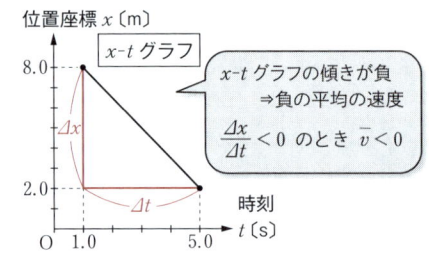

x-t グラフの傾きが負
⇒負の平均の速度
$\dfrac{\Delta x}{\Delta t} < 0$ のとき $\bar{v} < 0$

6 [x-t グラフ, v-t グラフ] (p.7)

解答 (1) +3.0 m (2) 0 m (3) −3.0 m
(4) 解説参照 (5) 6.0 m

リード文check
❶v-t グラフ … 縦軸が速度 v [m/s]-横軸が時刻 t [s] のグラフ
❷道のり … 経路に沿って移動した距離の総和

解説 (1) 右図のように $t_1 \sim t_4$, $v_1 \sim v_3$ を定める。

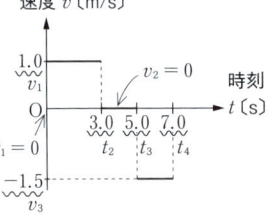

求める変位を Δx_1 [m] とすると,「$v = \dfrac{\Delta x}{\Delta t}$」
より「$\Delta x = v \Delta t$」だから,
$\Delta x_1 = v_1(t_2 - t_1)$
$= 1.0 \times (3.0 - 0)$
$= 3.0$ [m] **答** +3.0 m

(2) 求める変位を Δx_2 [m] とする。
$\Delta x_2 = v_2(t_3 - t_2)$
$= 0 \times (5.0 - 3.0)$
$= 0$ [m] **答** 0 m

(3) 求める変位を Δx_3 [m] とする。
$\Delta x_3 = v_3(t_4 - t_3)$
$= -1.5 \times (7.0 - 5.0)$
$= -3.0$ [m] **答** −3.0 m

(4) **答**

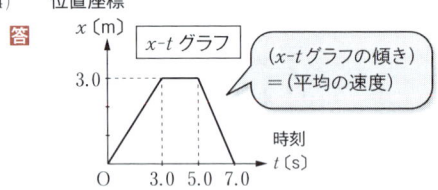

(x-t グラフの傾き)
= (平均の速度)

(5) 求める道のりを s [m] とする。
$s = |\Delta x_1| + |\Delta x_2| + |\Delta x_3|$
$= 3.0 + 0 + 3.0$
$= 6.0$ [m] **答** 6.0 m

移動した距離の総和

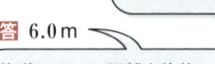

片道 3.0 m の距離を往復した

P.8 ▶2 加速度

類題 4 等速直線運動の式とグラフ (p.10)

一直線上を一定の速度で運動する物体AとBがある。物体Aは右向き3.0m/s，物体Bは左向き1.5m/sで運動し，時刻0sのときに原点O（$x=0$）においてすれ違った。右向きを正とする。
(1) 4.0秒後の物体A，Bの変位をそれぞれ求めよ。
(2) 物体Aが右向きに7.5m移動するのにかかる時間を求めよ。
(3) 時刻0sから4.0sまでのv-tグラフをかけ。（物体Aは実線——，物体Bは破線----）
(4) 時刻0sから4.0sまでのx-tグラフをかけ。（物体Aは実線——，物体Bは破線----）

解答
(1) A：+12m（右向き12m），B：−6.0m（左向き6.0m）
(2) 2.5s (3)(4) 解説参照

リード文check
❶ — 等速直線運動
❷ — 変位は向きと大きさの両方

■ 等速直線運動の式の基本プロセス Process

プロセス 0

プロセス 1 　物理量を記号で表し，図中にかく
プロセス 2 　等速直線運動の式を適用する
プロセス 3 　数値を代入する

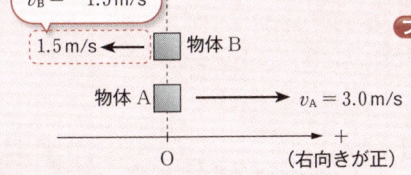

解説

(1) プロセス1　物理量を記号で表し，図中にかく

物体Aの速度を$v_A = 3.0$m/s，物体Bの速度を$v_B = -1.5$m/sとする。また，$t_1 = 4.0$sにおける物体Aの変位をx_1〔m〕とする。

プロセス2　等速直線運動の式を適用する

等速直線運動の式「$x = v_0 t$」より

$x_1 = v_A t_1$

プロセス3　数値を代入する

$x_1 = 3.0 \times 4.0$
$= 12$〔m〕

（変位の向きは符号で示せばよい）

答 A：+12m（右向き12m）

❶ $t_2 = 4.0$sにおける物体Bの変位をx_2〔m〕とする。

❷ 等速直線運動の式「$x = v_0 t$」より

$x_2 = v_B t_2$

❸ $= (-1.5) \times 4.0$
$= -6.0$〔m〕

（左向きの速度は負の値となる！）

答 B：−6.0m（左向き6.0m）

(2) ❶ Aが$x_3 = 7.5$m移動するのにかかる時間をt_3〔s〕とする。

❷ 等速直線運動の式「$x = v_0 t$」より

$x_3 = v_A t_3$

❸ $t_3 = \dfrac{x_3}{v_A}$

$= \dfrac{7.5}{3.0}$

$= 2.5$〔s〕　答 2.5s

(3) 答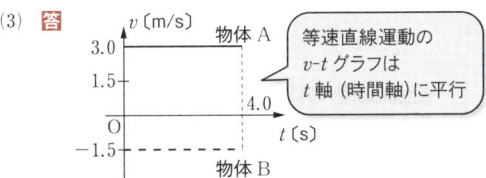

等速直線運動のv-tグラフはt軸（時間軸）に平行

(4) 答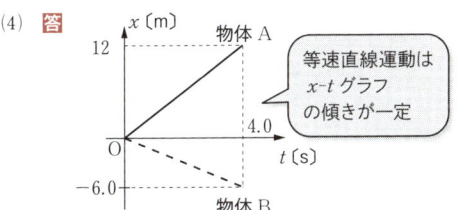

等速直線運動はx-tグラフの傾きが一定

類題 5 負の加速度 (p.11)

図の右向きを正の向きとする。時刻 2.0 s のときに右向き 9.0 m/s の速度だった物体が,時刻 5.0 s のときには右向き 3.0 m/s の速度になっていた。 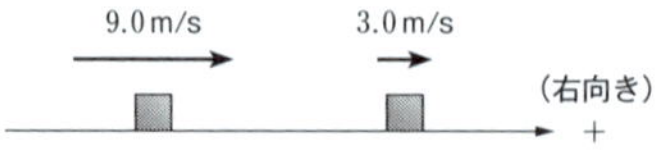
(1) この間に経過した時間を求めよ。
(2) この間の物体の速度の変化量を求めよ。
(3) この間の物体の平均の加速度を求めよ。
(4) この間の物体の加速度が一定であったとして,v-t グラフをかけ。❶
(5) この間の物体の加速度が一定であったとして,a-t グラフをかけ。❷

解答
(1) 3.0 s　(2) −6.0 m/s(左向き 6.0 m/s)
(3) −2.0 m/s²(左向き 2.0 m/s²)　(4)(5) 解説参照

リード文 check
❶ — 加速度は向きと大きさの両方をもつ
❷ — 加速度の大きさと向きの両方とも変化しない

■ 平均の加速度の基本プロセス　Process

プロセス 0

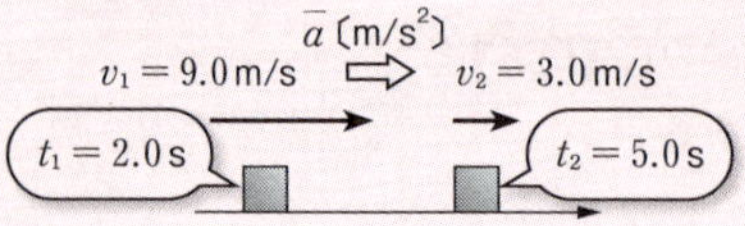

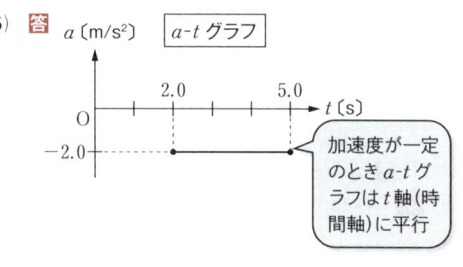

プロセス 1　文字式で表す
プロセス 2　平均の加速度の定義式を用いる
プロセス 3　数値を代入する

解説
(1) 求める時間を Δt [s] とする。
$$\Delta t = t_2 - t_1$$
$$= 5.0 - 2.0$$
$$= 3.0 \text{ [s]}\quad \text{答} \ 3.0 \text{ s}$$

(2) 求める速度の変化量を Δv [m/s] とする。
$$\Delta v = v_2 - v_1$$
$$= 3.0 - 9.0$$
$$= -6.0 \text{ [m/s]} \quad \text{答} \ -6.0 \text{ m/s}$$
$$(左向き 6.0 \text{ m/s})$$

(3) **プロセス 1** 文字式で表す
求める平均の加速度を $\bar{a}$ [m/s²] とする。
プロセス 2 平均の加速度の定義式を用いる
$$\bar{a} = \frac{\Delta v}{\Delta t} \left(= \frac{v_2 - v_1}{t_2 - t_1} \right)$$
プロセス 3 数値を代入する
$$\bar{a} = \frac{-6.0}{3.0}$$
$$= -2.0 \text{ [m/s²]} \quad 負の加速度$$
$$\text{答} \ -2.0 \text{ m/s²}$$
$$(左向き 2.0 \text{ m/s²})$$

(4) 答　v [m/s]

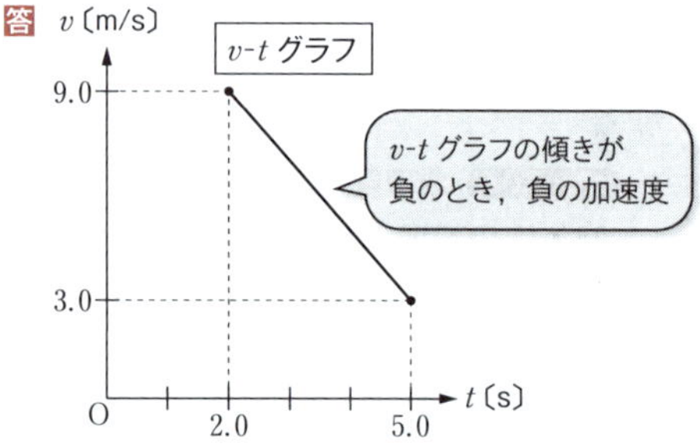

v-t グラフ

v-t グラフの傾きが負のとき,負の加速度

(5) 答　a [m/s²]

a-t グラフ

加速度が一定のとき a-t グラフは t 軸(時間軸)に平行

類題 6 v-t グラフ (p.12)

一直線上を運動する物体の v-t グラフがある。
(1) $t=0\,\text{s}$ から $t=1.5\,\text{s}$ の間の加速度を求めよ。
(2) $t=1.5\,\text{s}$ から $t=4.5\,\text{s}$ の間の加速度を求めよ。
(3) $t=4.5\,\text{s}$ から $t=7.0\,\text{s}$ の間の加速度を求めよ。
(4) $t=0\,\text{s}$ から $t=7.0\,\text{s}$ の間の a-t グラフをかけ。
(5) $t=0\,\text{s}$ から $t=7.0\,\text{s}$ の間の変位を求めよ。

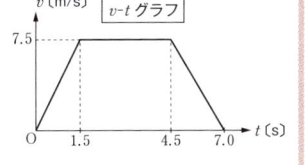

解答
(1) $+5.0\,\text{m/s}^2$ (2) $0\,\text{m/s}^2$
(3) $-3.0\,\text{m/s}^2$ (4) 解説参照 (5) $+38\,\text{m}$

リード文 check
① — v-t グラフの傾きが加速度を表す
② — v-t グラフの面積が変位を表す

■ v-t グラフの基本プロセス　Process

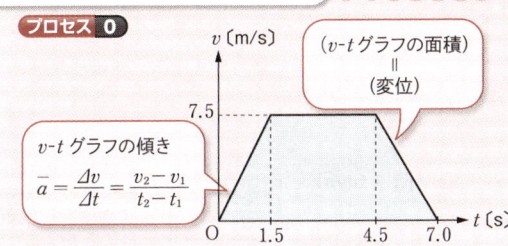

プロセス 1　v-t グラフの傾きが加速度を表す
プロセス 2　グラフから数値を読みとる
プロセス 3　v-t グラフの面積が変位を表す

解説

(1) プロセス 1　v-t グラフの傾きが加速度を表す
求める加速度を $a_1\,[\text{m/s}^2]$ とする。
プロセス 2　グラフから数値を読みとる
$$a_1 = \frac{7.5-0}{1.5-0}$$
$$= \frac{7.5}{1.5}$$
$$= 5.0\,[\text{m/s}^2]$$
答　$+5.0\,\text{m/s}^2$

(2) ① 求める加速度を $a_2\,[\text{m/s}^2]$ とする。
② $a_2 = \dfrac{7.5-7.5}{4.5-1.5}$
$= 0\,[\text{m/s}^2]$　答　$0\,\text{m/s}^2$

(3) ① 求める加速度を $a_3\,[\text{m/s}^2]$ とする。
② $a_3 = \dfrac{0-7.5}{7.0-4.5}$
$= \dfrac{-7.5}{2.5}$
$= -3.0\,[\text{m/s}^2]$
答　$-3.0\,\text{m/s}^2$

(4) 答

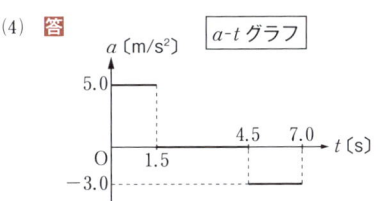

(5) プロセス 3　v-t グラフの面積が変位を表す

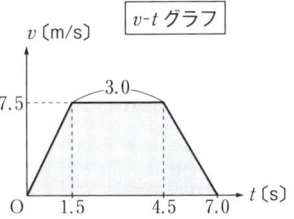

v-t グラフの面積が変位を表すので，求める変位を $x\,[\text{m}]$ とすると，台形の面積の公式より
$$x = \frac{1}{2} \times (7.0+3.0) \times 7.5$$
$$= 37.5\,[\text{m}]$$
答　$+38\,\text{m}$

▶ ベストフィット
v-t グラフから，速度だけではなく加速度，変位もわかる！

7 ［等速直線運動］(p.13)

解答 (1) $10\,\text{m/s}$
(2) $1.2\times10^2\,\text{s}$

リード文check
❶何 m/s … 36 km/h を m/s で表す

解説
(1) $36\,\text{km/h} = \dfrac{36\times1000\,\text{m}}{3600\,\text{s}}$
$= 10\,\text{m/s}$ **答** $10\,\text{m/s}$

(2) (道のり)＝(速さ)×(時間)より
(時間)＝$\dfrac{(道のり)}{(速さ)}$

よって，求める時間を $t\,[\text{s}]$ とすると，
$t = \dfrac{1.2\,\text{km}}{10\,\text{m/s}}$ （1.2 km を m で表す）
$= \dfrac{1200\,\text{m}}{10\,\text{m/s}}$
$= 120\,\text{s}$ （分で表すと 2.0 分）
$= 1.2\times10^2\,\text{s}$ **答** $1.2\times10^2\,\text{s}$

8 ［等速直線運動のグラフ］(p.13)

解答 (1) $+0.80\,\text{m/s}$
(2) 解説参照

リード文check
❶等速直線運動 … 速さ，向きともに変化しない運動
❷速度 … $x\text{-}t$ グラフの傾き

解説
(1) 求める速度を $v_1\,[\text{m/s}]$ とする。
$v_1 = \dfrac{4.0-0}{5.0-0}$ （$x\text{-}t$ グラフの傾き）
$= 0.80\,[\text{m/s}]$ **答** $+0.80\,\text{m/s}$

(2) **答**

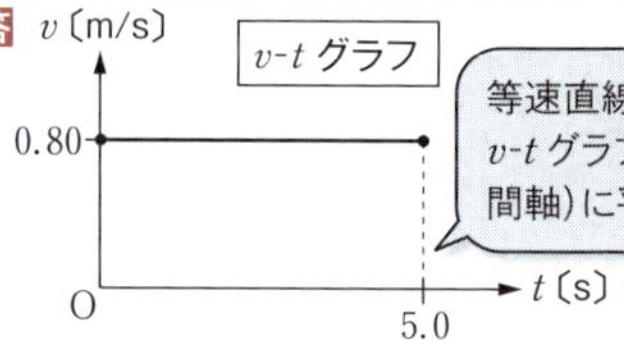

$v\text{-}t$ グラフ
等速直線運動では，$v\text{-}t$ グラフは t 軸(時間軸)に平行

9 ［平均の加速度］(p.13)

解答 (1) $+1.2\,\text{m/s}^2$（正の向きに $1.2\,\text{m/s}^2$）
(2) $-1.6\,\text{m/s}^2$（負の向きに $1.6\,\text{m/s}^2$）
(3) $-1.5\,\text{m/s}^2$（負の向きに $1.5\,\text{m/s}^2$）

リード文check
❶平均の加速度 … $v\text{-}t$ グラフの 2 点間の傾き
$\bar{a} = \dfrac{\varDelta v}{\varDelta t} = \dfrac{v_2-v_1}{t_2-t_1}$

解説
(1) 求める平均の加速度を $\overline{a_1}\,[\text{m/s}^2]$ とする。
$\overline{a_1} = \dfrac{0.92-0.56}{0.40-0.10}$
$= \dfrac{0.36}{0.30}$
$= 1.2\,[\text{m/s}^2]$
答 $+1.2\,\text{m/s}^2$（正の向きに $1.2\,\text{m/s}^2$）

(2) 求める平均の加速度を $\overline{a_2}\,[\text{m/s}^2]$ とする。
$\overline{a_2} = \dfrac{3.2-6.4}{2.0-0}$
$= \dfrac{-3.2}{2.0}$
$= -1.6\,[\text{m/s}^2]$
（正の向きに動いていて，速さが減少するとき，負の加速度となる）
答 $-1.6\,\text{m/s}^2$（負の向きに $1.6\,\text{m/s}^2$）

(3) 求める平均の加速度を $\overline{a_3}\,[\text{m/s}^2]$ とする。
$\overline{a_3} = \dfrac{-2.1-1.2}{4.0-1.8}$
$= \dfrac{-3.3}{2.2}$
$= -1.5\,[\text{m/s}^2]$
（物体の速度が正の向きから負の向きに変わっているとき，負の加速度となる）
答 $-1.5\,\text{m/s}^2$（負の向きに $1.5\,\text{m/s}^2$）

10 第 1 章 物体の運動

10 ［記録タイマー］(p.13)

解答 (1) 解説参照
(2) $4.9\,\text{m/s}^2$

リード文check
❶記録テープ … 0.10秒間ごとの平均の速さを，それぞれの区間の中央の時刻における瞬間の速さと考えてその差をとると，0.10秒間ごとの速さの変化量が求められる

解説 (1) 0.10秒間ごとの平均の速さを求める。次に，その差をとると，0.10秒間ごとの速さの変化量がわかる。さらに，それらを0.10秒で割ると，平均の加速度の大きさが得られる。

答

区間	記録テープの長さ[m]	0.10秒間の平均の速さ[m/s]	0.10秒間の速さの変化量[m/s]	平均の加速度の大きさ[m/s²]
AB	0.042	0.42		
BC	0.091	0.91	0.49	4.9
CD	0.140	1.40	0.49	4.9
DE	0.189	1.89	0.49	4.9

(2) (1)の結果より　**答** $4.9\,\text{m/s}^2$

11 ［$v\text{-}t$ グラフ，$a\text{-}t$ グラフ］(p.13)

解答 (1) $-0.60\,\text{m/s}^2$　(2) $-1.2\,\text{m/s}$　(3) $0\,\text{m/s}^2$
(4) $+0.60\,\text{m/s}^2$　(5) 解説参照

リード文check
❶加速度 … $v\text{-}t$ グラフの傾きが加速度を表す

解説 (1) 求める加速度を $a_1\,[\text{m/s}^2]$ とする。
$$a_1 = \frac{0-2.4}{4.0-0}$$
$$= -0.60\,[\text{m/s}^2]\quad\text{答}\ -0.60\,\text{m/s}^2$$

(2) 右図の2つの三角形に着目すると，相似比が2:1より，小さい方の三角形の高さは1.2である。
答 $-1.2\,\text{m/s}$

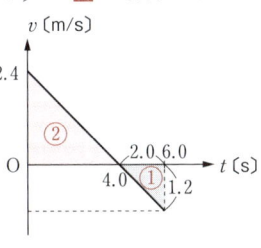

(3) 求める加速度を $a_2\,[\text{m/s}^2]$ とすると，この区間では速度が変化していないので，
$a_2 = 0\,\text{m/s}^2$　**答** $0\,\text{m/s}^2$
（$v\text{-}t$ グラフの傾きが0）

(4) 求める加速度を $a_3\,[\text{m/s}^2]$ とする。
$$a_3 = \frac{0-(-1.2)}{10.0-8.0}$$
$$= \frac{1.2}{2.0}$$
$$= 0.60\,[\text{m/s}^2]\quad\text{答}\ +0.60\,\text{m/s}^2$$

（(2)より $t=8.0\,\text{s}$ のとき $v=-1.2\,\text{m/s}$）

(5) **答**

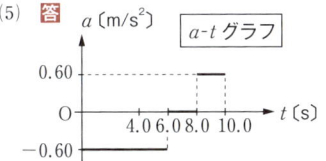

$a\text{-}t$ グラフ

P.14 ▶3 等加速度直線運動

類題 7 等加速度直線運動（負の加速度）(p.16)

　一直線上を左向きに $1.5\,\mathrm{m/s^2}$ の加速度で等加速度直線運動している❶物体がある。この物体は原点を右向きに $6.0\,\mathrm{m/s}$ の初速度で通過した。❷

(1) $2.0\,\mathrm{s}$ 後の物体の速度を求めよ。
(2) $2.0\,\mathrm{s}$ 後の物体の変位を求めよ。
(3) 原点を通過してから $2.0\,\mathrm{s}$ 後までの $v\text{-}t$ グラフを右向きを正としてかけ。
(4) 原点を通過してから $2.0\,\mathrm{s}$ 後までの $a\text{-}t$ グラフを右向きを正としてかけ。

解答
(1) 右向き $3.0\,\mathrm{m/s}$　(2) 右向き $9.0\,\mathrm{m}$
(3)(4) 解説参照

リード文 check
❶──加速度の向きも大きさも変化しない運動
❷──時刻 $0\,\mathrm{s}$ のとき（初期状態のとき）の物体の速度

■ 等加速度直線運動の基本プロセス

プロセス 0
プロセス 1 物理量を記号で表し，図中にかく
プロセス 2 等加速度直線運動の式を適用する
プロセス 3 数値を代入する

解説

(1) **プロセス 1** 物理量を記号で表し，図中にかく
　右向きを正とし物理量を定める。
　プロセス 2 等加速度直線運動の式を適用する
　等加速度直線運動の式より，
　　$v = v_0 + at$
　プロセス 3 数値を代入する
　　$v = 6.0 + (-1.5) \times 2.0$
　　　$= 6.0 - 3.0$
　　　$= 3.0\,\mathrm{[m/s]}$
　（正の向きを右向きとした。）
　答 右向き $3.0\,\mathrm{m/s}$

(2) **2** 等加速度直線運動の式より，
　　$x = v_0 t + \dfrac{1}{2}at^2$
　3 　$= 6.0 \times 2.0 + \dfrac{1}{2} \times (-1.5) \times (2.0)^2$
　　　$= 9.0\,\mathrm{[m]}$
　答 右向き $9.0\,\mathrm{m}$

(3) **答**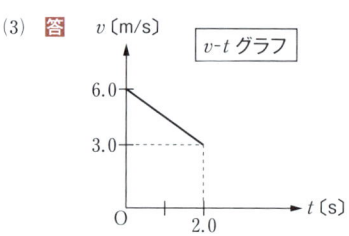
$v\text{-}t$ グラフ

(4) **答**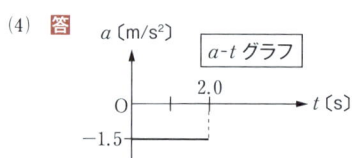
$a\text{-}t$ グラフ

類題 8 等加速度直線運動のグラフ (p.17)

一直線上を運動する物体の v-t グラフがある。ただし，初速度の向きを正とする。
(1) 物体の初速度を求めよ。
(2) 物体の加速度を求めよ。
(3) 3.0 s 後の物体の変位を求めよ。
(4) 1.2 s 後の物体の速度を求めよ。
(5) 1.2 s 後の物体の変位を求めよ。

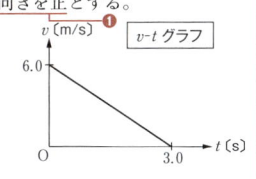

解答

(1) $+6.0\,\text{m/s}$　(2) $-2.0\,\text{m/s}^2$　(3) $+9.0\,\text{m}$
(4) $+3.6\,\text{m/s}$　(5) $+5.8\,\text{m}$

リード文check

❶ 速度，加速度，変位の向きが初速度の向きと同じときを正，逆向きのときを負とする

■ 等加速度直線運動のグラフの基本プロセス Process

プロセス 0

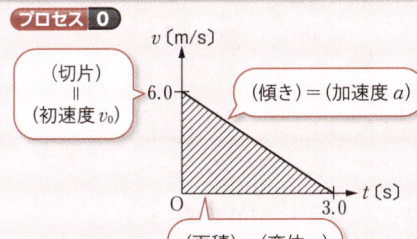

プロセス 1 v-t グラフの切片は初速度 v_0
プロセス 2 v-t グラフの傾きは加速度 a
プロセス 3 v-t グラフの面積は変位 x

解説

(1) **プロセス 1** v-t グラフの切片は初速度 v_0
　v-t グラフの切片は初速度 v_0 [m/s] を表すので，
　$v_0 = 6.0$ [m/s]　答 $+6.0\,\text{m/s}$

(2) **プロセス 2** v-t グラフの傾きは加速度 a
　v-t グラフの傾き $\dfrac{\Delta v}{\Delta t}$ は加速度 a [m/s²] を表すので，
　$a = \dfrac{0 - 6.0}{3.0 - 0}$
　　$= -2.0$ [m/s²]　答 $-2.0\,\text{m/s}^2$

(3) **プロセス 3** v-t グラフの面積は変位 x
　v-t グラフの面積は変位 x [m] を表すので，
　$x = \dfrac{1}{2} \times 3.0 \times 6.0$
　　$= 9.0$ [m]　答 $+9.0\,\text{m}$

別解 「$x = v_0 t + \dfrac{1}{2} a t^2$」より
　$x = 6.0 \times 3.0 + \dfrac{1}{2} \times (-2.0) \times (3.0)^2$
　　$= 9.0$ [m]

(4) $t_1 = 1.2$ s のときの速度を v_1 [m/s] とする。
　等加速度直線運動の式「$v = v_0 + at$」より
　$v_1 = v_0 + at_1$
　　$= 6.0 + (-2.0) \times 1.2$
　　$= 6.0 - 2.4$
　　$= 3.6$ [m/s]　答 $+3.6\,\text{m/s}$

(5) $t_1 = 1.2$ s のときの変位を x_1 [m] とする。
　等加速度直線運動の式「$x = v_0 t + \dfrac{1}{2} a t^2$」より
　$x_1 = v_0 t_1 + \dfrac{1}{2} a t_1^2$
　　$= 6.0 \times 1.2 + \dfrac{1}{2} \times (-2.0) \times (1.2)^2$
　　$= 7.2 - 1.44$
　　$= 5.76$ [m]　答 $+5.8\,\text{m}$

別解 「$v^2 - v_0^2 = 2ax$」より
　$v_1^2 - v_0^2 = 2ax_1$
　$x_1 = \dfrac{v_1^2 - v_0^2}{2a} = \dfrac{(3.6)^2 - (6.0)^2}{2 \times (-2.0)}$
　　$= \dfrac{-23.04}{-4.0}$
　　$= 5.76$ [m]

3. 等加速度直線運動 ……… 13

12 [指数] (p.18)

解答 (1) 10^2 (2) 10^3 (3) 10^5 (4) 10^{-1}
(5) 10^{-4} (6) 10^{-2} (7) 10^{-4}

リード文check
❶ 10^n の形 … $10 = 10^1$, $100 = 10^2$, $1000 = 10^3$, …

解説
(1) $100 = 10 \times 10$
$= 10^2$
答 10^2

> $10^n = \underbrace{10 \times 10 \times \cdots \times 10}_{n\text{個}}$

(2) $1000 = 10 \times 10 \times 10$
$= 10^3$
答 10^3

> $1000_{\cdot} = 10^3$
> 小数点を3桁左へ移動

(3) $100000 = 10 \times 10 \times 10 \times 10 \times 10$
$= 10^5$ **答** 10^5

(4) $0.1 = \dfrac{1}{10}$
$= 10^{-1}$ **答** 10^{-1}

> $\dfrac{1}{10^n} = 10^{-n}$

(5) $0.0001 = \dfrac{1}{10000}$
$= \dfrac{1}{10^4}$
$= 10^{-4}$ **答** 10^{-4}

> $0.0001 = 10^{-4}$
> 小数点を4桁右へ移動

(6) $\dfrac{1}{100} = \dfrac{1}{10^2}$
$= 10^{-2}$ **答** 10^{-2}

(7) $\dfrac{1}{10000} = \dfrac{1}{10^4}$
$= 10^{-4}$ **答** 10^{-4}

13 [指数] (p.18)

解答 (1) 5.2×10^3 (2) 6.4×10^6
(3) 2.5×10^{-1} (4) 1.6×10^{-6}

リード文check
❶ $A \times 10^n$ の形 … A の値を決めてから, 10^n を求める

解説
(1) $5200 = 5.2 \times 1000$
$= 5.2 \times 10^3$
答 5.2×10^3

> $5200_{\cdot}$
> 小数点を3桁左へ移動
> ↓
> $\times 10^3$

(2) $6400000 = 6.4 \times 1000000$
$= 6.4 \times 10^6$ **答** 6.4×10^6

(3) $0.25 = 2.5 \times 0.1$
$= 2.5 \times \dfrac{1}{10}$
$= 2.5 \times 10^{-1}$
答 2.5×10^{-1}

> $A \times 10^n$ の 10^n は, 位どりの桁数を示している。

(4) 0.0000016
$= 1.6 \times 0.000001$
$= 1.6 \times \dfrac{1}{1000000}$
$= 1.6 \times 10^{-6}$
答 1.6×10^{-6}

> 0.0000016
> 小数点を6桁右へ移動
> ↓
> $\times 10^{-6}$

▶ **ベストフィット**
<有効数字の表し方>
$A \times 10^n$　A は1以上10未満の数字でかく
$1 \leq A < 10$

14 [有効数字] (p.18)

解答 (1) 2桁 (2) 3桁 (3) 2桁 (4) 1桁
(5) 2桁 (6) 1桁 (7) 2桁

リード文check
❶ 有効数字 … 測定値の数字のうち, 測定の精度に関係する数字

解説
(1) 1, 5 はいずれも有効数字だから, 有効数字は2桁。 **答** 2桁

> 1.5 は ±0.05, 1.50 は ±0.005 の誤差を含んでいる。1.50 の方が1桁精度が高い!

(2) 1, 5, 0 はいずれも有効数字だから, 有効数字は3桁。 **答** 3桁

(3) 1, 5 はいずれも有効数字だから, 有効数字は2桁。 **答** 2桁

(4) 0は位どりのためのもので有効数字ではない。5は有効数字。よって, 有効数字は1桁。 **答** 1桁

(5) はじめの0は位どりのためのもので有効数字ではない。5とあとの0はいずれも有効数字。よって, 有効数字は2桁。 **答** 2桁

第1章 物体の運動

(6) 0.0 は位どりのためのもので有効数字ではない。5 は有効数字。よって，有効数字は 1 桁。
　　答 1 桁

(7) はじめの 0.0 は位どりのためのもので有効数字ではない。5 とあとの 0 はいずれも有効数字。よって，有効数字は 2 桁。　**答 2 桁**

15 [有効数字]（p. 18）

解答
(1) 3×10^3，3.0×10^3，3.00×10^3
(2) 3×10^8，3.0×10^8，3.00×10^8
(3) 2×10^{-1}，2.4×10^{-1}，2.39×10^{-1}
(4) 1×10^{-3}，1.1×10^{-3}，1.09×10^{-3}

リード文check
❶ $A \times 10^n$ の形 … A が有効数字の部分，10^n が位どりの部分。有効数字の部分は，有効数字の 1 つ下の桁の数を四捨五入して求める

解説
(1) $3000 = 3.000 \times 10^3$
　・有効数字 1 桁のとき
　　$3.000 ≒ 3$　**答 3×10^3**
　・有効数字 2 桁のとき
　　$3.000 ≒ 3.0$　**答 3.0×10^3**
　・有効数字 3 桁のとき
　　$3.000 ≒ 3.00$　**答 3.00×10^3**

(2) $299792458 = 2.99792458 \times 10^8$
　・有効数字 1 桁のとき
　　$2.99792458 ≒ 3$　**答 3×10^8**
　・有効数字 2 桁のとき
　　$2.99792458 ≒ 3.0$　**答 3.0×10^8**
　・有効数字 3 桁のとき
　　$2.99792458 ≒ 3.00$　**答 3.00×10^8**

(3) $0.23914 = 2.3914 \times 10^{-1}$
　・有効数字 1 桁のとき
　　$2.3914 ≒ 2$　**答 2×10^{-1}**
　・有効数字 2 桁のとき
　　$2.3914 ≒ 2.4$　**答 2.4×10^{-1}**
　・有効数字 3 桁のとき
　　$2.3914 ≒ 2.39$　**答 2.39×10^{-1}**

(4) $0.0010853 = 1.0853 \times 10^{-3}$
　・有効数字 1 桁のとき
　　$1.0853 ≒ 1$　**答 1×10^{-3}**
　・有効数字 2 桁のとき
　　$1.0853 ≒ 1.1$　**答 1.1×10^{-3}**
　・有効数字 3 桁のとき
　　$1.0853 ≒ 1.09$　**答 1.09×10^{-3}**

16 [有効数字]（p. 18）

解答
(1) 3.6　(2) 3.2　(3) 2.3
(4) 0.80　(5) 4.0　(6) 21
(7) 64　(8) 4.2×10^{-2}　(9) 5.5
(10) 1.7　(11) 1.2　(12) -1.85

リード文check
❶ 有効数字を考慮して …
　かけ算・わり算 ⇒ 計算結果は，与えられた数値の中で最も少ない有効数字の桁数に合わせる
　たし算・ひき算 ⇒ 計算結果は，与えられた数値の中で末位が最も高い位のものに合わせる

解説
(1) 1.5, 2.4 はともに有効数字 2 桁だから，計算結果も有効数字 2 桁で答える。
　　$1.5 \times 2.4 = 3.6$　**答 3.6**

(2) 2.3, 1.4 はともに有効数字 2 桁だから，計算結果も有効数字 2 桁で答える。
　　$2.3 \times 1.4 = 3.22 ≒ 3.2$　**答 3.2**
　　（有効数字の 1 つ下の桁の数を四捨五入する）

(3) 1.5, 1.5 はともに有効数字 2 桁だから，計算結果も有効数字 2 桁で答える。
　　$1.5 \times 1.5 = 2.25 ≒ 2.3$　**答 2.3**

(4) 0.25, 3.2 はともに有効数字 2 桁だから，計算結果も有効数字 2 桁で答える。
　　$0.25 \times 3.2 = 0.80$　**答 0.80**

(5) 4.8, 1.2 はともに有効数字 2 桁だから，計算結果も有効数字 2 桁で答える。
　　$4.8 \div 1.2 = 4.0$　**答 4.0**

(6) 5.2, 0.25 はともに有効数字 2 桁だから，計算結果も有効数字 2 桁で答える。
　　$5.2 \div 0.25 = 20.8 ≒ 21$　**答 21**

(7) 20, 3.21 はそれぞれ有効数字 2 桁，3 桁だから，計算結果は有効数字 2 桁で答える。
　　$20 \times 3.21 = 64.2 ≒ 64$　**答 64**

3. 等加速度直線運動

(8) 1.25, 30 はそれぞれ有効数字 3 桁, 2 桁だから, 計算結果は有効数字 2 桁で答える。

$$1.25 \div 30 = 0.0416\cdots$$
$$= 4.16\cdots \times 10^{-2}$$
$$\fallingdotseq 4.2 \times 10^{-2}$$ 答 4.2×10^{-2}

(9) 末位が最も高い数値は 4.2 であり, その末位は小数第 1 位だから, 計算結果は小数第 1 位まで求める。

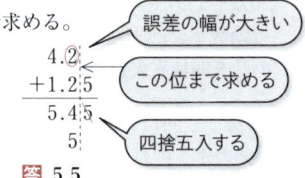

   答 5.5

たし算, ひき算では, 有効数字の桁数ではなく, 末位の位に着目する！

(10) 末位が最も高い数値は 1.2 であり, その末位は小数第 1 位だから, 計算結果は小数第 1 位まで求める。

$$\begin{array}{r} 0.5\,|\,0 \\ +1.2\, \\ \hline 1.7\,|\,0 \end{array}$$ 答 1.7

(11) 末位が最も高い数値は 1.1 であり, その末位は小数第 1 位だから, 計算結果は小数第 1 位まで求める。

$$\begin{array}{r} 2.2\,|\,5 \\ -1.1\, \\ \hline 1.1\,|\,5 \\ 2 \end{array}$$ 答 1.2

(12) 0.25, 2.10 はともに末位は小数第 2 位だから, 計算結果は小数第 2 位まで求める。

$$0.25 - 2.10 = -1.85$$ 答 -1.85

17 [等加速度直線運動の式] (p.18)

解答 (1) 6.0 m/s
(2) 9.0 m

リード文check
❶初速度 … 時刻 0 s のとき（初期状態のとき）の物体の速度
❷一定の加速度 … 等加速度直線運動をする

解説 初速度の向きを正と定め, 初速度を $v_0 = 3.0$ m/s, 加速度を $a = 1.5$ m/s^2 とおく。

(1) $t = 2.0$ s の物体の速度を v [m/s] とする。
等加速度直線運動の式「$v = v_0 + at$」より
$$v = v_0 + at$$
$$= 3.0 + 1.5 \times 2.0$$
$$= 3.0 + 3.0$$
$$= 6.0 \text{ [m/s]}$$ 答 6.0 m/s

速さは速度の大きさ

(2) $t = 2.0$ s の物体の変位を x [m] とする。
等加速度直線運動の式「$x = v_0 t + \dfrac{1}{2} at^2$」より
$$x = v_0 t + \dfrac{1}{2} at^2$$
$$= 3.0 \times 2.0 + \dfrac{1}{2} \times 1.5 \times (2.0)^2$$
$$= 6.0 + 3.0$$
$$= 9.0 \text{ [m]}$$ 答 9.0 m

18 [等加速度直線運動の式] (p.18)

解答 (1) 7.2 m/s (2) 38 m
(3) 10 s (4) 60 m

リード文check
❶減速 … 初速度の向きと加速度の向きが逆

解説 初速度の向きを正と定め, 初速度を $v_0 = 12$ m/s, 加速度を $a = -1.2$ m/s^2 とおく。

(1) $t_1 = 4.0$ s の物体の速度を v_1 [m/s] とする。
等加速度直線運動の式「$v = v_0 + at$」より
$$v_1 = v_0 + at_1$$
$$= 12 + (-1.2) \times 4.0$$
$$= 7.2 \text{ [m/s]}$$ 答 7.2 m/s

速さは速度の大きさ

(2) $t_1 = 4.0$ s の物体の変位を x_1 [m] とする。
等加速度直線運動の式「$x = v_0 t + \dfrac{1}{2} at^2$」より
$$x_1 = v_0 t_1 + \dfrac{1}{2} a t_1^2$$
$$= 12 \times 4.0 + \dfrac{1}{2} \times (-1.2) \times (4.0)^2$$
$$= 38.4 \text{ [m]}$$ 答 38 m

(3) 時刻 t_2〔s〕のときに速度 $v_2=0$ m/s（静止）であるとする。
　　等加速度直線運動の式「$v=v_0+at$」より
$$v_2=v_0+at_2$$
$$t_2=\frac{v_2-v_0}{a}$$
$$=\frac{0-12}{-1.2}$$
$$=10〔s〕\quad 答\ 10\,s$$

静止 ⇒ $v=0$

(4) $t_2=10$ s の物体の変位を x_2〔m〕とする。
　　等加速度直線運動の式「$x=v_0t+\frac{1}{2}at^2$」より
$$x_2=v_0t_2+\frac{1}{2}at^2$$
$$=12\times10+\frac{1}{2}\times(-1.2)\times10^2$$
$$=60〔m〕\quad 答\ 60\,m$$

19 ［等加速度直線運動の式］(p.18)

解答 15 m

リード文check
❶点Pを5.0m/sの速さで通過 … 時間の情報がないときは「$v^2-v_0^2=2ax$」が有効

解説 初速度の向きを正と定め，初速度を $v_0=4.0$ m/s，加速度を $a=0.30$ m/s² とおく。また，点Pにおける速度を $v=5.0$ m/s，変位を x〔m〕とする。
等加速度直線運動の式「$v^2-v_0^2=2ax$」より

$$v^2-v_0^2=2ax$$
$$x=\frac{v^2-v_0^2}{2a}$$
$$=\frac{(5.0)^2-(4.0)^2}{2\times0.30}$$
$$=15〔m〕\quad 答\ 15\,m$$

20 ［等加速度直線運動の式］(p.19)

解答 (1) 12 s　(2) 右向き 2.2 m/s
(3) 右向き 1.8 m/s²
(4) 左向き 0.67 m/s²

リード文check
❶1.5m/s² の加速度の大きさで直線運動 … 等加速度直線運動

解説 (1) 加速度の向きを正と定め，加速度を $a=1.5$ m/s²，初速度を $v_0=0$ m/s とおく。また，速度が $v=18$ m/s となる時刻を t〔s〕とする。
等加速度直線運動の式「$v=v_0+at$」より
$$v=v_0+at$$
$$t=\frac{v-v_0}{a}$$
$$=\frac{18-0}{1.5}$$
$$=12〔s〕\quad 答\ 12\,s$$

(2) 右向きを正と定め，加速度を $a=0.80$ m/s²，初速度を v_0〔m/s〕とおく。また，$t=2.5$ s のときの速度を $v=4.2$ m/s とする。
等加速度直線運動の式「$v=v_0+at$」より
$$v=v_0+at$$
$$v_0=v-at$$
$$=4.2-0.80\times2.5$$
$$=4.2-2.0$$
$$=+2.2〔m/s〕\quad 答\ 右向き 2.2\,m/s$$

正の向きを右向きとした

(3) 右向きを正と定め，初速度を $v_0=1.2$ m/s，加速度を a〔m/s²〕とおく。また，$t=2.0$ s のときの変位を $x=6.0$ m とする。
等加速度直線運動の式「$x=v_0t+\frac{1}{2}at^2$」より
$$x=v_0t+\frac{1}{2}at^2$$
$$a=\frac{2(x-v_0t)}{t^2}$$
$$=\frac{2\times(6.0-1.2\times2.0)}{(2.0)^2}$$
$$=+1.8〔m/s^2〕\quad 答\ 右向き 1.8\,m/s^2$$

正の向きを右向きとした

3. 等加速度直線運動

(4) 右向きを正と定め，初速度を $v_0 = 2.5\,\mathrm{m/s}$，加速度を $a\,[\mathrm{m/s^2}]$ とおく。また，$t = 3.0\,\mathrm{s}$ のときの変位を $x = 4.5\,\mathrm{m}$ とする。

等加速度直線運動の式「$x = v_0 t + \dfrac{1}{2}at^2$」より

$$x = v_0 t + \dfrac{1}{2}at^2$$

$$a = \dfrac{2(x - v_0 t)}{t^2}$$

$$= \dfrac{2 \times (4.5 - 2.5 \times 3.0)}{(3.0)^2}$$

$$= -\dfrac{2}{3} = -0.66\overset{7}{6}\cdots\,[\mathrm{m/s^2}]$$

答 左向き $0.67\,\mathrm{m/s^2}$ （正の向きを右向きとした）

21 ［等加速度直線運動の式］（p. 19）

解答 (1) 3.0 s (2) 右向き 9.0 m
(3) 6.0 s (4) 左向き 6.0 m/s

リード文check
❶ 最も右向きへ遠ざかるとき … その瞬間は $v = 0\,\mathrm{m/s}$

解説 右向きを正と定め，加速度 $a = -2.0\,\mathrm{m/s^2}$，初速度 $v_0 = 6.0\,\mathrm{m/s}$ とおく。

(1) 最も右向きへ遠ざかるときの時刻を $t_1\,[\mathrm{s}]$ とする。このときの速度は $v_1 = 0\,\mathrm{m/s}$ である。

等加速度直線運動の式「$v = v_0 + at$」より

$v_1 = v_0 + at_1$

$t_1 = \dfrac{v_1 - v_0}{a}$

$= \dfrac{0 - 6.0}{-2.0}$

$= 3.0\,[\mathrm{s}]$ **答** 3.0 s

（ターンする瞬間 ↓ 速度 $v = 0$）

(2) $t_1 = 3.0\,\mathrm{s}$ のときの変位を $x_1\,[\mathrm{m}]$ とする。

等加速度直線運動の式「$x = v_0 t + \dfrac{1}{2}at^2$」より

$x_1 = v_0 t_1 + \dfrac{1}{2}at_1^2$

$= 6.0 \times 3.0 + \dfrac{1}{2} \times (-2.0) \times (3.0)^2$

$= +9.0\,[\mathrm{m}]$ **答** 右向き 9.0 m

(3) 再び原点を通過するときの時刻を $t_2\,[\mathrm{s}]$ とする。このときの変位は $x_2 = 0\,\mathrm{m}$ である。

等加速度直線運動の式「$x = v_0 t + \dfrac{1}{2}at^2$」より

$x_2 = v_0 t_2 + \dfrac{1}{2}at_2^2$

$0 = 6.0 \times t_2 + \dfrac{1}{2} \times (-2.0) \times t_2^2$

$t_2^2 - 6t_2 = 0$

$t_2(t_2 - 6) = 0$

$t_2 > 0$ より $t_2 = 6.0\,[\mathrm{s}]$ **答** 6.0 s

（t_1 の 2 倍！）

(4) $t_2 = 6.0\,\mathrm{s}$ のときの速度を $v_2\,[\mathrm{m/s}]$ とする。

等加速度直線運動の式「$v = v_0 + at$」より

$v_2 = v_0 + at_2$

$= 6.0 + (-2.0) \times 6.0$

$= -6.0\,[\mathrm{m/s}]$

答 左向き 6.0 m/s

（初速度に対して 大きさ：同じ 向き：逆）

（参考） v-t グラフは次のようになる。

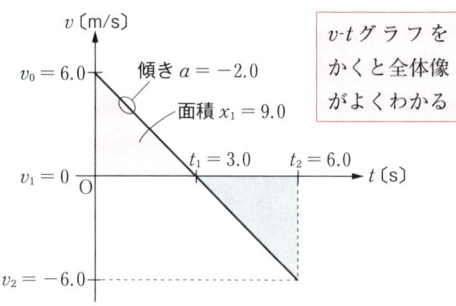

（v-t グラフをかくと全体像がよくわかる）

22 ［等加速度直線運動のグラフ］（p. 19）

解答 (1) $-2.0\,\mathrm{m/s^2}$ (2) 4.0 s
(3) 16 m (4) 変位：12 m，道のり：20 m

リード文check
❶ 加速度 … （加速度）＝（v-t グラフの傾き）
❷ 最も遠ざかるとき … このとき，（速度）＝ 0

解説 (1) 加速度を a [m/s²] とする。

$$a = \frac{-4.0-8.0}{6.0-0}$$ ← v-t グラフの傾き

$$= \frac{-12.0}{6.0}$$ ← 符号を忘れずに！

$$= -2.0 \text{ [m/s²]} \quad \text{答} \; -2.0\,\text{m/s²}$$

(2) 求める時刻を t_1 [s] とする。グラフより、初速度 $v_0 = 8.0$ m/s。また、時刻 t_1 のときの速度は $v_1 = 0$ m/s。

等加速度直線運動の式「$v = v_0 + at$」より

$$v_1 = v_0 + at_1$$
$$t_1 = \frac{v_1 - v_0}{a}$$
$$= \frac{0-8.0}{-2.0}$$
$$= 4.0 \text{ [s]} \quad \text{答} \; 4.0\,\text{s}$$

別解 v-t グラフより、図形的に求めてもよい。

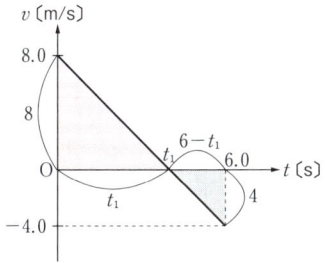

上図の2つの三角形は相似だから
$$8 : 4 = t_1 : (6-t_1)$$
$$4t_1 = 8(6-t_1)$$
$$t_1 = 4.0 \text{ [s]}$$

(3) 求める変位を x_1 [m] とする。

等加速度直線運動の式「$x = v_0 t + \frac{1}{2}at^2$」より

$$x_1 = v_0 t_1 + \frac{1}{2}a t_1^2$$
$$= 8.0 \times 4.0 + \frac{1}{2} \times (-2.0) \times (4.0)^2$$
$$= 32 - 16$$
$$= 16 \text{ [m]} \quad \text{答} \; 16\,\text{m}$$

別解 v-t グラフの面積が変位を表すので

$$x_1 = \frac{1}{2} \times 4.0 \times 8.0$$
$$= 16 \text{ [m]}$$

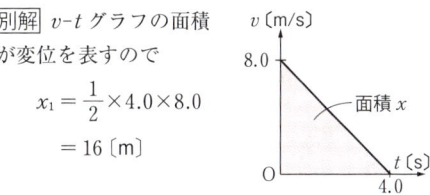

(4) $t_2 = 6.0$ s のときの変位を x_2 [m] とする。

等加速度直線運動の式「$x = v_0 t + \frac{1}{2}at^2$」より

$$x_2 = v_0 t_2 + \frac{1}{2}a t_2^2$$
$$= 8.0 \times 6.0 + \frac{1}{2} \times (-2.0) \times (6.0)^2$$
$$= 48 - 36$$
$$= 12 \text{ [m]} \quad \text{答} \; 変位：12\,\text{m}$$

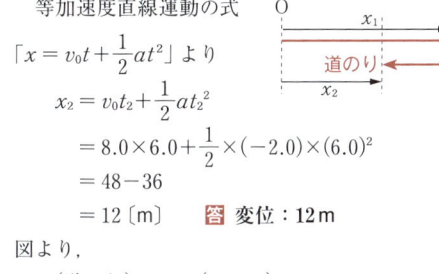

図より、

$$(道のり) = \underline{x_1} + \underline{(x_1 - x_2)}$$
「行き」の距離　「帰り」の距離

$$= 16 + (16-12)$$
$$= 16 + 4$$
$$= 20 \text{ [m]} \quad \text{答} \; 道のり：20\,\text{m}$$

▶ **ベストフィット**
変位と道のりは異なる

---

23 ［等加速度直線運動のグラフ］(p.19)

解答 (1) 速度：3.0 m/s，変位：3.0 m　(2) 速度：3.0 m/s，変位：12 m
(3) 速度：0 m/s，変位：17 m　(4)(5) 解説参照

リード文check
❶原点で静止 … 初速度 $v_0 = 0$

解説 題意より初速度は $v_0 = 0$ m/s

(1) $t_1 = 2.0$ s のときの速度と変位をそれぞれ v_1 [m/s], x_1 [m] とおく。

a-t グラフより、時刻 $0 \sim 2.0$ s では、加速度 $a_1 = 1.5$ m/s² の等加速度直線運動をしている。

$$v_1 = v_0 + a_1 t_1 \quad \text{（}v = v_0 + at \text{ より）}$$
$$= 0 + 1.5 \times 2.0$$
$$= 3.0 \text{ [m/s]}$$

$$x_1 = v_0 t_1 + \frac{1}{2} a_1 t_1^2 \quad \text{（}x = v_0 t + \frac{1}{2}at^2 \text{ より）}$$
$$= 0 \times 2.0 + \frac{1}{2} \times 1.5 \times (2.0)^2$$
$$= 3.0 \text{ [m]}$$

答 速度：3.0 m/s，変位：3.0 m

3．等加速度直線運動 …… 19

(2) $t_2 = 5.0$ s のときの速度と変位をそれぞれ v_2〔m/s〕, x_2〔m〕とおく。

a-t グラフより, 時刻 2.0〜5.0 s では, 加速度が 0 だから, 等速直線運動をしている。（速度は変わらない）

$v_2 = v_1$

$= 3.0$〔m/s〕

$x_2 = x_1 + v_2(t_2 - t_1)$ （x_1 を忘れずに！）

$= 3.0 + 3.0 \times (5.0 - 2.0)$

$= 12$〔m〕

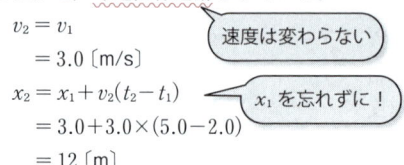

答 速度：3.0 m/s, 変位：12 m

(3) $t_3 = 8.0$ s のときの速度と変位をそれぞれ v_3〔m/s〕, x_3〔m〕とおく。

a-t グラフより, 時刻 5.0〜8.0 s では, 加速度 $a_3 = -1.0$ m/s² の等加速度直線運動をしている。

$v_3 = v_2 + a_3(t_3 - t_2)$ （初速度は $v_2 = 3.0$ m/s と考える）

$= 3.0 + (-1.0) \times (8.0 - 5.0)$

$= 0$〔m/s〕

$x_3 = x_2 + v_2(t_3 - t_2) + \frac{1}{2}a_3(t_3 - t_2)^2$ （x_2 を忘れずに！）

$= 12 + 3.0 \times (8.0 - 5.0)$

$+ \frac{1}{2} \times (-1.0) \times (8.0 - 5.0)^2$

$= 16.5$〔m〕

答 速度：0 m/s, 変位：17 m

(4) 答

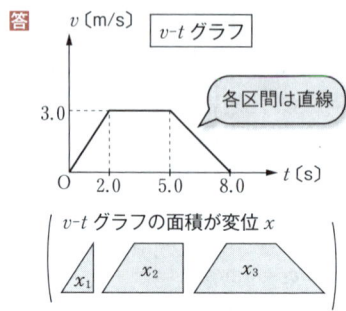

(5) 答

等加速度運動
⇓
x-t グラフは放物線

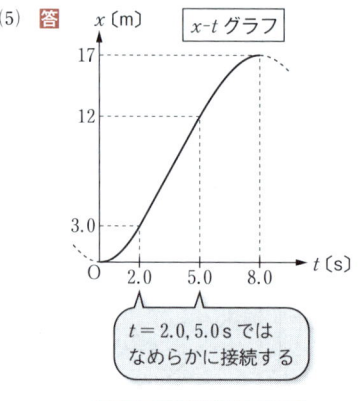

24 [等加速度直線運動のグラフ] (p. 19)

解答 (1) 0.40 m/s²

(2) 10 s

リード文check

❶加速度 … (加速度) = (v-t グラフの傾き)

❷追いつく … 同じ時刻で同じ位置 (座標)

解説 (1) 物体 B の加速度を a〔m/s²〕とする。

$a = \dfrac{2.0-0}{5.0-0}$ （v-t グラフの傾き）

$= 0.40$〔m/s²〕 **答 0.40 m/s²**

(2) 時刻 t〔s〕における物体 A, B の位置 (座標) をそれぞれ x_A〔m〕, x_B〔m〕とおく。

$$\begin{cases} x_A = 2.0 \times t \\ x_B = 0 \times t + \dfrac{1}{2} \times 0.40 \times t^2 \\ \quad = 0.20 \times t^2 \end{cases}$$

（A は 2.0 m/s で等速度運動
B は初速度 0, 加速度 0.40 m/s² の等加速度運動）

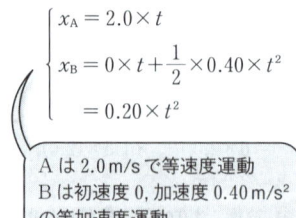

追いつくときは, $x_A = x_B$ となるので,

$2.0 \times t = 0.20 \times t^2$

$10t = t^2$

$t(t-10) = 0$

$t > 0$ より　$t = 10$〔s〕 **答 10 s**

別解 x_A, x_B は v-t グラフの面積から求めてもよい。

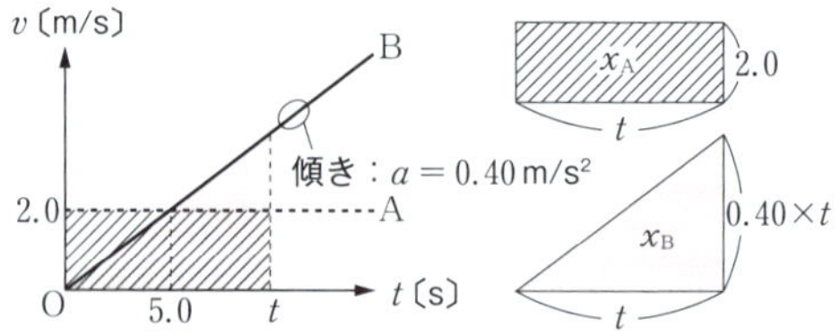

P.20 ▶4 落体の運動

類題 9 自由落下 (p.22)

ビルの屋上で小球から静かに手をはなした。手をはなしてから 2.0 s 後に小球は地表に達した。ただし，空気抵抗は無視できるものとし，重力加速度の大きさを $9.8\,\mathrm{m/s^2}$ とする。
(1) 地表に達したときの小球の速さを求めよ。
(2) 地表からビルの屋上までの高さを求めよ。

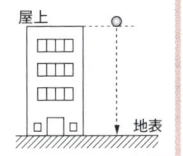

解答
(1) $20\,\mathrm{m/s}$ (2) $20\,\mathrm{m}$

リード文check
❶ — 大きさが無視できる球。ただし，質量はあるとする
❷ — 初速度を与えなかった。$v_0 = 0$

■ 自由落下の基本プロセス Process

プロセス 0

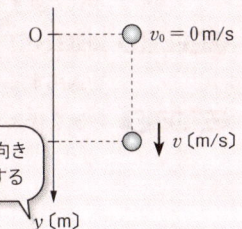

鉛直下向きを正とする

プロセス 1 正の向きを定め，文字式で表す
プロセス 2 自由落下の式を適用する
プロセス 3 数値を代入する

解説

(1) **プロセス 1** 正の向きを定め，文字式で表す
鉛直下向きを正とし，$t_1 = 2.0\,\mathrm{s}$ 後における速度を $v_1\,[\mathrm{m/s}]$ とする。

プロセス 2 自由落下の式を適用する
自由落下の式「$v = gt$」より
$v_1 = gt_1$

プロセス 3 数値を代入する
$v_1 = 9.8 \times 2.0$
$= 19.6\,[\mathrm{m/s}]$ 答 $20\,\mathrm{m/s}$
(20 と上書き)

速さなので向きはかかない

(2) **1** $t_1 = 2.0\,\mathrm{s}$ 後における変位を $y_1\,[\mathrm{m}]$ とする。

2 自由落下の式「$y = \dfrac{1}{2}gt^2$」より

$y_1 = \dfrac{1}{2}gt_1^2$

3 $= \dfrac{1}{2} \times 9.8 \times (2.0)^2$
$= 19.6\,[\mathrm{m}]$ 答 $20\,\mathrm{m}$
(20 と上書き)

y_1 の大きさが求める高さ

類題 10 鉛直投げ下ろし (p.23)

高さ58.8mのビルの屋上から小球を鉛直下向きに4.9m/sで投げ下ろした。ただし、空気抵抗は無視できるものとし、重力加速度の大きさを9.8m/s²とする。
(1) 投げ下ろしてから1.0s後の小球の速さを求めよ。
(2) 投げ下ろしてから1.0s後の，小球の地表からの高さを求めよ。①
(3) 小球が地表に達するまでの時間を求めよ。
(4) 小球が地表に達したときの速さを求めよ。

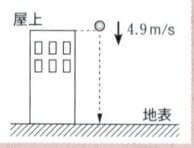

解答
(1) 14.7 m/s (2) 49.0 m
(3) 3.0 s   (4) 34.3 m/s

リード文check

❶ $\begin{pmatrix} 小球の地表 \\ からの高さ \end{pmatrix}$ = (ビルの高さ) − $\begin{pmatrix} 小球の屋上からの \\ 変位の大きさ \end{pmatrix}$

■ 鉛直投げ下ろしの基本プロセス Process

プロセス 0
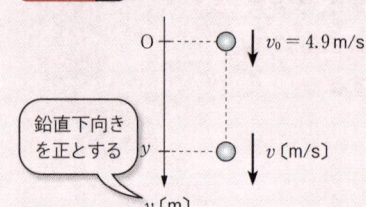
鉛直下向きを正とする

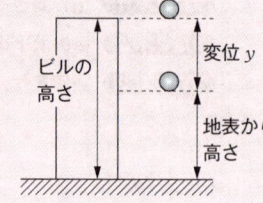

プロセス 1　正の向きを定め，文字式で表す
プロセス 2　鉛直投げ下ろしの式を適用する
プロセス 3　数値を代入する

解説

(1) **プロセス 1** 正の向きを定め，文字式で表す
　鉛直下向きを正とし，初速度 $v_0 = 4.9$ m/s，$t_1 = 1.0$ s 後の速度を v_1 [m/s] とする。
プロセス 2 鉛直投げ下ろしの式を適用する
　鉛直投げ下ろしの式「$v = v_0 + gt$」より
　$v_1 = v_0 + gt_1$
プロセス 3 数値を代入する
　$v_1 = 4.9 + 9.8 \times 1.0$
　　$= 14.7$ [m/s]
　答 14.7 m/s

(2) ❶ $t_1 = 1.0$ s 後の変位を y_1 [m] とする。
❷ 鉛直投げ下ろしの式「$y = v_0 t + \frac{1}{2}gt^2$」より
$$y_1 = v_0 t_1 + \frac{1}{2}gt_1^2$$
❸ $\quad = 4.9 \times 1.0 + \frac{1}{2} \times 9.8 \times (1.0)^2$
　　$= 9.8$ [m]
求める小球の高さを h [m] とすると
　$h = 58.8 - 9.8$
　　$= 49.0$ [m]　**答** 49.0 m

(3) ❶ 変位 $y_2 = 58.8$ m となるまでの時間を t_2 [s] とする。
❷ 鉛直投げ下ろしの式「$y = v_0 t + \frac{1}{2}gt^2$」より
$$y_2 = v_0 t_2 + \frac{1}{2}gt_2^2$$
❸ $58.8 = 4.9 \times t_2 + \frac{1}{2} \times 9.8 \times t_2^2$
　$t_2^2 + t_2 - 12 = 0$
　$(t_2 - 3)(t_2 + 4) = 0$
　$t_2 > 0$ より　$t_2 = 3.0$ [s]　**答** 3.0 s

(4) ❶ 地表に達したとき，つまり，$t_2 = 3.0$ s 後の速度を v_2 [m/s] とする。
❷ 鉛直投げ下ろしの式「$v = v_0 + gt$」より
　$v_2 = v_0 + gt_2$
❸ 　$= 4.9 + 9.8 \times 3.0$
　　$= 34.3$ [m/s]　**答** 34.3 m/s

類題 11 鉛直投げ上げ (p.24)

地表から小球を鉛直上向きに 19.6 m/s で投げ上げた。重力加速度の大きさを 9.80 m/s² とする。
(1) 小球が最高点に達するまでの時間を求めよ。❶
(2) 小球が達する最高点の地表からの高さを求めよ。
(3) 投げ上げてから小球が地表に戻るまでの時間を求めよ。❷
(4) 小球が地表に戻ったときの速さを求めよ。

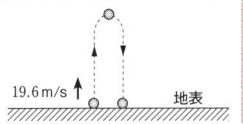

解答
(1) 2.00 s (2) 19.6 m
(3) 4.00 s (4) 19.6 m/s

リード文check
❶ 最高点では，速度 $v = 0$
❷ 地表では，変位 $y = 0$

■ 鉛直投げ上げの基本プロセス Process

プロセス 0

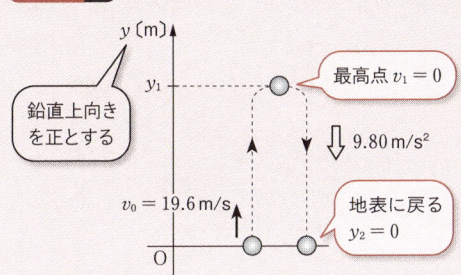

プロセス 1 正の向きを定め，文字式で表す
プロセス 2 鉛直投げ上げの式を適用する
プロセス 3 数値を代入する

解説

(1) **プロセス 1** 正の向きを定め，文字式で表す
鉛直上向きを正とし，最高点に達するまでの時間を t_1 [s] とする。このときの速度は $v_1 = 0$ になる。

プロセス 2 鉛直投げ上げの式を適用する
鉛直投げ上げの式「$v = v_0 - gt$」より
$v_1 = v_0 - gt_1$

プロセス 3 数値を代入する
$0 = 19.6 - 9.80 \times t_1$
$t_1 = 2.00$ [s]　**答** 2.00 s

(2) ❶ 最高点に達したときの変位を y_1 [m] とする。

❷ 鉛直投げ上げの式「$y = v_0 t - \dfrac{1}{2}gt^2$」より

$y_1 = v_0 t_1 - \dfrac{1}{2}gt_1^2$

❸ $= 19.6 \times 2.00 - \dfrac{1}{2} \times 9.80 \times (2.00)^2$

$= 19.6$ [m]

よって，求める高さは 19.6 m　**答** 19.6 m

別解「$v^2 - v_0^2 = -2gy$」より
$0^2 - (19.6)^2 = -2 \times 9.80 \times y_1$
$y_1 = 19.6$ [m]

(3) ❶ 地表に戻るまでの時間を t_2 [s] とする。
このときの変位は $y_2 = 0$ になる。

❷ 鉛直投げ上げの式「$y = v_0 t - \dfrac{1}{2}gt^2$」より

$y_2 = v_0 t_2 - \dfrac{1}{2}gt_2^2$

❸ $0 = 19.6 \times t_2 - \dfrac{1}{2} \times 9.80 \times t_2^2$

$t_2^2 - 4t_2 = 0$
$t_2(t_2 - 4) = 0$
$t_2 > 0$ より　$t_2 = 4.00$ [s]　**答** 4.00 s

別解 運動の対称性より
$t_2 = 2t_1$
$= 2 \times 2.00 = 4.00$ [s]

(4) ❶ 地表に戻ったときの速度を v_2 [m/s] とする。

❷ 鉛直投げ上げの式「$v = v_0 - gt$」より
$v_2 = v_0 - gt_2$

❸ $= 19.6 - 9.80 \times 4.00$
$= -19.6$ [m/s]　**答** 19.6 m/s

別解 運動の対称性より，地表に戻ったときの速度は，初速度と大きさは等しく向きは逆向き。
よって，$v_2 = -19.6$ m/s

25 ［自由落下と鉛直投げ下ろし］(p. 25)

解答 (1) 39 m/s　(2) 78 m
(3) 11 m/s

リード文check
❶小球 … 大きさが無視できる球。ただし，質量はあるとする

解説 (1) 鉛直下向きを正とし，Aを自由落下させてから $t_1 = 4.0$ s 後のAの速度を v_1 [m/s] とする。重力加速度の大きさは $g = 9.8$ m/s² なので，自由落下の式「$v = gt$」より

$$v_1 = gt_1$$
$$= 9.8 \times 4.0$$
$$= 39.2 \text{ [m/s]} \quad \text{答 39 m/s}$$

(2) (1)のときのAの変位を y_1 [m] とする。自由落下の式「$y = \frac{1}{2}gt^2$」より

$$y_1 = \frac{1}{2}gt_1^2$$
$$= \frac{1}{2} \times 9.8 \times (4.0)^2$$
$$= 78.4 \text{ [m]}$$

よって，求める高さは 78 m　**答 78 m**

(3) Bの初速度を v_0 [m/s] とする。鉛直投げ下ろしの式「$y = v_0 t + \frac{1}{2}gt^2$」より

$$y_1 = v_0(t_1 - 1.0) + \frac{1}{2}g(t_1 - 1.0)^2$$

（四捨五入する前の y_1 を代入する）（BはAより1.0s遅れて投げ下ろされた）

$$78.4 = v_0(4.0 - 1.0) + \frac{1}{2} \times 9.8 \times (4.0 - 1.0)^2$$
$$3v_0 = 34.3$$
$$v_0 = 11.4\cdots \text{ [m/s]} \quad \text{答 11 m/s}$$

26 ［雨滴の落下］(p. 25)

解答 (1) 20 s
(2) 200 m/s
(3) 720 km/h

リード文check
❶雨雲から落下する雨滴 … 初速度 0 の自由落下と考えてよい
❷重力加速度の大きさを 10 m/s² … 通常は 9.8 m/s² だが，問題によっては 10 m/s² を用いることもある

解説 (1) 鉛直下向きを正とし，雨滴の変位 $y_1 = 2000$ m となるまでの時間を t_1 [s] とする。重力加速度の大きさは $g = 10$ m/s² なので，自由落下の式「$y = \frac{1}{2}gt^2$」より

$$y_1 = \frac{1}{2}gt_1^2$$
$$t_1 = \sqrt{\frac{2y_1}{g}} \quad (\leftarrow t_1 > 0 \text{ より})$$
$$= \sqrt{\frac{2 \times 2000}{10}}$$
$$= \sqrt{400}$$
$$= 20 \text{ [s]} \quad \text{答 20 s}$$

(2) (1)のときの速度を v_1 [m/s] とする。自由落下の式「$v = gt$」より

$$v_1 = gt_1$$
$$= 10 \times 20$$
$$= 2.0 \times 10^2 \text{ [m/s]} \quad \text{答 } 2.0 \times 10^2 \text{ m/s}$$

(3) 2.0×10^2 m/s $= \dfrac{2.0 \times 10^2 \times \frac{1}{1000} \text{ km}}{\frac{1}{3600} \text{ h}}$

$$= 2.0 \times 10^2 \times \frac{1}{1000} \times 3600 \text{ km/h}$$
$$= 2.0 \times 10^2 \times 3.6 \text{ km/h}$$
$$= 7.2 \times 10^2 \text{ km/h}$$

答 7.2×10^2 km/h

27 ［鉛直投げ上げ］(p. 25)

解答 (1) 1.0 s　(2) 4.9 m
(3) 2.0 s　(4) 39 m

リード文check
❶最高点に達する … このとき，物体の速度は 0

解説 (1) 鉛直上向きを正とし，最高点に達するまでの時間を t_1〔s〕とする。このときの速度は $v_1=0$ になる。初速度が $v_0=9.8\,\text{m/s}$，重力加速度の大きさが $g=9.8\,\text{m/s}^2$ なので，
鉛直投げ上げの式「$v=v_0-gt$」より
$$v_1=v_0-gt_1$$
$$t_1=\frac{v_0-v_1}{g}$$
$$=\frac{9.8-0}{9.8}$$
$$=1.0\,〔\text{s}〕\quad \boxed{答}\ 1.0\,\text{s}$$

(2) 最高点に達したときの変位を y_1〔m〕とする。
鉛直投げ上げの式「$y=v_0t-\frac{1}{2}gt^2$」より
$$y_1=v_0t_1-\frac{1}{2}gt_1^2$$
$$=9.8\times1.0-\frac{1}{2}\times9.8\times(1.0)^2$$
$$=4.9\,〔\text{m}〕$$
よって，屋上から最高点までの高さは 4.9 m
$\boxed{答}\ 4.9\,\text{m}$

(3) 再び屋上の高さに戻るまでの時間を t_2〔s〕とする。このときの変位は $y_2=0$ になる。
鉛直投げ上げの式「$y=v_0t-\frac{1}{2}gt^2$」より
$$y_2=v_0t_2-\frac{1}{2}gt_2^2$$
$$0=9.8\times t_2-\frac{1}{2}\times9.8\times t_2^2$$
$$t_2{}^2-2t_2=0$$
$$t_2(t_2-2)=0$$
$t_2>0$ より　$t_2=2.0$〔s〕　$\boxed{答}\ 2.0\,\text{s}$
|別解| 運動の対称性より　$t_2=2t_1=2.0$〔s〕

(4) $t_3=4.0\,\text{s}$ 後に地表に達したときの変位を y_3〔m〕とする。
鉛直投げ上げの式「$y=v_0t-\frac{1}{2}gt^2$」より
$$y_3=v_0t_3-\frac{1}{2}gt_3^2$$
$$=9.8\times4.0-\frac{1}{2}\times9.8\times(4.0)^2$$
$$=-39.2\,〔\text{m}〕$$
よって，地表から屋上までの高さは 39 m
$\boxed{答}\ 39\,\text{m}$

式1つで答えを導くことができる！

28 ［水平投射］(p. 25)

解答 (1) 2.0 s
(2) 36 m
(3) 時間：1 倍，水平到達距離：2 倍

リード文check
❶水平方向に 18 m/s の速さで小球を投げだした …
水平投射は，$\begin{cases}\text{鉛直方向…自由落下}\\ \text{水平方向…等速直線運動}\end{cases}$

解説 速さ $v_0=18\,\text{m/s}$ で水平投射された小球は，鉛直方向は自由落下，水平方向は等速直線運動をする。

(1) 鉛直下向きを正とし，変位 $y_1=19.6\,\text{m}$ に達するまでの時間を t_1〔s〕とする。重力加速度の大きさが $g=9.8\,\text{m/s}^2$ なので，自由落下の式
「$y=\frac{1}{2}gt^2$」より
$$y_1=\frac{1}{2}gt_1^2$$
$$t_1=\sqrt{\frac{2y_1}{g}}\quad(\leftarrow t_1>0\text{ より})$$
$$=\sqrt{\frac{2\times19.6}{9.8}}$$
$$=\sqrt{2\times2}$$
$$=2.0\,〔\text{s}〕\quad \boxed{答}\ 2.0\,\text{s}$$

(2) 水平方向の右向きを正とし，$t_1=2.0\,\text{s}$ 後の変位を x_1〔m〕とする。
等速直線運動の式「$x=v_0t$」より
$$x_1=v_0t_1$$
$$=18\times2.0$$
$$=36\,〔\text{m}〕$$
よって，水平到達距離は 36 m　$\boxed{答}\ 36\,\text{m}$

(3) 水平方向の速さを2倍にしても，鉛直方向の運動は(1)と同じく自由落下である。よって，地表に達するまでの時間は(1)と同じである。
　　$\boxed{答}$ 時間：1 倍
水平方向は等速直線運動だから，かかる時間が同じで速さが2倍となるとき，距離は2倍になる。　$\boxed{答}$ 水平到達距離：2 倍

4．落体の運動

P.26 ▶5 力の表し方

類題 12　力の表し方 (p. 28)

右図のように，天井から質量 M [kg] のおもり A を軽い糸 1 でつるし，さらに軽い糸 2 で質量 m [kg] のおもり B をつるした。重力加速度の大きさを g [m/s²] とし，糸 1 および糸 2 における張力の大きさをそれぞれ T_1 [N]，T_2 [N] とする。❶
(1) おもり A にはたらく力を図示せよ。
(2) おもり B にはたらく力を図示せよ。

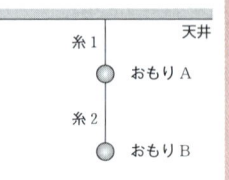

解答
(1)(2) 解説参照

リード文 check
❶ーー 1本の軽い糸の張力の大きさは，どこでも同じ

■ 力の表し方の基本プロセス　Process
- プロセス 1　注目する物体を決める
- プロセス 2　その物体に作用点をかく
- プロセス 3　向きに注意して矢印をかく

解説

(1) プロセス 1　注目する物体を決める
　　プロセス 2　その物体に作用点をかく
　　プロセス 3　向きに注意して矢印をかく

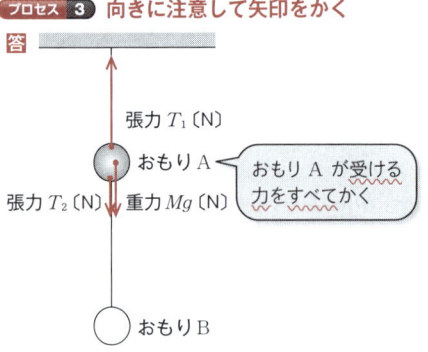

(2) 1　2　3

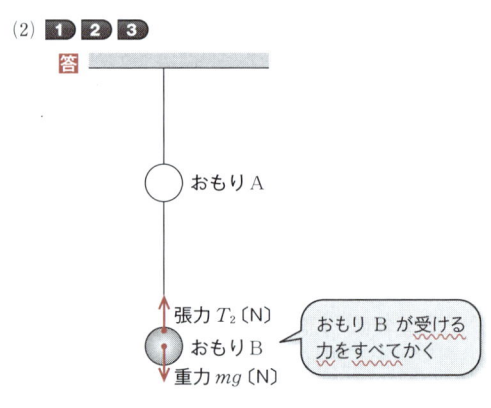

類題 13　フックの法則 (p. 29)

軽いばね❶の一端を固定し，他端を手でもって自然長から❷ 10 cm 引き伸ばすと，弾性力の大きさが 0.25 N になった。
(1) このばねのばね定数を求めよ。
(2) このばねを 14 cm 引き伸ばしたときの弾性力の大きさを求めよ。
(3) 弾性力の大きさ F [N] を縦軸に，ばねの伸び x [m] を横軸にとった $F\text{-}x$ グラフをかけ。ただし，$0 \leq x \leq 0.20$ の範囲とする。

解答
(1) 2.5 N/m　(2) 0.35 N
(3) 解説参照

リード文 check
❶ーー 質量が無視できるばね
❷ーー ばねが伸びも縮みもしていないときのばねの長さ

■ フックの法則の基本プロセス　Process

プロセス 0

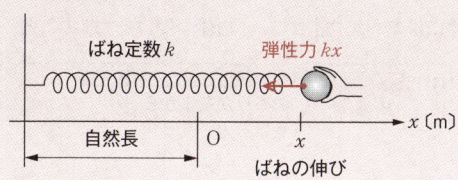

プロセス 1　図に情報をかきこむ
プロセス 2　単位の換算に注意する
プロセス 3　フックの法則を適用する

解説

(1) プロセス 1　図に情報をかきこむ
　　求めるばね定数を k〔N/m〕，自然長からのばねの伸びを x〔m〕とする。
　プロセス 2　単位の換算に注意する
　　ばねの伸び　$10\,cm = 10 \times 10^{-2}\,m$
　　　　　　　　　　　　$= 0.10\,m$
　プロセス 3　フックの法則を適用する
　　フックの法則「$F = kx$」より
　　　$0.25 = k \times 0.10$
　　　　$k = 2.5$〔N/m〕　答　$2.5\,N/m$

(2) 求める弾性力の大きさを F_2〔N〕とする。
　　2　ばねの伸び　$14\,cm = 14 \times 10^{-2}\,m$
　　　　　　　　　　　　　$= 0.14\,m$
　　3　フックの法則「$F = kx$」より
　　　$F_2 = 2.5 \times 0.14$
　　　　　$= 0.35$〔N〕　答　$0.35\,N$

(3) 答
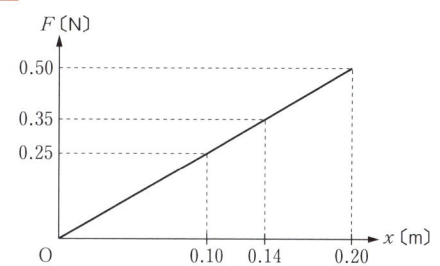

▶ ベストフィット
　（F-x グラフの傾き）＝（ばね定数 k）

29 ［単位換算］（p.30）

解答　(1) $0.015\,m$（$1.5 \times 10^{-2}\,m$）　(2) $0.40\,m$（$4.0 \times 10^{-1}\,m$）
　　　(3) $0.0032\,m$（$3.2 \times 10^{-3}\,m$）　(4) $0.025\,m$（$2.5 \times 10^{-2}\,m$）
　　　(5) $2400\,m$（$2.4 \times 10^3\,m$）　(6) $12000\,m$（$1.2 \times 10^4\,m$）

リード文check
❶m　…　$1\,km = 10^3\,m$（1000 m）
　　　　$1\,cm = 10^{-2}\,m$（0.01 m）
　　　　$1\,mm = 10^{-3}\,m$（0.001 m）

解説　(1)　$1.5\,cm = 1.5 \times 10^{-2}\,m$
　　　　　　　　　　$= 0.015\,m$
　　　答　$0.015\,m$（$1.5 \times 10^{-2}\,m$）
　　(2)　$40\,cm = 40 \times 10^{-2}\,m$
　　　　　　　　　$= 4.0 \times 10^{-1}\,m$
　　　　　　　　　$= 0.40\,m$
　　　答　$0.40\,m$（$4.0 \times 10^{-1}\,m$）
　　(3)　$3.2\,mm = 3.2 \times 10^{-3}\,m$
　　　　　　　　　$= 0.0032\,m$
　　　答　$0.0032\,m$（$3.2 \times 10^{-3}\,m$）

　　(4)　$25\,mm = 25 \times 10^{-3}\,m$
　　　　　　　　　$= 2.5 \times 10^{-2}\,m$
　　　　　　　　　$= 0.025\,m$
　　　答　$0.025\,m$（$2.5 \times 10^{-2}\,m$）
　　(5)　$2.4\,km = 2.4 \times 10^3\,m$
　　　　　　　　　$= 2400\,m$
　　　答　$2400\,m$（$2.4 \times 10^3\,m$）
　　(6)　$12\,km = 12 \times 10^3\,m$
　　　　　　　　　$= 1.2 \times 10^4\,m$
　　　　　　　　　$= 12000\,m$
　　　答　$12000\,m$（$1.2 \times 10^4\,m$）

30 ［力の表し方］(p.30)

解答 (1)〜(6) 解説参照

リード文check
❶物体にはたらく力 …「物体にはたらく力」とは，「物体が受ける力」のこと

解説

(1) 答

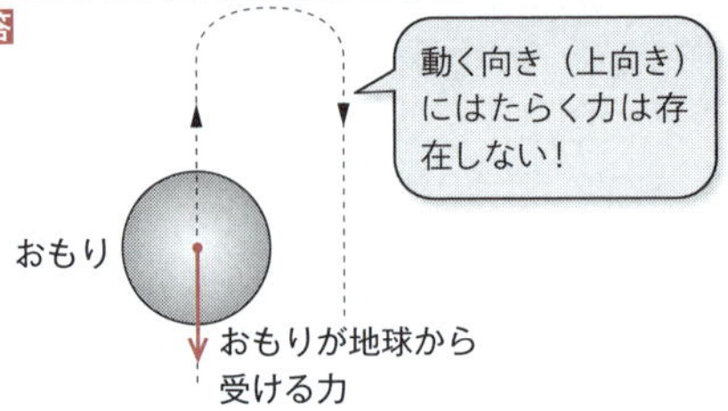

(2) 答

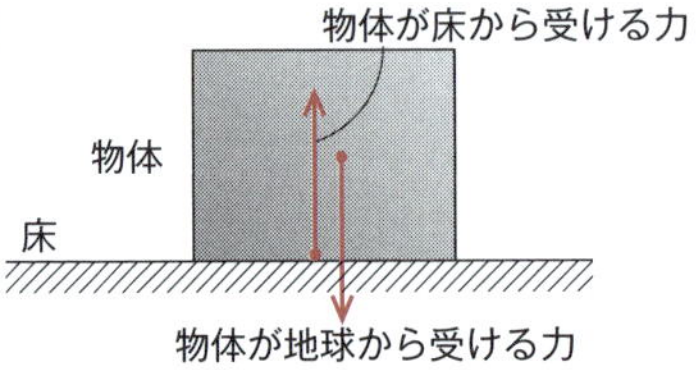

▶ **ベストフィット**
物体が受ける力
⇩
①まず，重力！（遠隔力）
②接触しているところから力を受ける（接触力）

(3) 答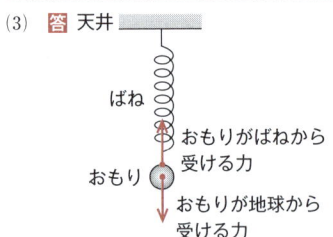

(4)〜(6) 答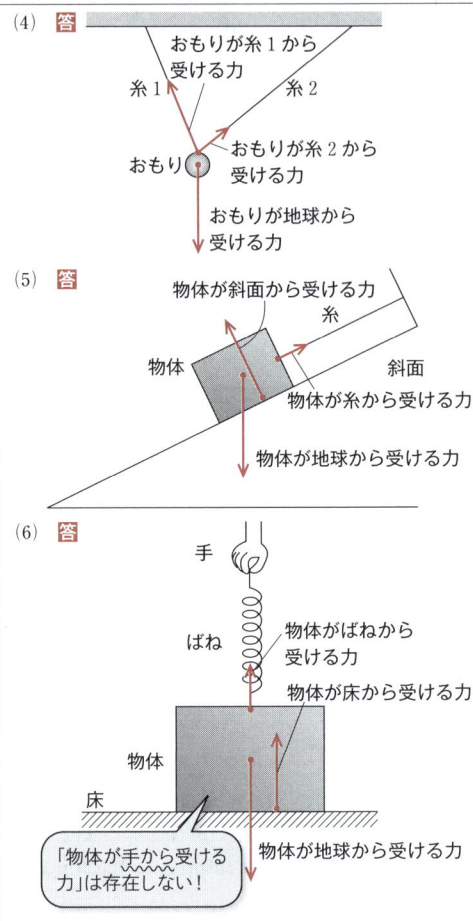

31 ［力の表し方］(p.31)

解答 (1)(2) 解説参照

リード文check
❶例にならって …「何が何から受ける力」かを考える

解説

(1)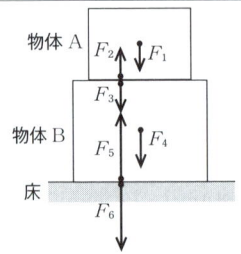

答 F_1：（**物体A**）が（**地球**）から受ける力
F_2：（**物体A**）が（**物体B**）から受ける力
F_3：（**物体B**）が（**物体A**）から受ける力
F_4：（**物体B**）が（**地球**）から受ける力
F_5：（**物体B**）が（**床**）から受ける力
F_6：（**床**）が（**物体B**）から受ける力

重力（地球から受ける力）以外は，すべて直接触れているところから受ける力である！

(2) 物体A　物体B

F_1：(手)が(物体A)から受ける力
F_2：(物体A)が(手)から受ける力
F_3：(物体A)が(物体B)から受ける力
F_4：(物体B)が(物体A)から受ける力

F_4は物体Bが手から受ける力ではない！

32 ［作用・反作用］(p.31)

解答
(1) F_2とF_3, F_5とF_6
(2) F_1とF_2, F_3とF_4

リード文check
❶作用と反作用の組 … 互いに及ぼしあっている2力の組

解説
(1) $\begin{cases} F_2：(物体A)が(物体B)から受ける力 \\ F_3：(物体B)が(物体A)から受ける力 \end{cases}$
$\begin{cases} F_5：(物体B)が(床)から受ける力 \\ F_6：(床)が(物体B)から受ける力 \end{cases}$
答 F_2とF_3, F_5とF_6

(2) $\begin{cases} F_1：(手)が(物体A)から受ける力 \\ F_2：(物体A)が(手)から受ける力 \end{cases}$
$\begin{cases} F_3：(物体A)が(物体B)から受ける力 \\ F_4：(物体B)が(物体A)から受ける力 \end{cases}$
答 F_1とF_2, F_3とF_4

33 ［弾性力］(p.31)

解答
(1) 0.40 N　(2) 0.30 N
(3) 0.60 N

リード文check
❶弾性力の大きさ … (弾性力の大きさ)=(ばね定数)×(ばねの伸び)

解説
(1) ばねの伸びは
$0.30-0.10=0.20$〔m〕
よって，求める弾性力の大きさは，フックの法則「$F=kx$」より
$2.0×0.20=0.40$〔N〕　答 0.40 N

(2) ばねの伸びは
$0.25-0.10=0.15$〔m〕
よって，求める弾性力の大きさは，フックの法則「$F=kx$」より
$2.0×0.15=0.30$〔N〕　答 0.30 N

xは伸び
自然長

(3) ばねの伸びは
$0.40-0.10=0.30$〔m〕
よって，求める弾性力の大きさは，フックの法則「$F=kx$」より
$2.0×0.30=0.60$〔N〕　答 0.60 N

34 ［フックの法則］(p.31)

解答 (1) 30 N/m
(2) 7.2 N

リード文check
❶ばね定数 … (ばね定数)=(F-xグラフの傾き)

解説
(1) フックの法則「$F=kx$」より，ばね定数は
$k=\dfrac{F}{x}$
ここで，F-xグラフより，$x=0.10$mのとき$F=3.0$Nだから
$k=\dfrac{3.0}{0.10}$
F-xグラフの傾き
$=30$〔N/m〕　答 30 N/m

(2) フックの法則「$F=kx$」より，求める弾性力の大きさは
$30×0.24=7.2$〔N〕　答 7.2 N

5. 力の表し方　29

P.32 ▶6 力のつりあい

類題 14 力のつりあい (p.33)

右図のように，重さ52Nのおもりを糸1と糸2を用いて天井からつるした。
(1) 糸1がおもりを引く張力の大きさ T_1 [N] を求めよ。
(2) 糸2がおもりを引く張力の大きさ T_2 [N] を求めよ。

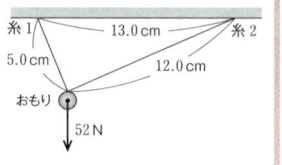

解答
(1) $T_1 = 48$ N (2) $T_2 = 20$ N

■ 力のつりあいの基本プロセス Process

プロセス 0

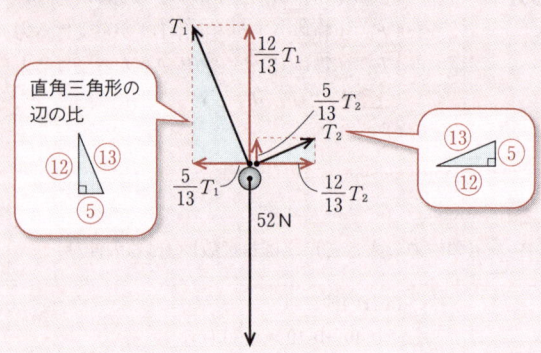

プロセス 1 物体にはたらく力をすべて図示し，鉛直・水平方向に力を分解する

プロセス 2 鉛直方向と水平方向について，力のつりあいの式をたてる

プロセス 3 連立方程式を解き，求めたい物理量を求める

解説
(1)
(2) **プロセス 1** 物体にはたらく力をすべて図示し，鉛直・水平方向に力を分解する

プロセス 2 鉛直方向と水平方向について，力のつりあいの式をたてる

鉛直方向の力のつりあいの式より，
$$\frac{12}{13}T_1 + \frac{5}{13}T_2 = 52 \quad \cdots\cdots ①$$

水平方向の力のつりあいの式より，
$$\frac{5}{13}T_1 = \frac{12}{13}T_2 \quad \cdots\cdots ②$$

プロセス 3 連立方程式を解き，求めたい物理量を求める

①，②を連立させて解くと，
$T_1 = 48$ [N]，$T_2 = 20$ [N]

答 $T_1 = 48$ N，$T_2 = 20$ N

別解 三角形の辺の比で解く。

3力のつりあいを図で示すと，

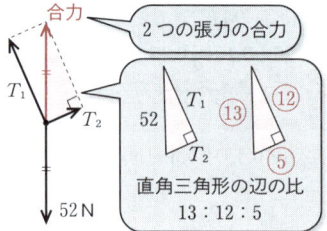

直角三角形の辺の比 13 : 12 : 5 が3つの力の大きさの比に等しい。

$52 : T_1 : T_2 = 13 : 12 : 5$

よって，$T_1 = 48$ [N]，$T_2 = 20$ [N]

---

35 [力の合成] (p.34)

解答 (1) 3.5 N (2) 1.7 N
(3) 0 N (4) 2.0 N

リード文check
❶合力 … 一直線上にある2力の合成 { 同じ向き ⇒ たし算 / 互いに逆向き ⇒ ひき算 }

第1章 物体の運動

解説 (1) 右向きを正とすると，合力の大きさは，
2.0＋1.5＝3.5〔N〕　**答** 3.5 N

(2) 右向きを正とすると，合力の大きさは，
3.2－1.5＝1.7〔N〕　**答** 1.7 N

(3) 下向きを正とすると，合力の大きさは，
2.0－2.0＝0〔N〕　**答** 0 N

(4) 下向きを正とすると，合力の大きさは，
5.0－3.0＝2.0〔N〕　**答** 2.0 N

36 ［力の合成］(p.34)

解答 (1)〜(4) 解説参照

リード文check
❶合力 … 平行でない 2 力の合成 ⇒ 平行四辺形の法則を使う

解説 (1) 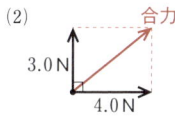 合力の大きさは，
$\sqrt{(1.0)^2+(1.0)^2}$
$=\sqrt{2}≒1.4$〔N〕
答 1.4 N

（三平方の定理を用いる）

(2) 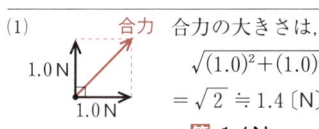 合力の大きさは，
$\sqrt{(3.0)^2+(4.0)^2}$
$=\sqrt{25}=5.0$〔N〕
答 5.0 N

(3) 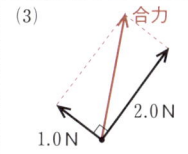 合力の大きさは，
$\sqrt{(1.0)^2+(2.0)^2}$
$=\sqrt{5}≒2.2$〔N〕
答 2.2 N

(4) 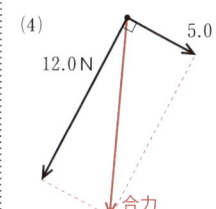 合力の大きさは，
$\sqrt{(12.0)^2+(5.0)^2}$
$=\sqrt{169}=13$〔N〕
答 13 N

37 ［力の分解］(p.34)

解答 (1) x 成分：2.8 N, y 成分：2.8 N
(2) x 成分：1.7 N, y 成分：1.0 N
(3) x 成分：3.0 N, y 成分：5.2 N

リード文check
❶x 成分と y 成分 … 力の成分表示 ⇒ 力を直交する x 軸, y 軸方向に分解したときの分力の大きさに, 向きを表す符号をつけたもの

解説 (1) x 成分：$F_x = 4.0 \times \dfrac{1}{\sqrt{2}}$
$= 4.0 \times \dfrac{\sqrt{2}}{2}$
$= 2.0 \times \sqrt{2}$
$≒ 2.0 \times 1.41$
$= 2.82$〔N〕　**答** x 成分：2.8 N

y 成分も同様にして，
$F_y = 2.8$ N　**答** y 成分：2.8 N

(2) x 成分：$F_x = 2.0 \times \dfrac{\sqrt{3}}{2}$
$= 1.0 \times \sqrt{3}$
$≒ 1.0 \times 1.73$
$= 1.73$〔N〕
答 x 成分：1.7 N

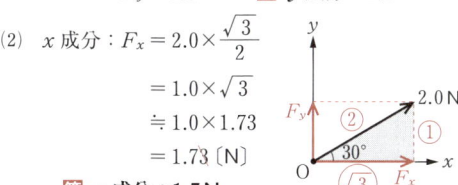

y 成分：$F_y = 2.0 \times \dfrac{1}{2}$
$= 1.0$〔N〕　**答** y 成分：1.0 N

(3) x 成分：$F_x = 6.0 \times \dfrac{1}{2}$
$= 3.0$〔N〕
答 x 成分：3.0 N

y 成分：$F_y = 6.0 \times \dfrac{\sqrt{3}}{2}$
$= 3.0 \times \sqrt{3}$
$≒ 3.0 \times 1.73$
$= 5.19$〔N〕　**答** y 成分：5.2 N

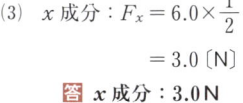
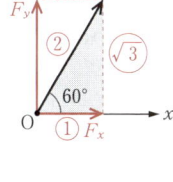

38 [力の分解] (p.34)

解答 (1)〜(3) 解説参照

リード文check
❶成分の大きさ … 向きを表す符号は不要

解説 斜面に平行な方向と垂直な方向の重力の成分の大きさを，それぞれ f_1〔N〕, f_2〔N〕とおく。
重力の大きさ
$$1.0 \times 9.8 = 9.8 \text{〔N〕}$$

(1)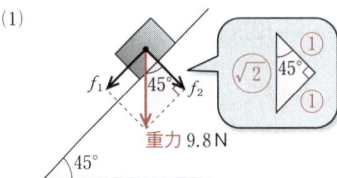

図より，
$$f_1 = 9.8 \times \frac{1}{\sqrt{2}} = 9.8 \times \frac{\sqrt{2}}{2}$$
$$= 4.9 \times \sqrt{2} \fallingdotseq 4.9 \times 1.41$$
$$= 6.909 \text{〔N〕}$$
f_2 も同様にして，$f_2 \fallingdotseq 6.9\text{N}$
答 6.9N, 6.9N

(2)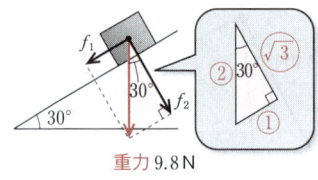

図より，
$$f_1 = 9.8 \times \frac{1}{2} = 4.9 \text{〔N〕}$$
$$f_2 = 9.8 \times \frac{\sqrt{3}}{2} = 4.9 \times \sqrt{3}$$
$$\fallingdotseq 4.9 \times 1.73 = 8.477 \text{〔N〕}$$
答 4.9N, 8.5N

(3)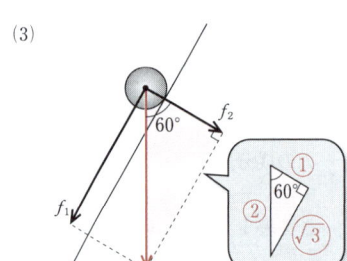

図より，
$$f_1 = 9.8 \times \frac{\sqrt{3}}{2} = 4.9 \times \sqrt{3}$$
$$\fallingdotseq 4.9 \times 1.73 = 8.477 \text{〔N〕}$$
$$f_2 = 9.8 \times \frac{1}{2} = 4.9 \text{〔N〕}$$
答 8.5N, 4.9N

39 [2力のつりあい] (p.35)

解答 (1) 4.9N (2) 4.9N
(3) 29N (4) 29N

リード文check
❶重力の大きさ … (重力の大きさ)＝(質量)×(重力加速度の大きさ)

解説 (1) 重力の大きさは，
$0.50 \times 9.8 = 4.9 \text{〔N〕}$
答 4.9N

(2) 図のように，張力と重力の2力はつりあっているので，張力の大きさも 4.9N
答 4.9N

(3) 重力の大きさは，
$3.0 \times 9.8 = 29.4 \text{〔N〕}$
答 29N

(4) 図のように，垂直抗力と重力の2力はつりあっているので，垂直抗力の大きさも 29N
答 29N

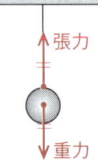

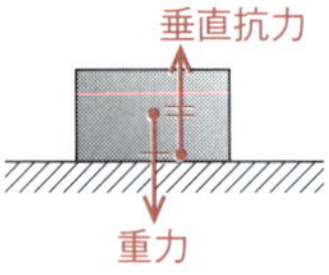

▶ **ベストフィット**
力のつりあい ⇒ { 大きさは同じ / 向きは逆

32 ……… 第1章 物体の運動

40 ［力のつりあい］(p.35)

解答 (1) 4.9 N (2) 15 N
(3) 4.9 N (4) 15 N

リード文check
❶軽い糸 … 1本の軽い糸の張力はどこでも同じ

解説 (1)(2)

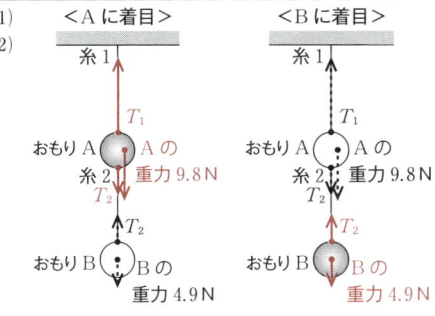

糸1，糸2の張力の大きさを，それぞれ T_1 [N]，T_2 [N] とする。

おもりAの重力の大きさは，
　$1.0 \times 9.8 = 9.8$ [N]

おもりBの重力の大きさは，
　$0.50 \times 9.8 = 4.9$ [N]

おもりA，Bのそれぞれについて，つりあいの式をたてると，
$$\begin{cases} A: T_1 = 9.8 + T_2 & \cdots ① \\ B: T_2 = 4.9 & \cdots ② \end{cases}$$

①，②を連立させて解くと，
　$T_1 = 14.7$ [N]
　$T_2 = 4.9$ [N]

糸2がおもりBを引く張力の大きさは $T_2 = 4.9$ N　**答** (1) **4.9 N**
糸1がおもりAを引く張力の大きさは $T_1 = 15$ N　**答** (2) **15 N**

(3)(4)

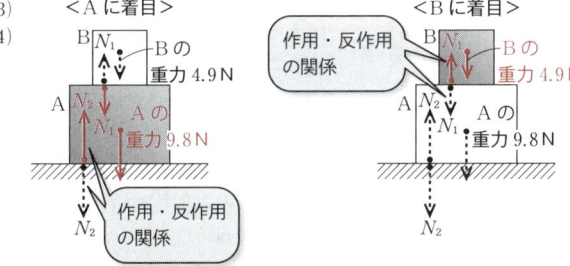

物体AがBを押す垂直抗力の大きさを N_1 [N]，床がAを押す垂直抗力の大きさを N_2 [N] とする。

物体Aの重力の大きさは，
　$1.0 \times 9.8 = 9.8$ [N]

物体Bの重力の大きさは，
　$0.50 \times 9.8 = 4.9$ [N]

物体A，Bのそれぞれについて，つりあいの式をたてると，
$$\begin{cases} A: N_2 = 9.8 + N_1 & \cdots ③ \\ B: N_1 = 4.9 & \cdots ④ \end{cases}$$

③，④を連立させて解くと，$N_1 = 4.9$ N　**答** (3) **4.9 N**
　　　　　　　　　　　　　$N_2 = 14.7$ N　**答** (4) **15 N**

41 ［斜面上の力のつりあい］(p.35)

解答 (1) 4.9 N
(2) 8.5 N

リード文check
❶静止 … 力がつりあっている

解説 (1)
(2)

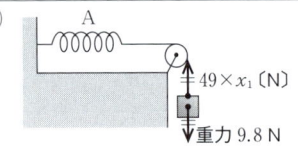

糸が物体を引く張力の大きさを T 〔N〕，斜面が物体を押す垂直抗力の大きさを N 〔N〕とする。
物体の重力の大きさは，
$$1.0 \times 9.8 = 9.8 \text{〔N〕}$$
重力を斜面に平行な方向と垂直な方向に分解したときの成分の大きさを，それぞれ f_1〔N〕，f_2〔N〕とおくと，

図より $f_1 = 9.8 \times \dfrac{1}{2}$
$= 4.9 \text{〔N〕}$ ……①
$f_2 = 9.8 \times \dfrac{\sqrt{3}}{2}$
$= 4.9 \times \sqrt{3}$
$\fallingdotseq 4.9 \times 1.73$
$= 8.477 \text{〔N〕}$ ……②

斜面に平行な方向と垂直な方向のそれぞれについて，つりあいの式をたてると，
$$\begin{cases} 平行: T = f_1 & \text{……③} \\ 垂直: N = f_2 & \text{……④} \end{cases}$$
①，③より $T = 4.9 \text{〔N〕}$ **答** (1) **4.9 N**
②，④より $N = 8.5 \text{〔N〕}$ **答** (2) **8.5 N**

42 [ばねのつりあい] (p.35)

解答 (1) 0.20 m (2) 0.20 m
(3) 0.20 m (4) 0.10 m

リード文check
❶軽いばね … ばねの重さは無視してよい

解説 (1)

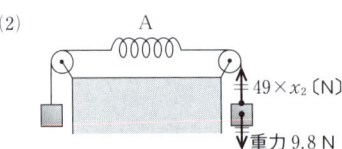

ばね A の伸びを x_1〔m〕とする。
おもりの重力の大きさは，
$$1.0 \times 9.8 = 9.8 \text{〔N〕}$$
ばね A がおもりを引く力 (弾性力) の大きさは，「$F = kx$」より
$$49 \times x_1 \text{〔N〕}$$
おもりについてつりあいの式をたてると，
$$49 \times x_1 = 9.8$$
$$x_1 = 0.20 \text{〔m〕} \quad \text{**答** } \mathbf{0.20\,m}$$

(2)

ばね A の伸びを x_2〔m〕とする。
(1)と同様に考えて，右側のおもりについてつりあいの式をたてると，
$$49 \times x_2 = 9.8$$
$$x_2 = 0.20 \text{〔m〕} \quad \text{**答** } \mathbf{0.20\,m}$$

左側のおもりと，(1)の左側の壁は同じ"役割"をはたしている。

(3) ばね A の伸びを x_3〔m〕とする。
ばね B とおもりを "1 つの物体" と考えると，この"物体"の重力の大きさは，
$$1.0 \times 9.8 = 9.8 \text{〔N〕}$$
ばね A が "物体" を引く力 (弾性力) の大きさは，
$$49 \times x_3 \text{〔N〕}$$
"物体" についてつりあいの式をたてると，
$$49 \times x_3 = 9.8$$
$$x_3 = 0.20 \text{〔m〕} \quad \text{**答** } \mathbf{0.20\,m}$$
(注) ばね B の伸びも，ばね A と同じく 0.20 m

(4) ばね A，B の伸びを x_4〔m〕とする。
図の赤線で囲んだ部分を "1 つの物体" と考えて，つりあいの式をたてると，
$$2 \times (49 \times x_4) = 9.8$$
$$x_4 = 0.10 \text{〔m〕}$$
答 $\mathbf{0.10\,m}$

P.36 ▶7 運動の三法則

類題 15 運動の法則 (p. 38)

なめらかな水平面上で，物体に水平方向に力を加えて運動をさせた。そのときの v-t グラフが右図である。$t = 1, 3, 5, 7$ s をそれぞれ時刻 A，B，C，D とする。また，右向きを正の向きと定める。❶

(1) 時刻 A〜D のうち，物体に加えた力の大きさが最大であったのはいつか。
(2) 時刻 A〜D のうち，物体に加えた力の向きが左向きであったのはいつか。

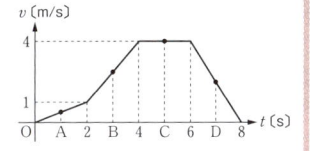

解答 (1) D (2) D

リード文check
❶ー物体に力を加えた結果，加速度が生じる（速度）

■ v-t グラフから力を考察する 基本プロセス

プロセス❶ v-t グラフの傾きから加速度を求める
プロセス❷ 運動方程式 $ma = F$ より，「力 F は加速度 a に比例する」ことに着目する
プロセス❸ 運動方程式 $ma = F$ より，「力 F と加速度 a の向きは同じである」ことに着目する

解説

(1) ❶ 時刻 A〜D の加速度を，それぞれ a_A, a_B, a_C, a_D [m/s²] とおく。

$$a_A = \frac{1-0}{2-0} = \frac{1}{2} = 0.5 \ [\text{m/s}^2]$$

$$a_B = \frac{4-1}{4-2} = \frac{3}{2} = 1.5 \ [\text{m/s}^2]$$

$$a_C = \frac{4-4}{6-4} = 0 \ [\text{m/s}^2]$$

$$a_D = \frac{0-4}{8-6} = -\frac{4}{2} = -2 \ [\text{m/s}^2]$$

（左向きに加速している）

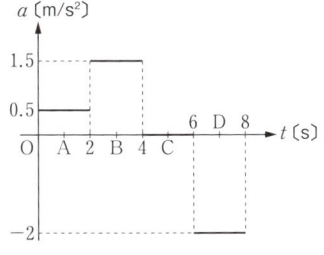

❷ 加えた力の大きさが最大となるのは，加速度の大きさが最大となるときだから，求める時刻は D。

答 D

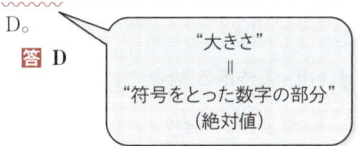
"大きさ" = "符号をとった数字の部分"（絶対値）

(2) ❸ 加えた力の向きが左向き（負の向き）となるのは，加速度が左向きとなる時刻であるから，求める時刻は D。

答 D

---

43 [慣性の法則] (p. 39)

解答 ① 0 ② 静止 ③ 等速直線運動 ④ 慣性 ⑤ 速度 ⑥ 慣性

リード文check
❶静止している場合 …「速度 0 の場合」と考える

解説 慣性の法則は次のようにいいかえることができる。
「物体は，受けているすべての力の合力が 0 ならば，その速度（速さ＋向き）を保ち続ける。」
さらに，速度が変わらないならば，加速度は 0 であるので，次のようにまとめてもよい。
「物体は，受けているすべての力の合力が 0 ならば，加速度は 0 である。」

7. 運動の三法則 ……… 35

44 [慣性の法則] (p.39)

解答 (1) (ア)
(2) 真下に落ちる。

リード文check
❶飛行機の底から，物体を静かにはなした … 飛行機に対して，物体の初速度は 0

解説 (1) 物体は，飛行機に対して初速度 0 で運動しているので，地面から観察すると，飛行機と同じ速さで水平に投射されたように見える。したがって，物体の運動は(ア)のように見える。　　**答** (ア)

(2) 空気抵抗を無視してよいので，地面から観察したとき，物体の水平方向の速さは，飛行機の水平方向の速さと同じままである。したがって，飛行機の中から観察すると，物体は常に観測者の真下にあって，落下する。
答 真下に落ちる。

「自由落下」に見える

▶ **ベストフィット**
同じ運動でも，観測する立場によって異なった見え方をする。

45 [運動の法則] (p.39)

解答 ① 加速度　② 比例　③ 反比例　④ 運動　⑤ $ma = F$　⑥ 運動方程式

リード文check
❶質量 … 重さ（重力）ではないことに注意する

解説 運動方程式 $ma = F$ は，物体に力がはたらくと，その結果として加速度が生じるという，原因と結果の関係（因果関係）を表している。力 F が "ma" という力とつりあっていると考えてはいけない。

質量 m が大きいほど加速しにくい，つまり，その速度を保とうとするので，質量 m は慣性の大きさを示している。ここで，m は重さ（重力）ではないことに注意したい。たとえば，10 kg の金属球と 100 kg の金属球を無重力空間の宇宙へ持って行っても，やはり 100 kg の金属球の方が "加速しにくい" のである。

46 [作用・反作用の法則，力のつりあい] (p.39)

解答 (1) F_1 と F_5，F_3 と F_4
(2) F_1 と F_2
(3) $F_1 = F_2$
(4) $F_3 = F_4$
(5) $F_1 > F_5$

リード文check
❶あらい … 「摩擦力」を考慮する
❷2 力のつりあいの関係 … 2 力とも 1 つの物体が受ける力
❸作用・反作用の関係 … 一方はある物体が受ける力，
　　　　　　　　　　　　他方は別の物体が受ける力

解説 F_1，$F_3 \sim F_5$ ……物体が受ける力
F_2 ……人が受ける力

A 物体がまだ動いていないときは，物体が受ける力はつりあっている。

(1) 物体が受ける力に着目すると，
　$\begin{cases} 水平方向のつりあい：F_1 = F_5 \\ 鉛直方向のつりあい：F_3 = F_4 \end{cases}$
　　答 F_1 と F_5，F_3 と F_4

(2) $\begin{cases} F_1 ……物体が人から受ける力 \\ F_2 ……人が物体から受ける力 \end{cases}$
　この 2 力は作用・反作用の関係になっている。
　　答 F_1 と F_2

B 物体が右向きに動き出した（加速した）とき

(3) 作用・反作用の法則は，物体が運動をしていても成立するので，(2)と同様に考える。
　　答 $F_1 = F_2$

(4) 鉛直方向は運動をしていないので，物体が受ける力はつりあっている。
　鉛直方向のつりあい：$F_3 = F_4$
　　答 $F_3 = F_4$

(5) 水平方向には右向きに加速しているので，物体が受ける水平方向の力 F_1 と F_5 を比べると，右向きの力 F_1 の方が大きい。　**答** $F_1 > F_5$

(注) 物体が動いていても，加速していない（等速）ときは，力はつりあっている。よって，このときは $F_1 = F_5$

36 …… 第 1 章　物体の運動

P.40 ▶8 運動方程式の適用

類題 16 運動方程式 (p. 41)

図のように，質量 5.0 kg の物体を手で支えながら，鉛直方向に一定の加速度 0.20 m/s² で持ち上げた。このとき，手が物体に加えた力の大きさ f [N] はいくらか。重力加速度の大きさを 9.8 m/s² とする。

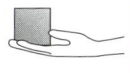

解答
$f = 50$ N

リード文check
❶ ─ 「物体が手から受けた力」を言いかえたもの

■ 運動方程式のたて方の基本プロセス　Process

プロセス 0

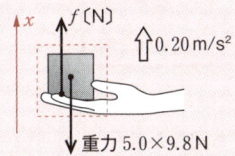

プロセス 1 着目する物体を決め，その物体が受ける力をすべて力の矢印で図示する
プロセス 2 軸を設定し，正の向きを定める
プロセス 3 力を x 軸方向，y 軸方向に分解し，
$\begin{cases} x \text{軸方向では} \quad ma = F \\ y \text{軸方向では} \quad \text{力のつりあいの式} \end{cases}$ をたてる

解説

1 2　鉛直方向に x 軸をとり，上向きを正とする。
3　運動方程式「$ma = F$」より
　　$5.0 \times 0.20 = f - 5.0 \times 9.8$

よって　$f = 5.0 \times (9.8 + 0.20)$
　　　　　$= 5.0 \times 10.0$
　　　　　$= 50$ [N]　　**答** $f = 50$ N

類題 17 斜面での運動方程式 (p. 42)

図のように，傾きが 45° のなめらかな斜面上を質量 m [kg] の物体がすべり下りている。このときの物体の加速度の大きさ a [m/s²] はいくらか。重力加速度の大きさを g [m/s²] とする。
また，物体が斜面から受ける垂直抗力の大きさ N [N] はいくらか。

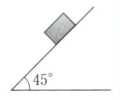

解答
$a = \dfrac{\sqrt{2}}{2} g$ [m/s²], $N = \dfrac{\sqrt{2}}{2} mg$ [N]

リード文check
❶ ─ 「摩擦力なし」と考える

■ 運動方程式のたて方の基本プロセス　Process

プロセス 0

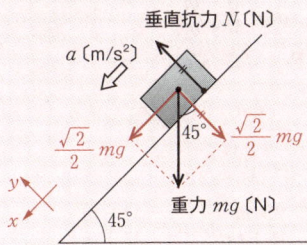

プロセス 1 着目する物体を決め，その物体が受ける力をすべて力の矢印で図示する
プロセス 2 軸を設定し，正の向きを定める
　　（斜面では，斜面に沿った方向と，それに垂直な方向に軸を設定する）
プロセス 3 力を x 軸方向，y 軸方向に分解し，
$\begin{cases} x \text{軸方向では} \quad ma = F \\ y \text{軸方向では} \quad \text{力のつりあいの式} \end{cases}$ をたてる

解説

1 2 斜面に平行な方向に x 軸（下向きを正），斜面に垂直な方向に y 軸（上向きを正）を設定する。

3
$$\begin{cases} x\text{軸方向の運動方程式}：ma = \dfrac{\sqrt{2}}{2}mg & \cdots ① \\ y\text{軸方向のつりあいの式}：N = \dfrac{\sqrt{2}}{2}mg \end{cases}$$

①より $a = \dfrac{\sqrt{2}}{2}g$ 〔m/s²〕

答 $\begin{cases} a = \dfrac{\sqrt{2}}{2}g \text{〔m/s²〕} \\ N = \dfrac{\sqrt{2}}{2}mg \text{〔N〕} \end{cases}$

類題 18 2物体の運動方程式 (p. 43)

図のように，なめらかな定滑車に通した軽い糸の両端に，質量 M の物体 A と質量 m の物体 B $(M > m)$ をつけ，静かにはなした。重力加速度の大きさを g とする。❶
(1) 糸が物体 A を引く力の大きさを T，物体 A の加速度の大きさを a として，A，B それぞれについて運動方程式をたてよ。❸
(2) T，a はそれぞれいくらか。❷

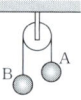

解答
(1) A：$Ma = Mg - T$
    B：$ma = T - mg$
(2) $T = \dfrac{2Mm}{M+m}g$, $a = \dfrac{M-m}{M+m}g$

リード文check
❶ 1本の軽い糸の張力はどこでも同じ大きさ
❷ 糸の張力のこと
❸ 物体 A と B は 1 本の糸でつながっているので，物体 B の加速度の大きさも a

■ **運動方程式のたて方の基本プロセス** **Process**

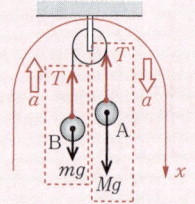

プロセス 0

プロセス 1 着目する物体を決め，その物体が受ける力をすべて力の矢印で図示する

プロセス 2 軸を設定し，正の向きを定める
（A と B は連動して動くので，連動して動く向きに軸を設定する）

プロセス 3 力を x 軸方向，y 軸方向に分解し，
$\begin{cases} x \text{軸方向では} \quad ma = F \\ y \text{軸方向では} \quad \text{力のつりあいの式} \end{cases}$ をたてる

解説

(1) **1 2** 上の図のように，A については鉛直方向（下向きを正），B については鉛直方向（上向きを正）に x 軸を設定する。

3 A，B それぞれについて運動方程式をたてる。

答 $\begin{cases} A：Ma = Mg - T & \cdots ① \\ B：ma = T - mg & \cdots ② \end{cases}$

(2) ①+②より
$$(M+m)a = Mg - mg$$
$$a = \dfrac{M-m}{M+m}g \quad \cdots ③$$

①より $T = Mg - Ma$
$= Mg - M \times \dfrac{M-m}{M+m}g$ （← ③より）
$= \dfrac{2Mm}{M+m}g$

答 $T = \dfrac{2Mm}{M+m}g$, $a = \dfrac{M-m}{M+m}g$

38 ……… 第 1 章 物体の運動

47 [運動方程式] (p.44)

解答 (1) $4.0\,\text{m/s}^2$ (2) $-11\,\text{m/s}^2$
(3) $10\,\text{m/s}^2$ (4) $4.0\,\text{m/s}^2$

リード文check
❶ なめらかな … 「摩擦力なし」と考える
❷ 右向きを正の向き … 加速度の向き，力の向きのいずれも右向きを正の向きとする

解説 (1)〜(4)の求める加速度を，それぞれ a_1, a_2, a_3, a_4 [m/s²] とおく。

(1) 運動方程式をたてると
$$2.0 \times a_1 = 8.0$$
$$a_1 = 4.0\,[\text{m/s}^2]\quad \text{答 } 4.0\,\text{m/s}^2$$

(2) 運動方程式をたてると
$$3.0 \times a_2 = -51 + 18$$
$$3.0 a_2 = -33$$
$$a_2 = -11\,[\text{m/s}^2]\quad \text{答 } -11\,\text{m/s}^2$$

(3)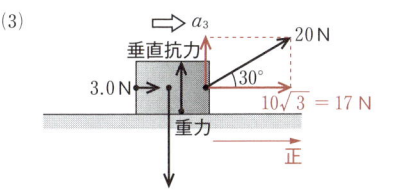

水平方向の運動方程式をたてると
$$2.0 \times a_3 = 3.0 + 17$$
$$2.0 a_3 = 20$$
$$a_3 = 10\,[\text{m/s}^2]\quad \text{答 } 10\,\text{m/s}^2$$

(4)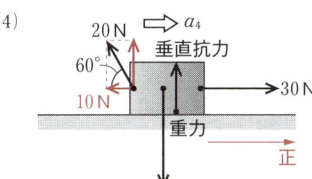

水平方向の運動方程式をたてると
$$5.0 \times a_4 = 30 - 10$$
$$5.0 a_4 = 20$$
$$a_4 = 4.0\,[\text{m/s}^2]\quad \text{答 } 4.0\,\text{m/s}^2$$

48 [運動方程式] (p.44)

解答 (1) $10\,\text{m/s}^2$ (2) $6.0\,\text{m/s}^2$

リード文check
❶ 加速度の大きさ … 向きは問われていない。加速度にマイナスがついた場合は，符号をとって答える

解説 (1), (2)の求める加速度を，それぞれ a_1, a_2 [m/s²] とおく。

(1)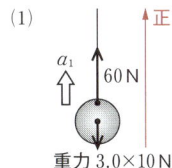

鉛直上向きを正の向きとして，運動方程式をたてると
$$3.0 \times a_1 = 60 - 3.0 \times 10$$
$$3.0 a_1 = 30$$
$$a_1 = 10\,[\text{m/s}^2]$$
答 $10\,\text{m/s}^2$

(2)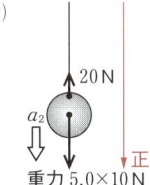

鉛直下向きを正の向きとして，運動方程式をたてると
$$5.0 \times a_2 = 5.0 \times 10 - 20$$
$$5.0 a_2 = 30$$
$$a_2 = 6.0\,[\text{m/s}^2]$$
答 $6.0\,\text{m/s}^2$

49 ［運動方程式］(p.44)

解答　(1) $\dfrac{F}{m}$ [m/s²]　(2) $\dfrac{3F}{m}$ [m/s²]，3倍

(3) $\dfrac{F}{3m}$ [m/s²]，$\dfrac{1}{3}$倍

リード文check
❶右向きを正の向き … 力の向き，加速度の向きともに右向きを正の向きとする

解説　(1)〜(3)の求める加速度を，それぞれ a_1, a_2, a_3 [m/s²] とおく。

(1) 運動方程式： $ma_1 = F$
$$a_1 = \dfrac{F}{m} \text{ [m/s²]}$$
答 $\dfrac{F}{m}$ [m/s²]

(2) 運動方程式： $ma_2 = 3F$
$$a_2 = \dfrac{3F}{m} \text{ [m/s²]}$$
a_1 と比べると $a_2 = 3a_1$
答 $\dfrac{3F}{m}$ [m/s²]，3倍

(3) 運動方程式： $3m \times a_3 = F$
$$a_3 = \dfrac{F}{3m} \text{ [m/s²]}$$
a_1 と比べると $a_3 = \dfrac{1}{3}a_1$
答 $\dfrac{F}{3m}$ [m/s²]，$\dfrac{1}{3}$倍

50 ［運動方程式］(p.44)

解答　(1) g [m/s²]
(2) 1倍

リード文check
❶物体にはたらく重力の大きさは質量に比例する … この質量をとくに「重力質量」とよぶ場合もある
❷mg [N] … この問題文の g は，単なる比例定数にほかならない
（計算した結果，「重力加速度の大きさ」であることがわかる）

解説　(1)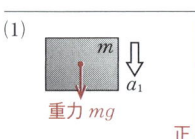
鉛直下向きを正，加速度を a_1 [m/s²] とおいて，運動方程式をたてると
$ma_1 = mg$
$a_1 = g$ [m/s²]　答 g [m/s²]

(2)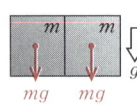
鉛直下向きを正，加速度を a_2 [m/s²] とおいて，運動方程式をたてると
$2m \times a_2 = 2m \times g$
$a_2 = g$ [m/s²]
したがって $a_2 = a_1$　答 1倍

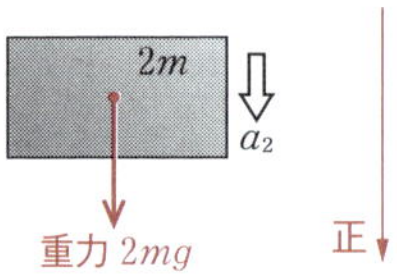

(注意) $2m$ [kg] の物体を次の図のように2つの m [kg] の物体と考えると，それぞれが(1)と同様に落下するので，加速度の大きさは(1)，(2)ともに同じになると考えられる。

(1)，(2)の結果より，空気抵抗等がない場合，物体の質量によらず，落下する加速度は一定であることがわかる。この加速度を「重力加速度」とよぶ。

51 [運動方程式] (p.44)

解答 (1) f [N]   (2) $\dfrac{F_2-f}{m}$ [m/s²]

(3) $\dfrac{F_3-f'}{m}-\dfrac{1}{2}g$ [m/s²]

リード文check

❶摩擦力 … 面から受ける抗力の，面に平行な成分
（物体が面に対してすべっているときにはたらく摩擦力を，とくに動摩擦力という（本冊 p.46 参照））

❷一定の速さ … 加速度は0である

解説 A 水平方向に x 軸を定める（右向き正）。
加速度の大きさを a [m/s²], 引く力の大きさを F [N] として運動方程式をたてると
$$ma = F - f \quad \cdots\cdots ①$$

B 斜面方向に x 軸を定める（上向き正）。

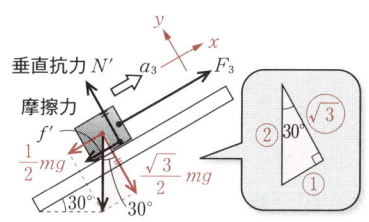

(1) 一定の速さのとき, $a=0$ であるから，①に $a=0$, $F=F_1$ を代入して
$0 = F_1 - f$
$F_1 = f$ **答** f [N]

[別解] 一定の速さのとき，水平方向の力はつりあっているので，力のつりあいより
$F_1 = f$ **答** f [N]

(2) ①に $a=a_2$, $F=F_2$ を代入して
$ma_2 = F_2 - f$
$a_2 = \dfrac{F_2-f}{m}$ **答** $\dfrac{F_2-f}{m}$ [m/s²]

(3) x 軸方向の運動方程式は,
$ma_3 = F_3 - f' - \dfrac{1}{2}mg$ （忘れやすい）
$a_3 = \dfrac{F_3-f'}{m} - \dfrac{1}{2}g$

答 $\dfrac{F_3-f'}{m} - \dfrac{1}{2}g$ [m/s²]

52 [2物体の運動方程式] (p.45)

解答 (1) (a) $Ma = F - f$
(b) $ma = f$

(2) $a = \dfrac{F}{M+m}$

(3) $f = \dfrac{m}{M+m}F$

リード文check

❶なめらかな …「摩擦力なし」と考える
❷BがAから受ける力の大きさを f …
運動をしていても作用・反作用の法則は成り立つので，AがBから受ける力の大きさも f
❸物体Bの加速度の大きさを a …
物体A，Bは一体となって動くので，物体Aの加速度の大きさも a
❹M, m, F を用いて … f を用いてはいけない！

8. 運動方程式の適用 …… 41

解説 (1) 水平方向に x 軸を定める（右向き正）。

運動方程式

答 $\begin{cases}\text{(a)}\ \boldsymbol{Ma = F - f} & \cdots\cdots①\\ \text{(b)}\ \boldsymbol{ma = f} & \cdots\cdots②\end{cases}$

(2) ①＋②より

$(M+m)a = F$

A と B を“1つの物体”とみたときの運動方程式と考えられる

$a = \dfrac{F}{M+m}$ $\cdots\cdots③$　**答** $\boldsymbol{a = \dfrac{F}{M+m}}$

(3) ②より　$f = ma$

$= \dfrac{m}{M+m}F$　（← ③より）

答 $\boldsymbol{f = \dfrac{m}{M+m}F}$

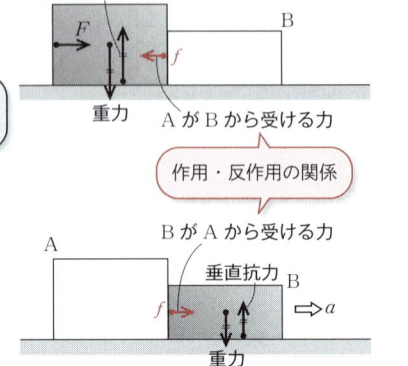

53 ［2物体の運動方程式］（p. 45）

解答 (1) (a) $Ma = F - Mg - N$

(b) $ma = N - mg$

(2) $a = \dfrac{F}{M+m} - g$

(3) $N = \dfrac{m}{M+m}F$

リード文check

❶物体 B が箱 A から受ける垂直抗力の大きさを N …

運動をしていても作用・反作用の法則は成り立つので，箱 A が物体 B から受ける力の大きさも N

❷箱 A の加速度の大きさを a …

箱 A と物体 B は一体となって動くので，物体 B の加速度の大きさも a

❸M，m，F，g を用いて … N を用いてはいけない。

解説 (1) 鉛直上向きに x 軸を定める（上向きを正）。

運動方程式

答 $\begin{cases}\text{(a)}\ \boldsymbol{Ma = F - Mg - N} & \cdots\cdots①\\ \text{(b)}\ \boldsymbol{ma = N - mg} & \cdots\cdots②\end{cases}$

(2) ①＋②より

$(M+m)a = F - (M+m)g$

$a = \dfrac{F}{M+m} - g$ $\cdots\cdots③$

A と B を“1つの物体”とみたときの運動方程式と考えられる

答 $\boldsymbol{a = \dfrac{F}{M+m} - g}$

(3) ②より　$N = ma + mg$

$= m\left(\dfrac{F}{M+m} - g\right) + mg$　（← ③より）

$= \dfrac{m}{M+m}F$

答 $\boldsymbol{N = \dfrac{m}{M+m}F}$

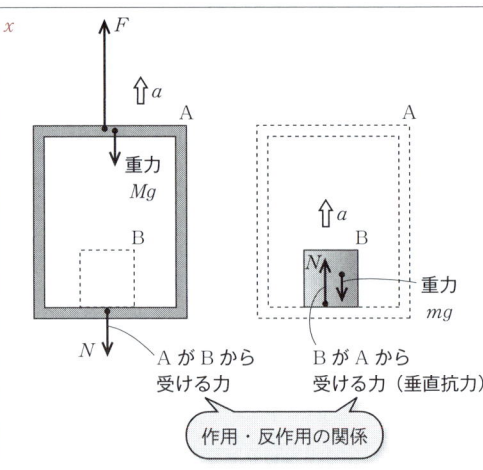

54 [2物体の運動方程式] (p.45)

解答 (1) (a) $ma = T - \dfrac{\sqrt{3}}{2}mg$

(b) $Ma = Mg - T$

(2) $a = \dfrac{2M - \sqrt{3}\,m}{2(M+m)}g$

(3) $T = \dfrac{(2+\sqrt{3})Mm}{2(M+m)}g$

リード文check

❶ 軽い糸 … 1本の軽い糸の張力はどこでも同じ大きさ
❷ 糸がおもりBを引く力 … 糸の張力のこと
❸ おもりBの加速度の大きさ … 物体AとおもりBは1本の糸でつながっているので，A，Bともに加速度の大きさは同じ

解説 (1) Aについては斜面に沿って上向きに，Bについては鉛直下向きに x 軸を定める。右図より，

答
$\begin{cases} ma = T - \dfrac{\sqrt{3}}{2}mg & \cdots\text{①} \\ Ma = Mg - T & \cdots\text{②} \end{cases}$ 忘れやすい

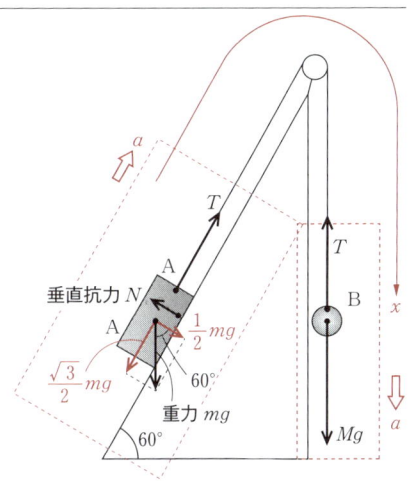

(2) ①+②より

$(M+m)a = \left(M - \dfrac{\sqrt{3}}{2}m\right)g$

$a = \dfrac{M - \dfrac{\sqrt{3}}{2}m}{M+m}g = \dfrac{2M - \sqrt{3}\,m}{2(M+m)}g$ ……③

答 $a = \dfrac{2M - \sqrt{3}\,m}{2(M+m)}g$

(3) ②より $T = Mg - Ma$

$= Mg - \dfrac{M(2M - \sqrt{3}\,m)}{2(M+m)}g$ (← ③より)

$= \dfrac{2M^2 + 2Mm - 2M^2 + \sqrt{3}\,Mm}{2(M+m)}g$

$= \dfrac{(2+\sqrt{3})Mm}{2(M+m)}g$ **答** $T = \dfrac{(2+\sqrt{3})Mm}{2(M+m)}g$

55 [空気抵抗を受ける雨粒の運動] (p.45)

解答 (1) $g - \dfrac{kv}{m}$ (2) $v_f = \dfrac{mg}{k}$

(3) 解説参照

リード文check

❶ 大きさ kv の空気抵抗 … v が大きくなるほど空気抵抗は大きくなる
❷ 等速で落下 … 加速度0で落下

解説 (1) 図のように，鉛直下向きを正とする。

速さ v のときの加速度の大きさを a とし，運動方程式をたてると，

$ma = mg - kv$

$a = g - \dfrac{kv}{m}$ ……①

答 $g - \dfrac{kv}{m}$

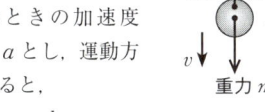

(2) 等速で落下するとき，加速度は0である。
①で $a = 0$ のとき，速さは v_f となるので，

$0 = g - \dfrac{kv_f}{m}$

$v_f = \dfrac{mg}{k}$ **答** $v_f = \dfrac{mg}{k}$

(3) v-t グラフの傾き(加速度)が次第に小さくなり，やがて $v_f = \dfrac{mg}{k}$ に近づくので，概略は次のようになる。

答
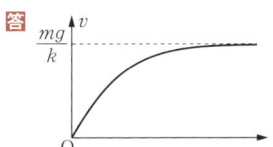

P.46 ▶9 摩擦力

類題 19 静止摩擦力 (p.47)

あらい水平面上に質量 0.50 kg の物体があり、水平方向に力の大きさ F [N] で引く。引く力 F [N] を徐々に大きくしていくと、$F = 2.9$ N を超えたときに物体はすべり始めた。重力加速度の大きさを 9.8 m/s² とする。❶

(1) 物体にはたらく重力の大きさを求めよ。
(2) 物体にはたらく垂直抗力の大きさを求めよ。
(3) 物体を引く力が $F = 1.5$ N のときの静止摩擦力の大きさを求めよ。
(4) 最大摩擦力の大きさを求めよ。
(5) 物体と床との間の静止摩擦係数を求めよ。

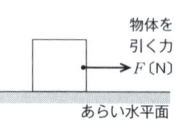
あらい水平面

解答
(1) 4.9 N (2) 4.9 N (3) 1.5 N
(4) 2.9 N (5) 0.59

リード文 check
❶─ 摩擦のある水平面
❷─ すべり始める直前の摩擦力が最大摩擦力

■ 静止摩擦力の基本プロセス　Process

プロセス 0
垂直抗力 N [N]
静止摩擦力 f [N] → F [N]
重力 mg [N]

プロセス 1　摩擦力の向きを見抜く
　　　　　（すべろうとする向きと逆向き）
プロセス 2　静止摩擦力の大きさは力のつりあいで求める
プロセス 3　最大摩擦力の式を適用する

解説

(1) 求める重力の大きさを mg [N] とする。
　$mg = 0.50 \times 9.8$
　　　$= 4.9$ [N]　**答** 4.9 N

(2) 求める垂直抗力の大きさを N [N] とする。
　鉛直方向の力のつりあいの式より
　　$N = mg$
　よって、$N = 4.9$ [N]　**答** 4.9 N

(3) プロセス 1　摩擦力の向きを見抜く
　　　　　（すべろうとする向きと逆向き）
　プロセス 2　静止摩擦力の大きさは力のつりあいで求める

求める静止摩擦力の大きさを f [N] とする。
水平方向の力のつりあいの式より
　$f = F$
いま、$F = 1.5$ N だから、$f = 1.5$ N　**答** 1.5 N

(4) 求める最大摩擦力の大きさを f_0 [N] とする。
　$F = 2.9$ N のときに、摩擦力は最大となるので、水平方向の力のつりあいの式より
　　$f_0 = 2.9$ N　**答** 2.9 N

(5) プロセス 3　最大摩擦力の式を適用する
　求める静止摩擦係数を μ とする。最大摩擦力の式より
　　$f_0 = \mu N$
　よって、$\mu = \dfrac{f_0}{N} = \dfrac{2.9}{4.9} = 0.591$　**答** 0.59

類題 20 斜面における動摩擦力 (p.48)

質量1.0kgの物体が，水平面と角度60°をなすあらい斜面上をすべり下りている。物体と斜面との間の動摩擦係数を0.20，重力加速度の大きさを9.8 m/s²，$\sqrt{3}=1.73$ とする。
(1) 物体にはたらく重力の斜面に垂直な成分と平行な成分の大きさをそれぞれ求めよ。
(2) 物体にはたらく垂直抗力の大きさを求めよ。
(3) 物体にはたらく動摩擦力の大きさを求めよ。❶

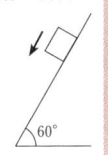

解答
(1) 垂直成分：4.9N，平行成分：8.5N
(2) 4.9N (3) 0.98N

リード文check
❶動摩擦力の大きさは $f'=\mu'N$。速さによらない！

■ 斜面における摩擦力の基本プロセス　Process

プロセス 0
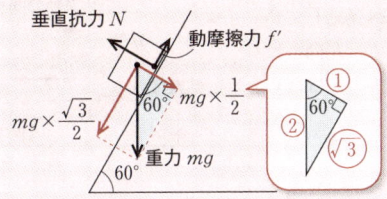

プロセス 1　重力を分解する
プロセス 2　摩擦力の向きを見抜く
プロセス 3　動摩擦力の式を適用する

解説

(1) **プロセス 1** 重力を分解する

物体の質量をm [kg]，重力加速度の大きさをg [m/s²]とすると，重力の大きさはmg [N]とかける。重力を角度60°の斜面上で，斜面に垂直な方向と平行な方向に分解したときにできる直角三角形の辺の比は$1:2:\sqrt{3}$である。

図より，斜面に垂直な成分は
$$mg \times \frac{1}{2} = 1.0 \times 9.8 \times \frac{1}{2}$$
$$= 4.9 \text{ [N]}$$

斜面に平行な成分は
$$mg \times \frac{\sqrt{3}}{2}$$
$$= 1.0 \times 9.8 \times \frac{1.73}{2}$$
$$= 8.477 \text{ [N]}$$

答 垂直成分：4.9N
　　　平行成分：8.5N

(2) 求める垂直抗力の大きさをN [N]とする。斜面に垂直な方向の力のつりあいより
$$N = mg \times \frac{1}{2}$$
$$= 1.0 \times 9.8 \times \frac{1}{2}$$
$$= 4.9 \text{ [N]}$$

答 4.9N

(3) **プロセス 2** 摩擦力の向きを見抜く

物体は斜面をすべり下りるので，動摩擦力の向きは，斜面に沿って上向きである。

プロセス 3 動摩擦力の式を適用する

動摩擦力の式「$f'=\mu'N$」より，動摩擦力の大きさf' [N]は
$$f' = 0.20 \times 4.9$$
$$= 0.98 \text{ [N]}$$

答 0.98N

---

56 [摩擦力の向き] (p.49)

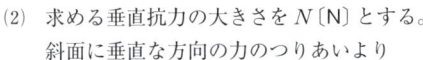

解答 (1)〜(4) 解説参照

リード文check
❶摩擦力 … 面から受ける抗力の，面に平行な力の成分

9. 摩擦力　45

解説 (1) 物体は，斜面に平行な方向では，重力の成分を斜面に沿って下向きに受けている。物体は静止しているので，斜面に沿って上向きに静止摩擦力がはたらいて，つりあっている。

答 重力の斜面に平行な成分

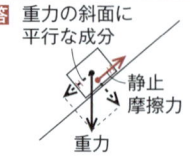

(2) 運動の向き（斜面に沿って上向き）と逆向き（斜面に沿って下向き）に動摩擦力がはたらく。

答
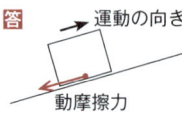

▶ ベストフィット
動摩擦力の向き → 運動の向きと逆向き

(3) ⇒ 右向きに加速

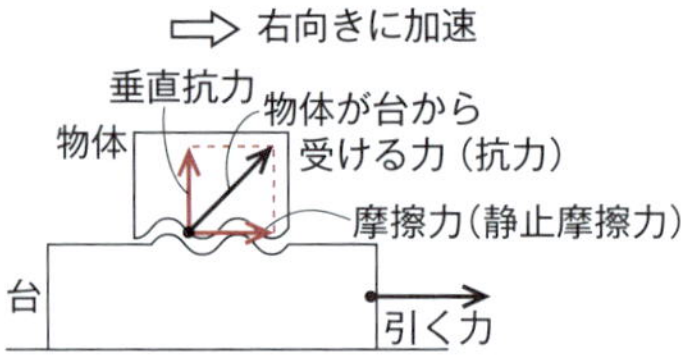

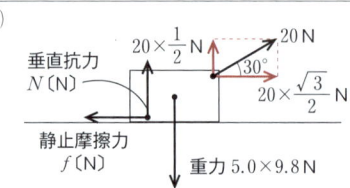

物体と台が接している面の細かな凹凸を，上図のように極端にかくとわかりやすい。

台が右に引かれると，物体は台から右上に力（抗力）を受ける。抗力を先の図のように分解すると，摩擦力は右向きであることがわかる。物体は，この摩擦力を受けて右向きに加速するのである。なお，物体と台はズレが生じないので，この摩擦力は静止摩擦力である。

答
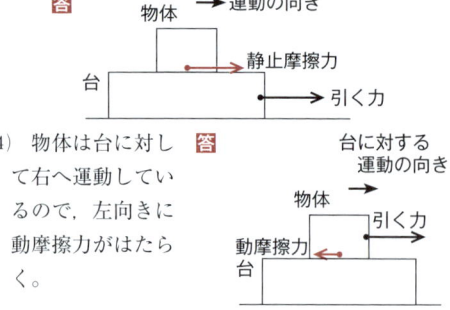

(4) 物体は台に対して右へ運動しているので，左向きに動摩擦力がはたらく。

答
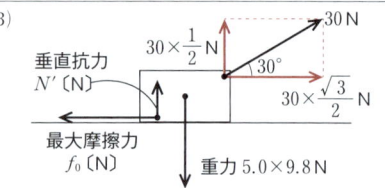

57 ［斜めに力を加えたときの摩擦力］(p.49)

解答 (1) 17N
(2) 39N
(3) 0.76

リード文check
❶静止摩擦力 … 力のつりあいから求める
❷30N を超えたとき，物体がすべり始めた … すべり出す直前で最大摩擦力になる

解説 (1)

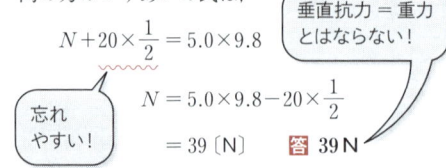

斜めに加えた力を，図のように水平方向と鉛直方向に分けて考える。

静止摩擦力の大きさを f〔N〕とすると，水平方向の力のつりあいの式は，

$$f = 20 \times \frac{\sqrt{3}}{2} = 20 \times \frac{1.73}{2}$$
$$= 17.3〔N〕 \quad 答 \ 17N$$

(2) 垂直抗力の大きさを N〔N〕とすると，鉛直方向の力のつりあいの式は，

$$N + 20 \times \frac{1}{2} = 5.0 \times 9.8$$

垂直抗力＝重力 とはならない！
忘れやすい！

$$N = 5.0 \times 9.8 - 20 \times \frac{1}{2}$$
$$= 39〔N〕 \quad 答 \ 39N$$

(3)

加えた力の大きさが 30N のとき，摩擦力は最大摩擦力になっている。このときの最大摩擦力を f_0〔N〕，垂直抗力を N'〔N〕とする。

(1)と同様に，水平方向と鉛直方向の力のつりあいの式をそれぞれたてると，

$$\begin{cases} 水平：f_0 = 30 \times \frac{\sqrt{3}}{2} & \cdots\cdots① \\ 鉛直：N' + 30 \times \frac{1}{2} = 5.0 \times 9.8 & \cdots\cdots② \end{cases}$$

また，最大摩擦力の式 $f_0 = \mu N$ より，求める静止摩擦係数を μ とすると，

$$f_0 = \mu N' \quad \cdots\cdots③$$

①，②を解くと

$f_0 = 15\sqrt{3}$ [N], $N' = 34$ [N]
よって，③より，

$\mu = \dfrac{f_0}{N'} = \dfrac{15\sqrt{3}}{34} = \dfrac{15 \times 1.73}{34} = 0.763$

答 0.76

58 ［2物体の運動方程式］(p.49)

解答 (1) $\mu'Mg$

(2) $\dfrac{(1+\mu')Mm}{M+m}g$

(3) $\dfrac{m-\mu'M}{M+m}g$

リード文 check

❶軽い糸 … 1本の軽い糸の張力はどこでも同じ大きさ
❷物体 A が糸から受ける力 … 糸の張力のこと
❸物体 A の加速度の大きさ … 物体 A, B は1本の糸でつながっているので，物体 A, B ともに同じ加速度の大きさ

解説 (1)

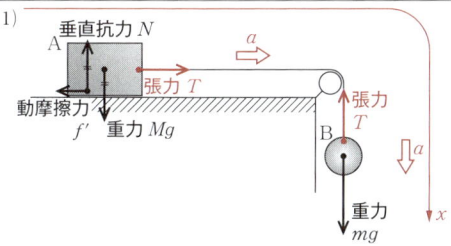

物体 A について，垂直抗力を N とする。
鉛直方向の力のつりあいの式： $N = Mg$
動摩擦力 f' は $f' = \mu'N$
$= \mu'Mg$ **答** $\mu'Mg$

(2)(3) 物体 A については水平方向に x 軸（右向きを正），物体 B については鉛直方向に x 軸（下向きを正）をとる。A, B の加速度の大きさを a，糸の張力を T として，A, B それぞれについて運動方程式をたてると

$\begin{cases} A : Ma = T - \mu'Mg & \cdots\cdots ① \\ B : ma = mg - T & \cdots\cdots ② \end{cases}$

①+②より
$(M+m)a = mg - \mu'Mg$
$a = \dfrac{m - \mu'M}{M+m}g \cdots\cdots ③$

②より
$T = mg - ma$
$= mg - \dfrac{m(m-\mu'M)}{M+m}g$ （← ③より）
$= \dfrac{Mm + m^2 - m^2 + \mu'Mm}{M+m}g$
$= \dfrac{(1+\mu')Mm}{M+m}g$

$\begin{cases} (2) \text{ **答** } \dfrac{(1+\mu')Mm}{M+m}g \\ (3) \text{ **答** } \dfrac{m-\mu'M}{M+m}g \end{cases}$

59 ［2物体の運動方程式］(p.49)

解答 (1) $\mu'mg$ (2) A: $Ma_1 = \mu'mg$，B: $ma_2 = F - \mu'mg$

(3) $a_1 = \dfrac{\mu'mg}{M}$，$a_2 = \dfrac{F - \mu'mg}{m}$

リード文 check

❶動摩擦力 … 動摩擦力 $f' = \mu'N$

解説 (1) 物体 B について，垂直抗力を N とする。
鉛直方向の力のつりあいの式： $N = mg$
動摩擦力 f' は $f' = \mu'N$
$= \mu'mg$ **答** $\mu'mg$

(2) 右向きを正として，水平方向に x 軸を定める。
x 軸方向の運動方程式は，
答 $\begin{cases} A : Ma_1 = \mu'mg & \cdots\cdots ① \\ B : ma_2 = F - \mu'mg & \cdots\cdots ② \end{cases}$

(3) ①，②より **答** $a_1 = \dfrac{\mu'mg}{M}$，$a_2 = \dfrac{F - \mu'mg}{m}$

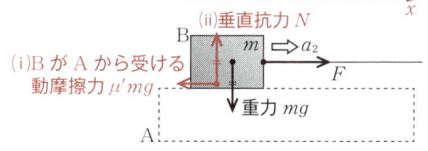

(i)B が A から受ける動摩擦力 $\mu'mg$

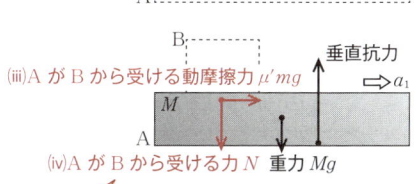

(iii)A が B から受ける動摩擦力 $\mu'mg$
(iv)A が B から受ける力 N　重力 Mg

(i)と(iii)，(ii)と(iv)がそれぞれ作用・反作用の関係

9. 摩擦力

P.50 ▶10 液体や気体から受ける力

類題 21 浮力 (p.51)

一辺の長さが a の立方体の物体が水面に浮かんで静止している。物体は水面より深さ h ($0<h<a$) だけ沈んでいた。大気圧を P_0, 水の密度を ρ, 重力加速度の大きさを g とする。
(1) 物体の上面を大気が押し下げる力の大きさを求めよ。
(2) 物体の下面を水が押し上げる力の大きさを求めよ。●
(3) 物体にはたらく浮力の大きさを求めよ。
(4) 物体の密度を ρ' としたとき, 物体にはたらく重力を ρ', a, g を用いて表せ。
(5) 物体の密度 ρ' を a, h, ρ を用いて表せ。また, ρ' と ρ の大小関係を等号または不等号を用いて表せ。

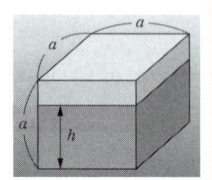

解答
(1) $P_0 a^2$　(2) $(P_0+\rho h g)a^2$　(3) $\rho a^2 h g$
(4) $\rho' a^3 g$　(5) $\rho' = \dfrac{h}{a}\rho$,　$\rho' < \rho$

リード文check
❶―(水圧による力)＋(大気圧による力)

■ 浮力の基本プロセス Process

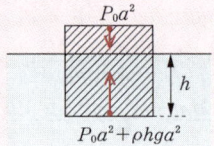

プロセス 1　上面を押す力を求める
プロセス 2　下面を押す力を求める
プロセス 3　上面と下面を押す力の合力が浮力

解説

(1) プロセス 1　**上面を押す力を求める**
求める力の大きさを F_1 とすると, 上面の面積は a^2 だから
$$F_1 = P_0 a^2 \quad \text{答}\ \boldsymbol{P_0 a^2}$$

(2) プロセス 2　**下面を押す力を求める**
求める力の大きさを F_2 とすると
$$F_2 = (P_0+\rho h g)a^2 \quad \text{答}\ \boldsymbol{(P_0+\rho h g)a^2}$$

> 大気圧を忘れずに！

(3) プロセス 3　**上面と下面を押す力の合力が浮力**
物体の上面を押し下げる力と下面を押し上げる力の合力が浮力なので, 求める浮力の大きさを F とすると
$$\begin{aligned}
F &= F_2 - F_1 \\
  &= (P_0+\rho h g)a^2 - P_0 a^2 \\
  &= \rho h g a^2 \\
  &= \rho a^2 h g \quad \text{答}\ \boldsymbol{\rho a^2 h g}
\end{aligned}$$

> 押しのけた水の体積を $V = a^2 h$ とすると, $F = \rho V g$

> 側面から受ける力は打ち消しあう

(4) (質量)＝(密度)×(体積)の関係より, 物体の質量を m とすると,
$$m = \rho' \times a^3$$
したがって, 物体にはたらく重力は,
$$mg = \rho' a^3 g \quad \text{答}\ \boldsymbol{\rho' a^3 g}$$

(5) 物体は浮力と重力がつりあって静止しているので, (3)(4)の結果を用いて力のつりあいの式をたてると,
$$\rho a^2 h g = \rho' a^3 g$$
$$\rho' = \frac{h}{a}\rho \quad \text{答}\ \boldsymbol{\rho' = \frac{h}{a}\rho}$$

題意より $0<h<a$ であるから
$$\rho' < \rho \quad \text{答}\ \boldsymbol{\rho' < \rho}$$

類題 22 水中での力のつりあい (p. 52)

質量が m [kg], 体積が V [m³] の物体に軽い糸をつけて天井からつるし, 物体全体を水中に沈めた。水の密度を ρ [kg/m³], 重力加速度の大きさを g [m/s²] とする。
(1) 物体の密度を求めよ。
(2) 物体にはたらく重力の大きさを求めよ。❶
(3) 物体にはたらく浮力の大きさを求めよ。
(4) 糸が物体を引く張力の大きさを求めよ。

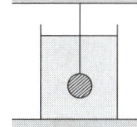

解答
(1) $\dfrac{m}{V}$ [kg/m³]　(2) mg [N]
(3) $\rho V g$ [N]　(4) $(m-\rho V)g$ [N]

リード文 check
❶ ―(質量)＝(密度)×(体積)

■ 水中での力のつりあいの**基本プロセス** Process

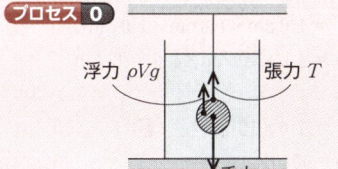

プロセス **1** (質量)＝(密度)×(体積)を用いて, 質量・体積を求める
プロセス **2** アルキメデスの原理を用いて, 浮力を求める
プロセス **3** 力のつりあいで, 求めたい物理量を求める

解説

(1) プロセス **1** (質量)＝(密度)×(体積)を用いて, 質量・体積を求める

求める密度を ρ_0 [kg/m³] とおく。

(密度)＝$\dfrac{(質量)}{(体積)}$ の関係があるので

$$\rho_0 = \frac{m}{V} \text{ [kg/m}^3\text{]} \quad \boxed{答}\ \dfrac{m}{V} \text{ [kg/m}^3\text{]}$$

(2) (重力)＝(質量)×(重力加速度) より,

求める値は mg [N]　$\boxed{答}$ mg [N]

(3) プロセス **2** アルキメデスの原理を用いて, 浮力を求める

求める浮力の大きさを F [N] とする。

アルキメデスの原理より, 物体が押しのけた水の重力の大きさと浮力の大きさは等しいので

$$F = \rho V g \text{ [N]} \quad \boxed{答}\ \rho V g \text{ [N]}$$

(4) プロセス **3** 力のつりあいで, 求めたい物理量を求める

求める張力の大きさを T [N] とする。物体にはたらく力のつりあいの式より

$$T + \rho V g = mg$$
$$T = mg - \rho V g$$
$$= (m - \rho V)g$$

$\boxed{答}$ $(m-\rho V)g$ [N]

10. 液体や気体から受ける力 …… 49

60 [指数, 単位の計算] (p.53)

解答
(1) 10^9
(2) 10^2
(3) 6.0×10^5
(4) 5.0×10^{-2}
(5) 1.0×10^{-2} m
(6) 1.0×10^{-4} m^2
(7) 1.0×10^{-6} m^3
(8) 1.0×10^{-3} kg
(9) 1.0×10^3 kg/m^3
(10) 1.013×10^5 Pa
(11) 1.013×10^5 Pa

リード文check
❶ $\underline{10^2 \times 10^3 \times 10^4}$ … $10^m \times 10^n = 10^{m+n}$
❷ $\underline{10^5 \times 10^{-3}}$ … $10^m \times 10^{-n} = 10^{m-n}$
❸ $\underline{(2.0 \times 10^3) \times (3.0 \times 10^2)}$ … $(a \times 10^m) \times (b \times 10^n) = a \times b \times 10^{m+n}$
❹ $\underline{(1.0 \times 10^3) \times (5.0 \times 10^{-5})}$ … $(a \times 10^m) \times (b \times 10^{-n}) = a \times b \times 10^{m-n}$
❺ 物理量 … 長さ, 質量, 時間, 面積, 速度などを物理量とよぶ

解説

(1) $10^2 \times 10^3 \times 10^4 = 10^{2+3+4}$
　　$= 10^9$
　　答 10^9　　$\boxed{10^m \times 10^n = 10^{m+n}}$

(2) $10^5 \times 10^{-3} = 10^{5-3}$
　　$= 10^2$
　　答 10^2　　$\boxed{10^m \times 10^{-n} = 10^{m-n}}$

(3) $(\underline{2.0} \times \underline{10^3}) \times (\underline{3.0} \times \underline{10^2})$
　　$= (\underline{2.0} \times \underline{3.0}) \times (\underline{10^3} \times \underline{10^2})$
　　$= (2.0 \times 3.0) \times 10^{3+2}$
　　$= 6.0 \times 10^5$　　**答 6.0×10^5**

(4) $(\underline{1.0} \times \underline{10^3}) \times (\underline{5.0} \times \underline{10^{-5}})$
　　$= (\underline{1.0} \times \underline{5.0}) \times (\underline{10^3} \times \underline{10^{-5}})$
　　$= (1.0 \times 5.0) \times 10^{3-5}$
　　$= 5.0 \times 10^{-2}$　　**答 5.0×10^{-2}**

(5) 1.0 cm $= 0.010$ m
　　　　　　$= 1.0 \times 10^{-2}$ m
　　答 1.0×10^{-2} m　　$\boxed{c = 10^{-2}}$

(6) 1.0 cm$^2 = 1.0$ cm $\times 1.0$ cm
　　　　　　$= 1.0 \times 10^{-2}$ m $\times 1.0 \times 10^{-2}$ m
　　　　　　$= 1.0 \times 10^{-4}$ m^2　　**答 1.0×10^{-4} m^2**

(7) 1.0 cm$^3 = 1.0$ cm $\times 1.0$ cm $\times 1.0$ cm
　　　　　　$= 1.0 \times 10^{-2}$ m $\times 1.0 \times 10^{-2}$ m
　　　　　　　$\times 1.0 \times 10^{-2}$ m
　　　　　　$= 1.0 \times 10^{-6}$ m^3　　**答 1.0×10^{-6} m^3**

(8) 1.0 g $= 0.0010$ kg
　　　　　$= 1.0 \times 10^{-3}$ kg
　　答 1.0×10^{-3} kg　　$\boxed{k = 10^3}$

(9) 1.0 g/cm$^3 = \dfrac{1.0 \text{ g}}{1.0 \text{ cm}^3}$
　　　　　　$= \dfrac{1.0 \times 10^{-3} \text{ kg}}{1.0 \times 10^{-6} \text{ m}^3}$
　　　　　　$= \dfrac{1.0}{1.0} \times 10^{-3} \times 10^6$ kg/m^3
　　　　　　$= 1.0 \times 10^3$ kg/m^3
　　答 1.0×10^3 kg/m^3

(10) 1013 hPa $= 1013 \times 100$ Pa
　　　　　　$= 101300$ Pa
　　　　　　$= 1.013 \times 10^5$ Pa
　　答 1.013×10^5 Pa　　$\boxed{h = 10^2}$

(11) 1 atm $= 1013$ hPa
　　　　　$= 1.013 \times 10^5$ Pa　　**答 1.013×10^5 Pa**

ベストフィット
c, k などを接頭語という。
<主な接頭語>

| メガ | キロ | ヘクト | デカ | デシ | センチ | ミリ | マイクロ |
M	k	h	da	d	c	m	μ
10^6	10^3	10^2	10	10^{-1}	10^{-2}	10^{-3}	10^{-6}

第 1 章 物体の運動

61 [圧力と密度] (p.53)

解答 (1) $2.4\times10^{-2}\,\text{m}^3$ (2) $5.0\times10^2\,\text{kg/m}^3$
(3) 浮く (4) $9.8\times10^2\,\text{Pa}$

リード文check

❶水に浮く … 水の中で(浮力)≧(重力)ならば浮く

解説 (1) 物体の体積を $V\,[\text{m}^3]$ とする。
$V = 0.30\times0.40\times0.20$
$= 2.4\times10^{-2}\,[\text{m}^3]$ **答** $2.4\times10^{-2}\,\text{m}^3$

(2) 物体の密度を $\rho'\,[\text{kg/m}^3]$，質量を $m\,[\text{kg}]$ とする。

$(密度)=\dfrac{(質量)}{(体積)}$ より

$\rho' = \dfrac{m}{V}$
$= \dfrac{12}{2.4\times10^{-2}}$
$= 5.0\times10^2\,[\text{kg/m}^3]$

答 $5.0\times10^2\,\text{kg/m}^3$

(3) 水中ではなされた物体にはたらく浮力の大きさは，水の密度を $\rho\,[\text{kg/m}^3]$，重力加速度の大きさを $g\,[\text{m/s}^2]$ とすると $\rho V g$ [N] である。また，物体の質量は $m=\rho' V\,[\text{kg}]$ であるから，物体にはたらく重力の大きさは $mg=\rho'Vg$ [N] である。したがって，浮く場合は
$\rho Vg \geqq \rho'Vg$ つまり $\rho \geqq \rho'$

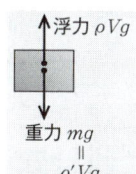

浮く場合は，
(水の密度)≧(物体の密度)

沈む場合は，
$\rho Vg < \rho'Vg$ つまり $\rho < \rho'$
である。いま，$\rho = 1.0\times10^3\,\text{kg/m}^3$，
$\rho' = 5.0\times10^2\,\text{kg/m}^3$ だから，$\rho > \rho'$
したがって，物体は浮く。 **答** 浮く

(4) 物体が床から受ける力(垂直抗力)を N [N] とすると，物体の力のつりあいの式より
$N = mg$ [N]

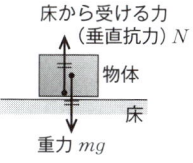

また，面Aの面積を $S\,[\text{m}^2]$ とすると，物体が床から受ける圧力 P [Pa] は

$P = \dfrac{N}{S}$
$= \dfrac{mg}{S}$
$= \dfrac{12\times9.8}{0.30\times0.40}$
$= \dfrac{12\times9.8}{12\times10^{-2}}$
$= 9.8\times10^2\,[\text{Pa}]$ **答** $9.8\times10^2\,\text{Pa}$

62 [水圧と大気圧] (p.53)

解答 $2.0\times10^5\,\text{Pa}$

リード文check

❶プールの底における圧力 … プールの底が水から受ける圧力(鉛直下向き)

解説 作用・反作用の法則より，プールの底が水から受ける圧力の大きさと，水がプールの底から受ける圧力の大きさは等しい。そこで，水がプールの底から受ける圧力の大きさ P [Pa] を求める。

図のように，高さ h [m]（h:水深），底面積 $S\,[\text{m}^2]$ の水の柱を考える。水の柱が受ける力は，プールの底から受ける力 PS [N]，重力 ρShg [N]（ρ:水の密度, g:重力加速度の大きさ），大気から受ける力 $P_0 S$ [N] の3つである。したがって，水の柱の力のつりあいの式より

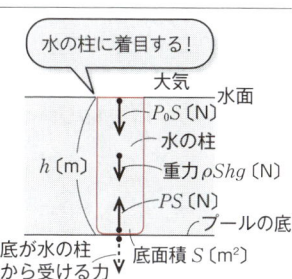

$PS = P_0 S + \rho Shg$
$P = P_0 + hg\rho$
$= 1.0\times10^5 + 1.0\times10^3\times10\times9.8$
$= 1.98\times10^5\,[\text{Pa}]$ **答** $2.0\times10^5\,\text{Pa}$

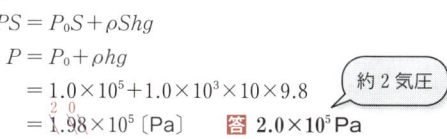

約2気圧

10. 液体や気体から受ける力 …… 51

63 [圧力] (p.53)

解答 1.0 kg

リード文check
❶軽いピストン … ピストンの重さは無視してよい

解説 ピストンA，Bは同じ高さにあるので，ピストンA，Bが水から受ける圧力の大きさはそれぞれ等しい。ところが，ピストンの断面積はBの方がAの$\frac{1}{2}$倍なので，水から受ける力もピストンBの方がAの$\frac{1}{2}$倍となる。よって，ピストンBに置くおもりの質量は，Aの$\frac{1}{2}$倍でよい。

$$2.0 \times \frac{1}{2} = 1.0 \text{ [kg]} \quad \text{答} \ 1.0 \text{ kg}$$

64 [浮力] (p.53)

解答 (1) $5.0 \times 10^2 \text{ m}^3$ (2) $3.0 \times 10^6 \text{ N}$
(3) $3.0 \times 10^5 \text{ kg}$

リード文check
❶静止した … 重力と浮力がつりあっている

解説
(1) (体積)=(底面積)×(高さ) より
$100 \times 5.0 = 5.0 \times 10^2 \text{ [m}^3\text{]}$
答 $5.0 \times 10^2 \text{ m}^3$

(2) 浮力の式「$F = \rho V g$」より，Vは押しのけた水の体積であることに注意して
$1.0 \times 10^3 \times (100 \times 3.0) \times 10$
$= 3.0 \times 10^6 \text{ [N]}$ 答 $3.0 \times 10^6 \text{ N}$

（例題21(3)参照）

(3) 物体の質量をm [kg] とすると，重力の大きさは$m \times 10$ [N]。いま，重力と浮力はつりあっているので，物体の力のつりあいの式より
$m \times 10 = 3.0 \times 10^6$
よって，$m = 3.0 \times 10^5 \text{ kg}$
答 $3.0 \times 10^5 \text{ kg}$

（静止しているので）

65 [水中での力のつりあい] (p.53)

解答 (1) $\rho' V g$ [N] (2) $\rho V g$ [N]
(3) $(\rho - \rho') V g$ [N]

リード文check
❶張力 … 物体にはたらく力のつりあいを考える

解説
(1) 物体の質量は$\rho' V$ [kg] だから，物体の重力の大きさは$\rho' V g$ [N]
答 $\rho' V g$ [N]

(2) 浮力の式「$F = \rho V g$」より，求める浮力の大きさは$\rho V g$ [N]
答 $\rho V g$ [N]

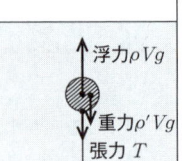

(3) 求める張力の大きさをT [N] とする。物体の力のつりあいの式より
$T + \rho' V g = \rho V g$
$T = (\rho - \rho') V g$ [N]
答 $(\rho - \rho') V g$ [N]

P.54 ▶11 仕事

類題 23 仕事 (p.56)

あらい水平面上に置かれた物体に，人が 90 N の「押す力」を加えて，4.0 m 動かした。このとき，物体にはたらく動摩擦力は 80 N，垂直抗力は N [N]，重力は mg [N] であったとする。
(1) 物体にはたらく 4 つの力，「押す力」，「動摩擦力」，「垂直抗力」，「重力」について考える。①正の仕事をしている力，②負の仕事をしている力，③仕事をしていない力をそれぞれ答えよ。
(2) 「押す力」，「動摩擦力」が物体にした仕事はそれぞれいくらか。
(3) 物体が 4 つの力からされた仕事の合計はいくらか。

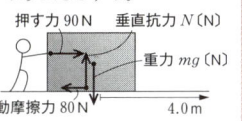

解答
(1) ①押す力　②動摩擦力　③垂直抗力，重力
(2) 「押す力」：3.6×10^2 J，「動摩擦力」：-3.2×10^2 J
(3) 40 J

リード文 check
❶ ― 力の向きと動く向きが同じ
❷ ― 力の向きと動く向きが逆
❸ ― 力の向きと動く向きが垂直

■ **仕事を求める基本プロセス** Process

プロセス 1 どの力がする仕事を考えているのかはっきりさせる
プロセス 2 物体の運動方向と力の向きが斜めの場合，力を物体の運動方向とそれに垂直な方向に分解する
プロセス 3 「$W = Fx$」を用いる（力の向きと動く向きが逆の場合は，マイナスの符号をつける）

解説
(1) **プロセス 1** どの力がする仕事を考えているのかはっきりさせる
「押す力」…力の向きと動く向きは同じ。
　　　　よって，正の仕事をする
「動摩擦力」…力の向きと動く向きは逆。
　　　　よって，負の仕事をする
「垂直抗力」…力の向きと動く向きは垂直。
　　　　よって，仕事をしない
「重力」…力の向きと動く向きは垂直。
　　　　よって，仕事をしない
以上より　**答** ①押す力　②動摩擦力
　　　　　　　③垂直抗力，重力

(2) **プロセス 3** 「$W = Fx$」を用いる
「押す力」が物体にした仕事を W_1 [J] とすると，「$W = Fx$」より　$W_1 = +90 \times 4.0 = 3.6 \times 10^2$ [J]

答 「押す力」：3.6×10^2 J
「動摩擦力」が物体にした仕事を W_2 [J] とする。動摩擦力の向きと，動く向きが逆であることに注意して，「$W = Fx$」より
$W_2 = -80 \times 4.0 = -3.2 \times 10^2$ [J]

答 「動摩擦力」：-3.2×10^2 J

(3) 「垂直抗力」が物体にする仕事は $W_3 = 0$ J，「重力」が物体にする仕事は $W_4 = 0$ J である。仕事の合計を W [J] とすると，
$W = W_1 + W_2 + W_3 + W_4$
$= 3.6 \times 10^2 + (-3.2 \times 10^2) + 0 + 0$
$= 40$ [J]　　**答** 40 J

別解 物体が受ける 4 つの力の合力 F' [N] は，右向きに 10 N の力となる。移動距離は $x = 4.0$ m なので　$W = F'x = 10 \times 4.0 = 40$ [J]

類題 24 滑車における仕事の原理 (p.57)

右図のように定滑車と動滑車にひもを通して，荷物をゆっくり引き上げた。それぞれの滑車とひもの質量や摩擦は無視してよい。
(1) ひもを引く力は，荷物を直接持ち上げるのに必要な力の何倍か。
(2) ひもを引く長さは，荷物が上がる高さの何倍か。
(3) 道具を使っても，必要な仕事の量は変わらないことを何というか。

解答
(1) $\dfrac{1}{2}$ 倍　(2) 2 倍　(3) 仕事の原理

リード文 check
❶ ―「力のつりあいを保ちながら」と考える
❷ ― このときは，「ひもの張力はどこでも同じ」と考えてよい

■ **動滑車の基本プロセス** Process

プロセス **1** 動滑車と物体を"1つのもの"と考える
プロセス **2** 力のつりあいを考えて,ひもの張力を求める
プロセス **3** 図をかき,ひもを引く長さを求める

解説

(1) プロセス **1** 動滑車と物体を"1つ"と考える
　　プロセス **2** 力のつりあいを考える

　ひもの張力を T, 荷物の重力を W とすると,力のつりあいより
$$2T = W$$
$$T = \frac{1}{2}W$$
ひもの張力はどこでも同じと考えてよいので,定滑車を通してひもを引く力は,T と同じく $\frac{1}{2}W$ である。

荷物を直接持ち上げる場合は W の力が必要なので,答えは $\frac{1}{2}$ 倍である。　**答** $\frac{1}{2}$ **倍**

(2) プロセス **3** 図をかき,ひもを引く長さを求める

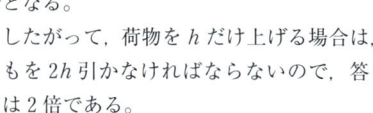

右図より,動滑車が h だけ上がった場合,赤い部分のひもの長さ $h+h = 2h$ だけ余分となる。
したがって,荷物を h だけ上げる場合は,ひもを $2h$ 引かなければならないので,答えは2倍である。　**答 2倍**

(3) (1),(2)のように,引く力が半分になっても,引く長さは2倍となって,必要な仕事の量は変わらない。これを仕事の原理という。　**答 仕事の原理**

---

66 [仕事] (p.58)

解答 (1) 15 J　(2) −8.0 J
　　　　(3) 0 J　(4) 17 J
　　　　(5) −40 J　(6) 15 J

リード文check

❶図に示した力が物体にする仕事 … 図に示した力以外にも物体は力を受けている(重力,垂直抗力等)が,それらがする仕事と混同してはいけない

解説 (1) (仕事) = 5.0×3.0
　　　　　　　　= 15 [J]　**答 15 J**

(2) 力の向きと物体の動く向きは逆であることに注意して,(仕事) = −2.0×4.0
　　　　　　　　= −8.0 [J]　**答 −8.0 J**

(3) 力の向きと物体の動く向きが垂直なので,この力は仕事をしない。　**答 0 J**

(4) 10 N の力を物体の動く方向と,それに対して垂直な方向に分解して考える。

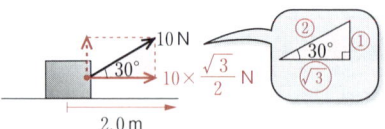

物体が動く方向の分力の大きさは,図より
$$10 \times \frac{\sqrt{3}}{2} = 5\sqrt{3} \text{ [N]}$$

よって,(仕事) = $5\sqrt{3} \times 2.0$
　　　　　　　= $10\sqrt{3}$
　　　　　　　= 10×1.7
　　　　　　　= 17 [J]　**答 17 J**

(5) 20 N の力を物体の動く方向と,それに対して垂直な方向に分解して考える。

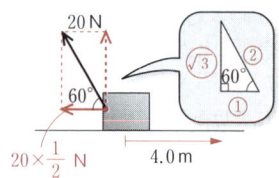

物体が動く方向の分力の大きさは,図より
$$20 \times \frac{1}{2} = 10 \text{ [N]}$$

この分力の向きと動く向きは逆であることに注意して,(仕事) = −10×4.0
　　　　　　　　　　= −40 [J]　**答 −40 J**

(6) 10Nの力を物体の動く方向(斜面方向)と，それに対して垂直な方向に分解して考える。

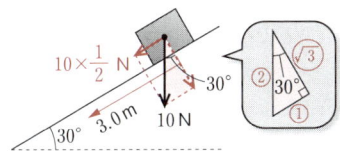

物体が動く方向の分力の大きさは，図より
$$10 \times \frac{1}{2} = 5.0 \text{ (N)}$$
よって，(仕事) $= 5.0 \times 3.0$
$= 15$ 〔J〕　**答** 15 J

67 [仕事] (p.58)

解答 (1) 5.0 J
(2) −5.0 J

リード文check
❶ゆっくり …「力のつりあいを保ちながら」と考える。力がつりあっているので，加速度0のゆっくりとした等速運動をする

解説 (1) 手がレンガに及ぼす力を f 〔N〕とする。
f はレンガにはたらく重力とつりあうので，
$f = 1.0 \times 10$
$= 10$ 〔N〕

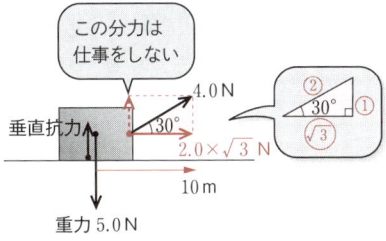

したがって，f がした仕事 W_1 〔J〕は，
$W_1 = 10 \times 0.50$
$= 5.0$ 〔J〕
答 5.0 J

(2) 重力の向きとレンガが動く向きは逆であることに注意して，重力がした仕事 W_2 〔J〕は，
$W_2 = -(1.0 \times 10) \times 0.50$
$= -5.0$ 〔J〕　**答** −5.0 J

68 [仕事] (p.58)

解答 (1) 35 J　(2) 0 J　(3) 0 J
(4) 35 J　(5) 1倍

リード文check
❶なめらかな …「摩擦なし」と考える

解説 (1) 4.0Nの力を物体の動く方向と，それに対して垂直な方向に分解して考える。

物体が動く方向の分力の大きさは，図より，
$4.0 \times \frac{\sqrt{3}}{2} = 2.0 \times \sqrt{3}$ 〔N〕
よって，(仕事) $= (2.0 \times \sqrt{3}) \times 10$
$= 20\sqrt{3}$
$= 20 \times 1.73$
$= 34.6$ 〔J〕　**答** 35 J

(2) 重力の向きと物体の動く向きは垂直なので，重力は仕事をしない。　**答** 0 J

(3) 垂直抗力の向きと物体の動く向きは垂直なので，垂直抗力は仕事をしない。　**答** 0 J

(4) (1)～(3)より，それぞれの力がした仕事を合計すると
$35 + 0 + 0 = 35$ 〔J〕　**答** 35 J

[別解] 物体が受ける3つの力の合力は，右向きに $4.0 \times \frac{\sqrt{3}}{2} = 2.0 \times \sqrt{3}$ 〔N〕の力となるので，
$(2.0 \times \sqrt{3}) \times 10 = 20\sqrt{3}$
$= 20 \times 1.73$
$= 34.6$ 〔J〕　**答** 35 J

(5) 物体の重さ(重力)を2倍にしても，重力と垂直抗力が物体にする仕事は0Jのままなので，物体がされた仕事の合計は変わらない。
答 1倍

69 [仕事] (p.58)

解答 (1) $F = 50\,\text{N}$ (2) $W_1 = 5.0 \times 10^2\,\text{J}$
(3) $W_2 = 0\,\text{J}$ (4) $W_3 = -5.0 \times 10^2\,\text{J}$

リード文check
❶ゆっくり … 「力のつりあいを保ちながら」と考える

解説 (1) 図のように，引く力 F と重力の斜面方向の分力が
つりあうので，
$F = 50\,[\text{N}]$ **答** $F = 50\,\text{N}$

(2) $W_1 = 50 \times 10$
$= 5.0 \times 10^2\,[\text{J}]$ **答** $W_1 = 5.0 \times 10^2\,\text{J}$

(3) 垂直抗力の向きと動く向きは垂直なので，
$W_2 = 0\,\text{J}$ **答** $W_2 = 0\,\text{J}$

(4) 重力を図のように分解して考えると，仕事をする
のは斜面方向の分力 (50 N) だけである。また，こ
の分力の向きと動く向きは逆であることに注意して，
$W_3 = -50 \times 10$
$= -5.0 \times 10^2\,[\text{J}]$ **答** $W_3 = -5.0 \times 10^2\,\text{J}$

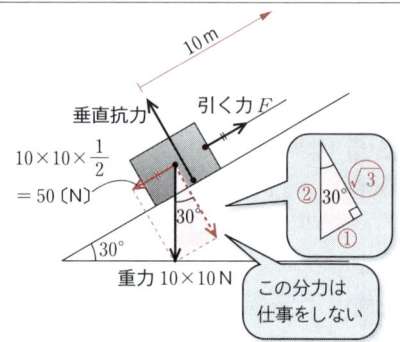

70 [仕事率] (p.59)

解答 (1) $4.0 \times 10^2\,\text{W}$
(2) $45\,\text{W}$

リード文check
❶仕事率 … 1秒間あたりの仕事
❷一定の速さ 1.5 m/s … 1秒間あたりの移動距離は 1.5 m

解説 (1) 力がした仕事 $W\,[\text{J}]$ は
$W = 600 \times 2.0 = 1200 = 1.2 \times 10^3\,[\text{J}]$
求める仕事率 $P\,[\text{W}]$ は「$P = \dfrac{W}{t}$」より
$P = \dfrac{1.2 \times 10^3}{3.0} = 4.0 \times 10^2\,[\text{W}]$
答 $4.0 \times 10^2\,\text{W}$

(2) 1秒間あたりの移動距離は 1.5 m だから，求め
る仕事率 $P\,[\text{W}]$ は「$P = Fv$」より
$P = 30 \times 1.5 = 45\,[\text{W}]$ **答** $45\,\text{W}$

71 [仕事と仕事率] (p.59)

解答 (1) $F = 20\,\text{N}$
(2) $W = 2.0 \times 10^2\,\text{J}$
(3) $P = 30\,\text{W}$

リード文check
❶引き上げるために加えた力 … 重力とつりあう力
❷この力がした仕事 … 力の向きと動く向きが同じだから正の仕事
❸仕事率 … 1秒間あたりの仕事

解説 (1) 力 F は物体
にはたらく重
力とつりあう
力だから，
$F = 2.0 \times 10$
$= 20\,[\text{N}]$
答 $F = 20\,\text{N}$

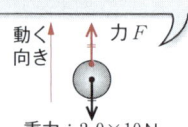

一定の速さで動いているとき
力はつりあっている

動く向き 力 F
重力：$2.0 \times 10\,\text{N}$

(2) 「$W = Fx$」より
$W = 20 \times 10$
$= 2.0 \times 10^2\,[\text{J}]$
答 $W = 2.0 \times 10^2\,\text{J}$

(3) 1秒間あたりの移動距離は 1.5 m だから，
「$P = Fv$」より
$P = 20 \times 1.5$
$= 30\,[\text{W}]$
答 $P = 30\,\text{W}$

72 [摩擦のある水平面での仕事と仕事率] (p.59)

解答
(1) $F = 8.0\,\text{N}$
(2) $80\,\text{J}$
(3) $32\,\text{W}$

リード文check
❶動摩擦係数 … (動摩擦力) = (動摩擦係数)×(垂直抗力)
❷引っぱる力 F … 動摩擦力とつりあう力
❸仕事率 … 1秒間あたりの仕事

解説
(1) 動摩擦力を f'〔N〕，垂直抗力を N〔N〕とおく。

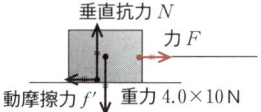

一定の速さで動いているとき，力はつりあっているので，力のつりあいより

$\begin{cases} 水平方向: F = f' & \cdots\cdots ① \\ 鉛直方向: N = 4.0 \times 10 & \cdots\cdots ② \end{cases}$

また，動摩擦力について「$f' = \mu' N$」より
$\quad f' = 0.20 \times N \quad \cdots\cdots ③$
が成り立つ。

②，③より $f' = 0.20 \times 4.0 \times 10$
$\qquad\qquad\quad = 8.0\,\text{〔N〕}$
したがって，①より $F = 8.0\,\text{〔N〕}$
答 $F = 8.0\,\text{N}$

(2)「$W = Fx$」より
(仕事) $= 8.0 \times 10$
$\qquad\quad = 80\,\text{〔J〕}$
答 $80\,\text{J}$

(3) 1秒間あたりの移動距離は $4.0\,\text{m}$ だから，
「$P = Fv$」より
(仕事率) $= 8.0 \times 4.0$
$\qquad\qquad = 32\,\text{〔W〕}$
答 $32\,\text{W}$

73 [斜面] (p.59)

解答
(1) $f_1 = 1.0 \times 10^2\,\text{N}$ (2) $W_1 = 3.0 \times 10^2\,\text{J}$
(3) $f_2 = 60\,\text{N}$ (4) $W_2 = 3.0 \times 10^2\,\text{J}$
(5) $W_1 = W_2$ (6) 仕事の原理

リード文check
❶なめらかな …「摩擦力なし」と考えてよい
❷ゆっくり引き上げる … 力のつりあいを保ちながら引き上げる

解説
(1)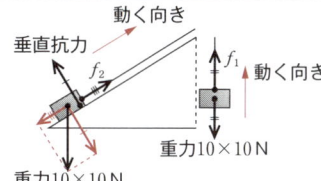

ゆっくり引き上げるときは，力はつりあっているので，力のつりあいより
$f_1 = 10 \times 10$
$\quad = 1.0 \times 10^2\,\text{〔N〕}$ **答** $f_1 = 1.0 \times 10^2\,\text{N}$

(2) f_1 がした仕事を考える。「$W = Fx$」より
$W_1 = +1.0 \times 10^2 \times 3.0$
$\quad\, = 3.0 \times 10^2\,\text{〔J〕}$ **答** $W_1 = 3.0 \times 10^2\,\text{J}$

(3) 重力を斜面方向とそれに対して垂直な方向に分解して考える。

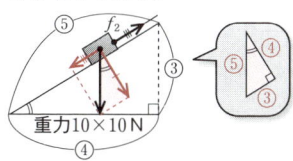

図より，重力の斜面方向の分力は，
$10 \times 10 \times \dfrac{3}{5} = 60\,\text{〔N〕}$

ゆっくり引き上げるときは，力はつりあっているので，斜面方向の力のつりあいを考えると，
$f_2 = 60\,\text{〔N〕}$ **答** $f_2 = 60\,\text{N}$

(4) f_2 がした仕事を考える。「$W = Fx$」より
$W_2 = +60 \times 5.0$
$\quad\, = 3.0 \times 10^2\,\text{〔J〕}$ **答** $W_2 = 3.0 \times 10^2\,\text{J}$

(5) (2)，(4)の結果より
$W_1 = W_2$ **答** $W_1 = W_2$

(6) 斜面などの道具を使って，必要な力を小さくできても，その分移動距離が長くなるので，必要な仕事の量が変わらない。このことを仕事の原理という。
答 仕事の原理

11. 仕事 57

P.60 ▶12 仕事とエネルギー

類題 25 運動エネルギーと仕事の関係 (p.62)

図のように，なめらかな水平面上を運動している質量 2.0 kg の物体がある。点 A では速さ 5.0 m/s であった物体に，点 A から一定の大きさの力 F 〔N〕を加え続けたところ，8.0 m 離れた点 B では速さ 7.0 m/s になった。
(1) 点 A，B における物体の運動エネルギーはそれぞれいくらか。
(2) 点 AB 間での運動エネルギーの変化量はいくらか。
(3) 力 F が物体にした仕事はいくらか。また，力 F の大きさを求めよ。

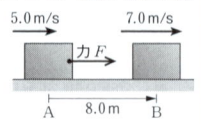

解答
(1) 点 A：25 J，点 B：49 J　(2) 24 J
(3) 仕事：24 J，$F = 3.0$ N

リード文check
❶ ─ 摩擦なし
❷ ─ 力 F がした仕事の分だけ，運動エネルギーは変化している

■ 運動エネルギーの変化から仕事を求める 基本プロセス　Process

プロセス 0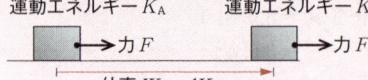

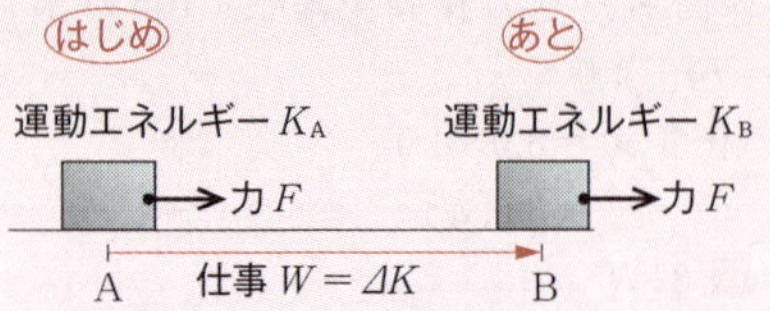

プロセス 1 <はじめ>と<あと>の運動エネルギーを求める
プロセス 2 運動エネルギーの変化量を求める
プロセス 3 「$\frac{1}{2}mv^2 - \frac{1}{2}mv_0^2 = W$」を用いる。

物体がされた仕事の量は，運動エネルギーの変化量に等しい

解説

(1) プロセス 1 <はじめ>と<あと>の運動エネルギーを求める

点 A における物体の運動エネルギーを K_A〔J〕とすると，「$K = \frac{1}{2}mv^2$」より

$K_A = \frac{1}{2} \times 2.0 \times 5.0^2$
$= 25$〔J〕　答 点 A：25 J

点 B における物体の運動エネルギーを K_B〔J〕とすると，「$K = \frac{1}{2}mv^2$」より

$K_B = \frac{1}{2} \times 2.0 \times 7.0^2$
$= 49$〔J〕　答 点 B：49 J

(2) プロセス 2 運動エネルギーの変化量を求める

AB 間での運動エネルギーの変化量を ΔK〔J〕とすると，

（変化量）（あと）（はじめ）
$\Delta K = K_B - K_A$
$= 49 - 25$
$= 24$〔J〕　答 24 J

(3) プロセス 3 「$\frac{1}{2}mv^2 - \frac{1}{2}mv_0^2 = W$」を用いる。

力 F が物体にした仕事を W〔J〕とすると，「運動エネルギーと仕事の関係」より

$\Delta K = W$
$W = 24$〔J〕　（← (2)より）
答 仕事：24 J

また，「$W = Fx$」より

$24 = F \times 8.0$
$F = \dfrac{24}{8.0}$
$= 3.0$〔N〕　答 $F = 3.0$ N

類題 26 重力による位置エネルギーと弾性エネルギー (p.63)

[例題 26]について，次の問いに答えよ。
(1) ばねが自然の長さから x 伸びるまでの，おもりの重力による位置エネルギーの変化量はいくらか。またこのとき，重力による位置エネルギーは増加するか減少するか。
(2) 重力による位置エネルギーの基準点を，静止した位置に変更して，(1)に答えよ。
(3) (1)において，弾性エネルギーの変化量はいくらか。またこのとき，弾性エネルギーは増加するか減少するか。

58 ……… 第 2 章 エネルギー

解答

(1) $-\dfrac{(mg)^2}{k}$, 減少する (2) $-\dfrac{(mg)^2}{k}$, 減少する

(3) $\dfrac{(mg)^2}{2k}$, 増加する

> **リード文check**
> ❶ （変化量）＝（あと）−（はじめ）
> ❷ （変化量）＞0 ⇒ 増加
>   （変化量）＜0 ⇒ 減少

■ 重力による位置エネルギーと弾性エネルギーの基本プロセス   Process

プロセス 1 力のつりあいの式をたてて，伸び x を求める

プロセス 2 「$U = mgh$」より，重力による位置エネルギーを求める

プロセス 3 「$U = \dfrac{1}{2}kx^2$」より，弾性エネルギーを求める

解説

(1) **プロセス 2** 「$U = mgh$」より，重力による位置エネルギーを求める

［例題 26］より，基準点は自然の長さの位置。

はじめの位置とあとの位置における重力による位置エネルギーをそれぞれ U_0，U_1 とおく。

はじめの位置は基準点だから $U_0 = 0$

あとの位置は［例題 26］の結果より

$$U_1 = -\dfrac{(mg)^2}{k}$$

求める変化量 $\varDelta U$ は

$$\varDelta U = U_1 - U_0$$
$$= -\dfrac{(mg)^2}{k} - 0$$
$$= -\dfrac{(mg)^2}{k}$$

$\varDelta U < 0$ だから，重力による位置エネルギーは減少する。

答 $-\dfrac{(mg)^2}{k}$, 減少する

(2) ❷ 基準点を静止した位置に変更する。

はじめの位置とあとの位置における重力による位置エネルギーをそれぞれ $U_0{}'$，$U_1{}'$ とする。

はじめの位置は基準点より $x = \dfrac{mg}{k}$ だけ高いので，

$$U_0{}' = mgx = \dfrac{(mg)^2}{k}$$

あとの位置は基準点だから $U_1{}' = 0$

求める変化量 $\varDelta U'$ は

$$\varDelta U' = U_1{}' - U_0{}'$$
$$= 0 - \dfrac{(mg)^2}{k}$$
$$= -\dfrac{(mg)^2}{k}$$

$\varDelta U' < 0$ だから，重力による位置エネルギーは減少する。 **答** $-\dfrac{(mg)^2}{k}$, 減少する

(3) **プロセス 3** 「$U = \dfrac{1}{2}kx^2$」より，弾性エネルギーを求める

はじめの位置とあとの位置における弾性エネルギーをそれぞれ $U_0{}''$，U_2 とおく。

はじめの位置は，自然の長さでの位置だから $U_0{}'' = 0$

あとの位置は［例題 26］の結果より

$$U_2 = \dfrac{(mg)^2}{2k}$$

求める変化量 $\varDelta U''$ は

$$\varDelta U'' = U_2 - U_0{}''$$
$$= \dfrac{(mg)^2}{2k} - 0$$
$$= \dfrac{(mg)^2}{2k}$$

$\varDelta U'' > 0$ だから，弾性エネルギーは増加する

答 $\dfrac{(mg)^2}{2k}$, 増加する

> **ベストフィット**
> 重力による位置エネルギーの変化量は，基準点をどこにとっても変わらない

74 [運動エネルギー] (p.64)

解答 (1) 9.0 J
(2) 24 J
(3) 0.20 J

リード文check
❶運動エネルギー … (運動エネルギー) = $\frac{1}{2}$×(質量)×(速さ)^2
❷100 g … 単位に注意

解説 (1)～(3)の求める運動エネルギーをそれぞれ K_1, K_2, K_3 〔J〕とする。

(1) 「$K = \frac{1}{2}mv^2$」より

$$K_1 = \frac{1}{2} \times 2.0 \times 3.0^2$$
$$= 9.0 \text{ 〔J〕} \quad \text{答 } 9.0 \text{ J}$$

(2) 「$K = \frac{1}{2}mv^2$」より

$$K_2 = \frac{1}{2} \times 3.0 \times 4.0^2$$
$$= 24 \text{ 〔J〕} \quad \text{答 } 24 \text{ J}$$

(3) 100 g = 0.10 kg であることに注意して、
「$K = \frac{1}{2}mv^2$」より

$$K_3 = \frac{1}{2} \times 0.10 \times 2.0^2$$
$$= 0.20 \text{ 〔J〕} \quad \text{答 } 0.20 \text{ J}$$

75 [運動エネルギーと仕事の関係] (p.64)

解答 (1) 24 J (2) 50 J
(3) −30 J (4) −14 J

リード文check
❶なめらかな … 摩擦なし
❷力がした仕事 … 力がした仕事は運動エネルギーの変化量に等しい

解説 (1) 「運動エネルギーと仕事の関係」より、力がした仕事を W_1〔J〕とすると

$$60 - 36 = W_1$$
$$W_1 = 24 \text{ 〔J〕} \quad \text{答 } 24 \text{ J}$$

(2) 「運動エネルギーと仕事の関係」より、求める運動エネルギーを K_2〔J〕とすると

$$K_2 - 35 = 15$$
$$K_2 = 50 \text{ 〔J〕} \quad \text{答 } 50 \text{ J}$$

(3) 「運動エネルギーと仕事の関係」より、力がした仕事を W_3〔J〕とすると

$$20 - 50 = W_3$$
$$W_3 = -30 \text{ 〔J〕} \quad \text{答 } -30 \text{ J}$$

(4) 「運動エネルギーと仕事の関係」より、力がした仕事を W_4〔J〕とすると

$$0 - 14 = W_4$$
$$W_4 = -14 \text{ 〔J〕} \quad \text{答 } -14 \text{ J}$$

76 [運動エネルギーと仕事の関係] (p.64)

解答 (1) 5.0 m/s
(2) 5.0 m/s

リード文check
❶−16 J … 負の仕事。力の向きが、物体の移動する向きと逆であることを意味する

解説 (1) 「$K = \frac{1}{2}mv^2$」より、はじめの運動エネルギー K_1〔J〕は

$$K_1 = \frac{1}{2} \times 2.0 \times 4.0^2 = 16 \text{ 〔J〕}$$

あとの運動エネルギー K_2〔J〕は

$$K_2 = \frac{1}{2} \times 2.0 \times v^2 \text{ 〔J〕}$$

「運動エネルギーと仕事の関係」より

$$K_2 - K_1 = 9.0$$
$$\frac{1}{2} \times 2.0 \times v^2 - 16 = 9.0$$
$$v^2 = 25$$

$v > 0$ だから $v = 5.0$ 〔m/s〕

答 5.0 m/s

(2) 「$K = \frac{1}{2}mv^2$」より、はじめの運動エネルギー K_1〔J〕は

$$K_1 = \frac{1}{2} \times 2.0 \times v_0^2 \text{ 〔J〕}$$

あとの運動エネルギー K_2〔J〕は

$$K_2 = \frac{1}{2} \times 2.0 \times 3.0^2 = 9.0 \text{ 〔J〕}$$

「運動エネルギーと仕事の関係」より

$$K_2 - K_1 = -16$$
$$9.0 - \frac{1}{2} \times 2.0 \times v_0^2 = -16$$
$$v_0^2 = 25$$

$v_0 > 0$ だから $v_0 = 5.0$ 〔m/s〕

答 5.0 m/s

第2章 エネルギー

77 [重力による位置エネルギー] (p.64)

解答 点A：2.0×10^2 J
点B：0 J
点C：-98 J

リード文check
❶重力による位置エネルギー … $U = mgh$
❷水面を基準面 … Bの位置が基準面となる。Cは基準面より低い

解説 点A〜Cにおける，物体の重力による位置エネルギーをそれぞれ U_A, U_B, U_C [J] とする。
「$U = mgh$」より
$$U_A = 2.0 \times 9.8 \times 10$$
$$= 196$$
$$\fallingdotseq 2.0 \times 10^2 \text{ [J]}$$
答 点A：2.0×10^2 J

$$U_B = 2.0 \times 9.8 \times 0$$
$$= 0 \text{ [J]}$$
答 点B：0 J — 基準面の位置エネルギーは0 J

$$U_C = 2.0 \times 9.8 \times (-5.0)$$
$$= -98 \text{ [J]}$$
答 点C：-98 J — 基準面より低い位置の位置エネルギーは負の値

78 [重力による位置エネルギー] (p.64)

解答 点A：9.8 J
点B：4.9 J
点C：0 J

リード文check
❶重力による位置エネルギー … $U = mgh$
❷点Cを基準面 … A，Bともに基準面より高い

解説

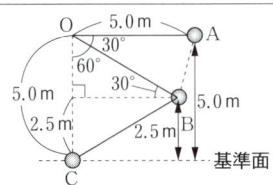

図より，点A，B，Cの基準面からの高さは，それぞれ，5.0 m，2.5 m，0 m。

点A〜Cにおける，物体の重力による位置エネルギーをそれぞれ U_A, U_B, U_C [J] とする。
「$U = mgh$」より
$$U_A = 0.20 \times 9.8 \times 5.0$$
$$= 9.8 \text{ [J]}$$
答 点A：9.8 J

$$U_B = 0.20 \times 9.8 \times 2.5$$
$$= 4.9 \text{ [J]}$$
答 点B：4.9 J

$$U_C = 0.20 \times 9.8 \times 0$$
$$= 0 \text{ [J]}$$
答 点C：0 J

79 [弾性力による位置エネルギー（弾性エネルギー）] (p.64)

解答 0.90 J

リード文check
❶弾性力による位置エネルギー（弾性エネルギー） … $U = \dfrac{1}{2}kx^2$

解説 $U = \dfrac{1}{2} \times 20 \times 0.30^2 = 0.90$ [J]　**答** 0.90 J

80 [運動エネルギーと仕事の関係] (p.65)

解答 (1) $W = -\dfrac{1}{2}mv_0^2$ [J]

(2) $\dfrac{mv_0^2}{2x}$ [N]

リード文check
❶摩擦力によってされた仕事 … (力)×(距離)で求められないときは，「運動エネルギーと仕事の関係」を使う

解説 (1) 「運動エネルギーと仕事の関係」より，
$$0 - \frac{1}{2}mv_0^2 = W$$
$$W = -\frac{1}{2}mv_0^2 \text{ [J]} \quad \cdots\cdots ①$$
答 $W = -\dfrac{1}{2}mv_0^2$ [J]

(2) 摩擦力の大きさを f [N] とおく。摩擦力の向きと移動する向きが逆であることに注意すると
$$W = -fx$$
$$-fx = -\frac{1}{2}mv_0^2 \quad (\leftarrow ① \text{より})$$
$$f = \frac{mv_0^2}{2x} \text{ [N]} \quad \textbf{答} \ \dfrac{mv_0^2}{2x} \text{ [N]}$$

12. 仕事とエネルギー ……… 61

81 [位置エネルギーの定義] (p. 65)

解答 (1) 45 J
(2) 35 J
(3) 80 J

リード文 check
❶ ゆっくり … 「力のつりあいを保ちながら」と考える。力がつりあっているので，加速度 0 のゆっくりとした等速度運動をする
❷ 手が小球にした仕事 … 手がした仕事の分だけ，小球は位置エネルギーとして蓄える
❸ 点 B における重力による位置エネルギー … 点 O (基準点) から点 B まで持ち上げたときに，手がした仕事と同じ
❹ 重力が小球にした仕事 … 点 B における小球がもつ重力による位置エネルギーと同じ

解説 (1) 位置エネルギーの定義より，点 O (基準点) から点 A まで持ち上げたときに手が小球にした仕事 (45 J) の分だけ，小球は位置エネルギーとして蓄える。
したがって，点 A における重力による位置エネルギーは 45 J。　**答 45 J**

(2) 位置エネルギーの定義より，点 O から点 B まで持ち上げたときに手が小球にした仕事は 80 J。

したがって，点 A から点 B まで持ち上げたときに手がした仕事 W_{AB} 〔J〕は，
$W_{AB} = 80 - 45$
$= 35$ 〔J〕　**答 35 J**

(3) 位置エネルギーの定義より，小球が点 B から点 O (基準点) に達するまでに重力が小球にした仕事は，点 B における小球の重力による位置エネルギーと同じである。よって，80 J。　**答 80 J**

82 [位置エネルギーの定義] (p. 65)

解答 (1) 6.0 J
(2) 4.0 J
(3) 10 J

リード文 check
❶ 手が小球にした仕事 … 手がした仕事の分だけ，小球は位置エネルギーとして蓄える

解説 (1) 位置エネルギーの定義より，点 O (基準点) から点 A まで引っぱったときに手が小球にした仕事 (6.0 J) の分だけ，小球は位置エネルギーとして蓄える。
したがって，点 A における弾性力による位置エネルギーは 6.0 J。　**答 6.0 J**

(2) 点 B における弾性力による位置エネルギー U_B 〔J〕は，「$U = \dfrac{1}{2}kx^2$」より
$U_B = \dfrac{1}{2} \times 20 \times 1.0^2$
$= 10$ 〔J〕

この値は，位置エネルギーの定義より，点 O (基準点) から点 B まで引っぱったときに手が小球にした仕事 W_{OB} 〔J〕に等しい。

したがって，点 A から点 B まで引っぱったときに手がした仕事 W_{AB} 〔J〕は
$W_{AB} = 10 - 6.0$
$= 4.0$ 〔J〕　**答 4.0 J**

(3) 位置エネルギーの定義より，小球が点 B から点 O (基準点) に戻るまでに，弾性力が小球にした仕事は，点 B における弾性力による位置エネルギー U_B (10 J) に等しい。　**答 10 J**

83 [位置エネルギーの定義と仕事] (p. 65)

解答 (1) 9.8 J
(2) 9.8 J
(3) 0 J

リード文 check
❶ 重力がした仕事 … 仕事の定義 (力×距離) から求めるのは難しい。位置エネルギーの定義を考えると簡単
❷ 垂直抗力がした仕事 … 垂直抗力の向きと小球が動く向きは常に垂直

解説 (1) 点Aは点O（基準面）より2.0mだけ高い位置だから，「$U=mgh$」より
$0.50 \times 9.8 \times 2.0 = 9.8$〔J〕　答 **9.8J**

(2) 小球が点Aから点O（基準面）に達するまでに重力がした仕事は，位置エネルギーの定義より，点Aにおける重力による位置エネルギー(9.8J)に等しい。　答 **9.8J**

(3) 垂直抗力の向きと小球が動く向きは常に垂直なので，垂直抗力は仕事をしない。　答 **0J**

あらい円筒面であっても，(1)〜(3)の答えは変わらない

84 ［保存力］(p.65)

解答 (1) $-\dfrac{1}{2}mgl$　(2) $-\dfrac{1}{2}mgl$
(3) $W_1 = W_2$

リード文check
❶仕事の定義 …「$W=Fx$」だが，力の向きと物体の動く向きに注意する

解説 (1) 重力を斜面方向と，それに対して垂直な方向に分解する。

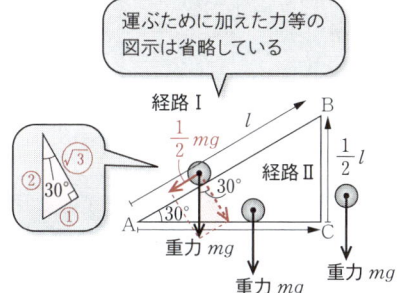

運ぶために加えた力等の図示は省略している

図のように，重力の斜面方向の分力の大きさ $\dfrac{1}{2}mg$ は，動く向きと逆向きであることに注意して，「$W=Fx$」より

$W_1 = -\dfrac{1}{2}mg \times l$

$\quad\;\; = -\dfrac{1}{2}mgl$　答 $-\dfrac{1}{2}mgl$

(2) 点A→Cでは，重力は動く向きに対して常に垂直だから，このときに重力がした仕事 W_{AC} は0。点C→Bでは，移動距離は $\dfrac{1}{2}l$ である。重力の向きと動く向きは逆向きであることに注意すると，このときに重力がした仕事 W_{CB} は，「$W=Fx$」より

$W_{CB} = -mg \times \dfrac{1}{2}l$

$\qquad = -\dfrac{1}{2}mgl$

重力は移動のジャマをしているので，負の仕事をする

以上より，$W_2 = W_{AC} + W_{CB}$

$\qquad = 0 + \left(-\dfrac{1}{2}mgl\right)$

$\qquad = -\dfrac{1}{2}mgl$

答 $-\dfrac{1}{2}mgl$

(3) (1)，(2)より，$W_1 = W_2$　答 $W_1 = W_2$

ベストフィット
経路に関係なく，始点と終点の位置だけで仕事が求まる力を **保存力** という。保存力は位置エネルギーを定義できる力である。

P.66 ▶13 力学的エネルギー保存の法則

類題 27 力学的エネルギー保存の法則 (p. 68)

図のように，長さ l の糸に質量 m のおもりをつけた振り子がある。糸が鉛直線と $30°$ をなす位置 A からおもりを静かにはなした❶。重力加速度の大きさを g とする。
(1) 最下点の位置 O を基準面❷としたとき，位置 A の高さはいくらか。
(2) おもりが最下点の位置 O を通過するときの速さ v を求めよ。

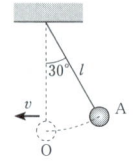

解答
(1) $\left(1-\dfrac{\sqrt{3}}{2}\right)l$ (2) $v=\sqrt{(2-\sqrt{3})gl}$

リード文check
❶─「初速度 0」と考える
❷─ 位置 O が重力による位置エネルギーの基準面

■ 力学的エネルギー保存の法則を用いる基本プロセス Process
プロセス 1 非保存力による仕事が 0 であることを確認する （物体が受ける力をすべてかいて確認）
プロセス 2 重力による位置エネルギーの基準面を定める
プロセス 3 2 つの場所における力学的エネルギーを「＝」で結ぶ

解説
(1) 図のように A を通る水平方向の補助線を引いて，位置 A の高さを求める。

$l - \dfrac{\sqrt{3}}{2}l$
$= \left(1-\dfrac{\sqrt{3}}{2}\right)l$

答 $\left(1-\dfrac{\sqrt{3}}{2}\right)l$

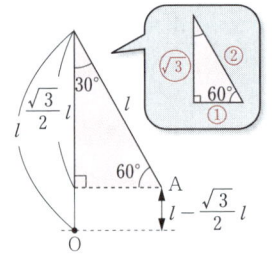

(2) **プロセス 1** 非保存力による仕事が 0 であることを確認する

糸の張力は物体が動く向きに常に垂直なので，仕事をしない。よって，力学的エネルギーは保存される。

プロセス 2 重力による位置エネルギーの基準面を定める

位置 O を重力による位置エネルギーの基準面として，エネルギーの表をつくる。

	運動エネルギー	重力による位置エネルギー
A	0	$mg\left(1-\dfrac{\sqrt{3}}{2}\right)l$
O	$\dfrac{1}{2}mv^2$	0

プロセス 3 2 つの場所における力学的エネルギーを「＝」で結ぶ

力学的エネルギー保存の法則より

$0 + mg\left(1-\dfrac{\sqrt{3}}{2}\right)l = \dfrac{1}{2}mv^2 + 0$

$v^2 = (2-\sqrt{3})gl$

$v > 0$ より $v = \sqrt{(2-\sqrt{3})gl}$

答 $v = \sqrt{(2-\sqrt{3})gl}$

類題 28 力学的エネルギー保存の法則 (p. 69)

図のように，なめらかな水平面 AB と斜面 BC が続いている。ばね定数 k の軽いばねの一端を固定し，他端に質量 m の小球を置いて x だけ押し縮めて静かにはなした❶。すると，小球は最高点 C まで達した。重力加速度の大きさを g とする。
(1) はじめに点 B を通過したときの小球の速さ v を求めよ。
(2) 点 C の高さ h を求めよ。
(3) (1)の後，再び点 B を通過したときの小球の速さ v' を求めよ。❷

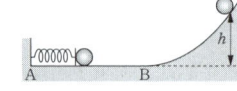

解答
(1) $v = x\sqrt{\dfrac{k}{m}}$ (2) $h = \dfrac{kx^2}{2mg}$ (3) $v' = x\sqrt{\dfrac{k}{m}}$

リード文check
❶─「摩擦なし」と考える
❷─ この瞬間は速さ 0

■ 力学的エネルギー保存の法則を用いる基本プロセス

プロセス 0
垂直抗力 N、動く向き、弾性力、重力 mg、N、mg、N、mg、A、B、C

プロセス 1 非保存力による仕事が 0 であることを確認する

プロセス 2 重力による位置エネルギーの基準面を定める

プロセス 3 2つの場所における力学的エネルギーを「＝」で結ぶ

保存力（重力，弾性力）以外の力が仕事をしていないか，図をかいて確認する

解説

プロセス 1 非保存力による仕事が 0 であることを確認する

保存力（重力，弾性力）以外の力として垂直抗力がはたらいている。しかし，垂直抗力と動く向きは常に垂直なので，垂直抗力は仕事をしない。したがって，小球をはなしてからCに達して再びBに戻るまで，ずっと力学的エネルギーは保存されている。

プロセス 2 重力による位置エネルギーの基準面を定める

水平面 AB を重力による位置エネルギーの基準面として，エネルギーの表をつくる。

	運動エネルギー	重力による位置エネルギー	弾性エネルギー	
はなした直後	0	0	$\frac{1}{2}kx^2$	…①
B	$\frac{1}{2}mv^2$	0	0	…②
C	0	mgh	0	…③
再びBを通過したとき	$\frac{1}{2}mv'^2$	0	0	…④

v, h, v' は求める値。答えの文字の中に含めてはいけない。

(1) **プロセス 3** 2つの場所における力学的エネルギーを「＝」で結ぶ

力学的エネルギー保存の法則より

$$0+0+\frac{1}{2}kx^2 = \frac{1}{2}mv^2+0+0$$

①と②を「＝」で結ぶ

$$v^2 = \frac{k}{m}x^2$$

$v>0$ より　$v = x\sqrt{\frac{k}{m}}$　**答** $v = x\sqrt{\frac{k}{m}}$

(2) **3** 力学的エネルギー保存の法則より

$$0+0+\frac{1}{2}kx^2 = 0+mgh+0$$

①と③を「＝」で結ぶ

$$h = \frac{kx^2}{2mg}$$

答 $h = \dfrac{kx^2}{2mg}$

②と③を「＝」で結んだ場合は，$v = x\sqrt{\dfrac{k}{m}}$ を代入して v を消去すること！

(3) 力学的エネルギー保存の法則より，再びBを通過したときの速さ v' は，はじめてBを通過したときの速さ $v = x\sqrt{\dfrac{k}{m}}$ と等しい。

②と④を「＝」で結んで考えてもよい

答 $v' = x\sqrt{\dfrac{k}{m}}$

類題 29 力学的エネルギーが保存されない運動 (p.70)

図のように，あらい部分①となめらかな部分②のある水平面がある。質量 2.0 kg の物体をあらい部分に速さ 6.0 m/s で進入させたところ，あらい部分を通過したのちになめらかな部分に置いてあった自然長の軽いばねにあたって，最大 1.0 m ばねを縮めた。ばね定数は 6.0 N/m である。

(1) 動摩擦力が物体にした仕事はいくらか。
(2) 動摩擦係数が 0.30 であるとき，あらい部分の長さ l [m] を求めよ。ただし，重力加速度の大きさは 10 m/s² とする。

自然長　6.0 m/s
なめらかな部分　あらい部分

解答
(1) -33 J　(2) $l = 5.5$ m

リード文 check
❶—「摩擦あり」
❷—「摩擦なし」

■ 力学的エネルギーが保存されない運動の基本プロセス

プロセス 1 非保存力が仕事をしていることを確認する
プロセス 2 重力による位置エネルギーの基準面を定める
プロセス 3 「$E - E_0 = W'$」を用いる

解説

プロセス 1 非保存力が仕事をしていることを確認する

動摩擦力（保存力以外の力）が物体に仕事をするので, 力学的エネルギーは保存されない。

プロセス 2 重力による位置エネルギーの基準面を定める

	運動エネルギー	弾性エネルギー
はじめ	$\frac{1}{2} \times 2.0 \times 6.0^2$	0
あと	0	$\frac{1}{2} \times 6.0 \times 1.0^2$

ばねが最も縮んだとき, 速さは 0

(1) **プロセス 3** 「$E - E_0 = W'$」を用いる

エネルギーと仕事の関係より, 動摩擦力が物体にした仕事を W [J] とおくと

$$\left(0 + \frac{1}{2} \times 6.0 \times 1.0^2\right) - \left(\frac{1}{2} \times 2.0 \times 6.0^2 + 0\right) = W$$

$$3.0 - 36 = W$$

よって $W = -33$ [J] **答** -33 J

(2) 物体にはたらく垂直抗力の大きさを N [N] とおくと, 鉛直方向の力のつりあいより

$N = 2.0 \times 10$ [N]

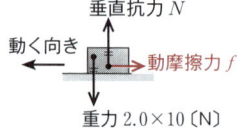

よって, 動摩擦力の大きさ f [N] は「$f' = \mu' N$」より

$f = 0.30 \times (2.0 \times 10)$
$= 6.0$ [N]

動摩擦力がした仕事は, 動摩擦力の向きと動く向きが逆であることに注意して,「$W = fx$」より

$W = -fl = -6.0 \times l$

(1)の結果と比較して,

$-33 = -6.0 \times l$
$l = 5.5$ [m]

答 $l = 5.5$ m

85 ［力学的エネルギーと力学的エネルギー保存の法則］(p.71)

解答 (1) $K_A = 0$, $U_A = mgh$
(2) $K_B = \frac{1}{2}mv^2$, $U_B = 0$ (3) $v = \sqrt{2gh}$

リード文check
❶静かにはなした … 初速度は 0 と考える

解説 (1) 点 A での物体の速さは 0, 基準からの高さは h だから,「$K = \frac{1}{2}mv^2$」,「$U = mgh$」より

$K_A = \frac{1}{2} \times m \times 0^2 = 0$

$U_A = mgh$

答 $K_A = 0$, $U_A = mgh$

(2) 点 B での物体の速さは v, 高さは 0 だから,

「$K = \frac{1}{2}mv^2$」,「$U = mgh$」より

$K_B = \frac{1}{2}mv^2$

$U_B = 0$

答 $K_B = \frac{1}{2}mv^2$, $U_B = 0$

(3) (1), (2)より, エネルギーの表をつくると, 右のようになる。

	運動エネルギー	重力による位置エネルギー
A	0	mgh
B	$\frac{1}{2}mv^2$	0

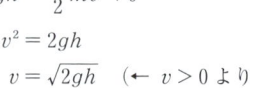

したがって, 力学的エネルギー保存の法則より

$0 + mgh = \frac{1}{2}mv^2 + 0$

$v^2 = 2gh$

$v = \sqrt{2gh}$ （← $v > 0$ より）

答 $v = \sqrt{2gh}$

86 [力学的エネルギー保存の法則] (p.71)

解答 (1) $H = \dfrac{v_0^2}{2g}$ [m]　(2) $v = v_0$ [m/s]

リード文check
❶最高点B … 最高点では速さ0

解説　重力による位置エネルギーの基準を点Aとする。エネルギーの表は次のようになる。

	運動エネルギー	重力による位置エネルギー	
はじめの点A	$\dfrac{1}{2}mv_0^2$	0	…①
最高点B	0	mgH	…②
再び点Aに戻ったとき	$\dfrac{1}{2}mv^2$	0	…③

未知数は H と v

(1) 力学的エネルギー保存の法則より
$$\dfrac{1}{2}mv_0^2 + 0 = 0 + mgH$$
$$H = \dfrac{v_0^2}{2g} \text{ [m]}$$
（①と②を「=」で結ぶ）

答 $H = \dfrac{v_0^2}{2g}$ [m]

(2) 力学的エネルギー保存の法則より
$$\dfrac{1}{2}mv_0^2 + 0 = \dfrac{1}{2}mv^2 + 0$$
$$v = v_0 \text{ [m/s]} \quad (\leftarrow v > 0 \text{ より})$$
（①と③を「=」で結ぶ）

答 $v = v_0$ [m/s]

元の位置に戻ると、速さも元に戻る。

87 [力学的エネルギー保存の法則] (p.71)

解答 (1) $x = v_0\sqrt{\dfrac{m}{k}}$ [m]
(2) $v = v_0$ [m/s]

リード文check
❶ばねの伸びの最大値 … ばねの伸びが最大のとき、小球の速さは0

解説　小球に初速度 v_0 [m/s] を与えてからばねの伸びが最大になり、再び自然長に戻るまで、垂直抗力は仕事をしないので、力学的エネルギーはずっと保存されたままである。

エネルギーの表は次のようになる。

	運動エネルギー	弾性エネルギー	
はじめ	$\dfrac{1}{2}mv_0^2$	0	…①
ばねの伸びが最大のとき	0	$\dfrac{1}{2}kx^2$	…②
自然長に戻ったとき	$\dfrac{1}{2}mv^2$	0	…③

未知数は x と v

(1) 力学的エネルギー保存の法則より
$$\dfrac{1}{2}mv_0^2 + 0 = 0 + \dfrac{1}{2}kx^2$$
$$x^2 = \dfrac{mv_0^2}{k}$$
$$x = v_0\sqrt{\dfrac{m}{k}} \text{ [m]} \quad (\leftarrow x > 0 \text{ より})$$
（①と②を「=」で結ぶ）

答 $x = v_0\sqrt{\dfrac{m}{k}}$ [m]

(2) 力学的エネルギー保存の法則より
$$\dfrac{1}{2}mv_0^2 + 0 = \dfrac{1}{2}mv^2 + 0$$
$$v^2 = v_0^2$$
$$v = v_0 \text{ [m/s]} \quad (\leftarrow v > 0 \text{ より})$$
（①と③を「=」で結ぶ）

答 $v = v_0$ [m/s]

元の位置に戻ると、速さも元に戻る。

88 [力学的エネルギー保存の法則] (p.71)

解答 (1) $K = \dfrac{1}{2}mv_0^2$, $U = mgh$
(2) $H = h + \dfrac{v_0^2}{2g}$　(3) $v = \sqrt{v_0^2 + 2gh}$

リード文check
❶最高点 … 速さ0

|解説| 　小球を投げ上げてから最高点を折り返し，地面に達するまで，物体にはたらく力は重力のみであり，物体は保存力（重力や弾性力）以外の力によって仕事をされないので，力学的エネルギーはずっと保存されたままである。
　エネルギーの表は次のようになる。

	運動エネルギー	重力による位置エネルギー	
はじめ	$\frac{1}{2}mv_0^2$	mgh	…①
最高点	0	mgH	…②
地面に達するとき	$\frac{1}{2}mv^2$	0	…③

未知数は H と v

(1) エネルギーの表より
$$K = \frac{1}{2}mv_0^2, \quad U = mgh$$
|答| $K = \frac{1}{2}mv_0^2, \quad U = mgh$

(2) 力学的エネルギー保存の法則より
$$\frac{1}{2}mv_0^2 + mgh = 0 + mgH$$
$$H = h + \frac{v_0^2}{2g}$$
（①と②を「＝」で結ぶ）
|答| $H = h + \dfrac{v_0^2}{2g}$

(3) 力学的エネルギー保存の法則より
$$\frac{1}{2}mv_0^2 + mgh = \frac{1}{2}mv^2 + 0$$
$$v^2 = v_0^2 + 2gh$$
$v > 0$ より $\quad v = \sqrt{v_0^2 + 2gh}$
|答| $v = \sqrt{v_0^2 + 2gh}$

---

89 ［力学的エネルギー保存の法則］（p.72）

 (1) $v_B = \sqrt{2g(h_A - h_B)}$ 　(2) $v_C = \sqrt{2gh_A}$
(3) $\dfrac{v_2}{v_1} = \sqrt{\dfrac{h_B}{h_A - h_B}}$

リード文check
❶静かにはなした … 「初速度 0」と考える
❷なめらか … 「摩擦なし」と考える

|解説| 　点 A から点 B までは，垂直抗力ははたらいているが仕事をしない。したがって，点 A から B を通過して点 C に達するまで，小球は保存力（重力や弾性力）以外の力によって仕事をされないので，力学的エネルギーはずっと保存されたままである。
　重力による位置エネルギーの基準を点 C として，エネルギーの表をつくると次のようになる。

	運動エネルギー	重力による位置エネルギー	
A	0	mgh_A	…①
B	$\frac{1}{2}mv_B^2$	mgh_B	…②
C	$\frac{1}{2}mv_C^2$	0	…③

未知数は v_B と v_C

(1) 力学的エネルギー保存の法則より
$$0 + mgh_A = \frac{1}{2}mv_B^2 + mgh_B$$
$$v_B^2 = 2g(h_A - h_B)$$
$$v_B = \sqrt{2g(h_A - h_B)} \quad (\leftarrow v_B > 0 \text{ より})$$
（①と②を「＝」で結ぶ）
|答| $v_B = \sqrt{2g(h_A - h_B)}$

(2) 力学的エネルギー保存の法則より
$$0 + mgh_A = \frac{1}{2}mv_C^2 + 0$$
$$v_C^2 = 2gh_A$$
$$v_C = \sqrt{2gh_A} \quad (\leftarrow v_C > 0 \text{ より})$$
|答| $v_C = \sqrt{2gh_A}$
（①と③を「＝」で結ぶ）

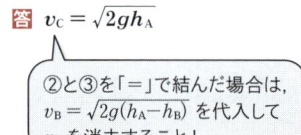
②と③を「＝」で結んだ場合は，$v_B = \sqrt{2g(h_A - h_B)}$ を代入して v_B を消去すること！

(3) 点 B から C までの間は，水平方向の速さは変わらないので
$$v_1 = v_B = \sqrt{2g(h_A - h_B)}$$
また，三平方の定理より
$$v_C^2 = v_1^2 + v_2^2$$
$$v_2 = \sqrt{v_C^2 - v_B^2} \quad (\leftarrow v_1 = v_B, \ v_2 > 0 \text{ より})$$
$$= \sqrt{2gh_A - 2g(h_A - h_B)}$$
$$= \sqrt{2gh_B}$$
よって $\quad \dfrac{v_2}{v_1} = \dfrac{\sqrt{2gh_B}}{\sqrt{2g(h_A - h_B)}} = \sqrt{\dfrac{h_B}{h_A - h_B}}$
|答| $\dfrac{v_2}{v_1} = \sqrt{\dfrac{h_B}{h_A - h_B}}$

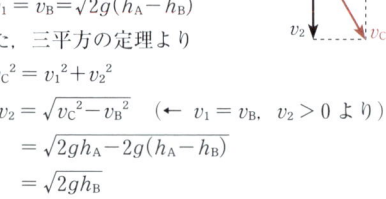

90 ［力学的エネルギー保存の法則］(p.72)

解答
(1) 張力は仕事をしないから。
(2) $v_B = \sqrt{2gl}$
(3) $v_C = \sqrt{gl}$
(4) $v_D = 2\sqrt{gl}$

リード文check
❶ 静かにはなした …「初速度 0」と考える
❷ 糸が切れ …（糸が切れる直前の速さ）＝（糸が切れた直後の速さ）と考えてよい

解説
(1) 張力の向きと小球が動く向きは常に垂直だから，張力は仕事をしない。小球は保存力（重力や弾性力）以外の力によって仕事をされないので，力学的エネルギーは保存される。
   キーワードは「仕事」
   答 張力は仕事をしないから。

(2) 点AからB，Cを通過し，糸が切れて地面（点Dとする）に落ちるまで，小球は保存力（重力や弾性力）以外の力によって仕事をされないので，力学的エネルギーは常に保存されたままである。

重力による位置エネルギーの基準を点Bとして，エネルギーの表をつくると，以下のようになる。
基準は自分で決めてよい

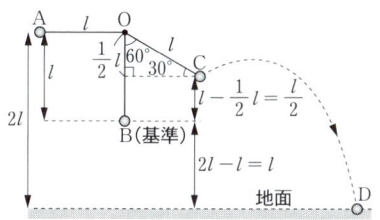

	運動エネルギー	重力による位置エネルギー	
A	0	mgl	…①
B	$\frac{1}{2}mv_B^2$	0	…②
C	$\frac{1}{2}mv_C^2$	$mg \times \frac{1}{2}l$	…③
地面(D)	$\frac{1}{2}mv_D^2$	$-mgl$	…④

未知数は v_B, v_C, v_D
基準より低い場所の位置エネルギーはマイナス

力学的エネルギー保存の法則より
$$0 + mgl = \frac{1}{2}mv_B^2 + 0$$
①と②を「＝」で結ぶ
$$v_B^2 = 2gl$$
$$v_B = \sqrt{2gl} \quad (\leftarrow v_B > 0 \text{より})$$
答 $v_B = \sqrt{2gl}$

(3) 力学的エネルギー保存の法則より
$$0 + mgl = \frac{1}{2}mv_C^2 + mg \times \frac{1}{2}l$$
①と③を「＝」で結ぶ
$$v_C^2 = gl$$
$$v_C = \sqrt{gl} \quad (\leftarrow v_C > 0 \text{より})$$
答 $v_C = \sqrt{gl}$

(4) 力学的エネルギー保存の法則より
$$0 + mgl = \frac{1}{2}mv_D^2 - mgl$$
①と④を「＝」で結ぶ
$$v_D^2 = 4gl$$
$$v_D = 2\sqrt{gl} \quad (\leftarrow v_D > 0 \text{より})$$
答 $v_D = 2\sqrt{gl}$

91 ［力学的エネルギー保存の法則］(p.72)

解答
(1) $k = \dfrac{mg}{l}$
(2) $K = \dfrac{1}{2}mv^2$, $U_1 = -mgx$, $U_2 = \dfrac{mg}{2l}x^2$
(3) $K + U_1 + U_2 = 0$ (4) $V = \sqrt{gl}$ (5) $L = 2l$

リード文check
❶ つりあった … 力のつりあいの式が成立
❷ 静かにはなした …「初速度 0」と考える
❸ ばねの伸びの最大値 … ばねの伸びが最大のとき，おもりの速さは 0

解説 (1)（つりあい）

弾性力 kl
重力 mg

ばねについて、
力は kx
エネルギーは $\frac{1}{2}kx^2$
混同しないように！

ばねが自然長から l だけ伸びた状態において、小球について力のつりあいの式が成立するので

$$kl = mg$$
$$k = \frac{mg}{l}$$

答 $k = \dfrac{mg}{l}$

(2) 運動エネルギー K は $K = \dfrac{1}{2}mv^2$

重力による位置エネルギー U_1 は、高さが自然長の位置（基準）より x だけ低いことに注意して、$U_1 = -mgx$

弾性エネルギーは、(1)の結果を代入して、
$$U_2 = \frac{1}{2}kx^2 = \frac{mg}{2l}x^2$$

k を用いてはいけない！

答 $K = \dfrac{1}{2}mv^2$, $U_1 = -mgx$, $U_2 = \dfrac{mg}{2l}x^2$

(3) おもりをはなした後、おもりは保存力（重力や弾性力）以外の力によって仕事をされないので、力学的エネルギーが保存される。

自然長の位置まで持ち上げて静かにはなしたときの状態（はじめ）と、自然長から x 伸びた位置における状態（あと）でエネルギーの表をつくると、次のようになる。

	運動エネルギー	重力による位置エネルギー	弾性エネルギー
はじめ	0	0	0
あと	$K=\dfrac{1}{2}mv^2$	$U_1=-mgx$	$U_2=\dfrac{mg}{2l}x^2$

力学的エネルギー保存の法則より
$$0+0+0 = K+U_1+U_2$$
よって $K+U_1+U_2 = 0$ ……①

答 $K+U_1+U_2 = 0$

(4) ①に(2)の結果を代入すると
$$\frac{1}{2}mv^2 - mgx + \frac{mg}{2l}x^2 = 0 \quad \cdots\cdots ②$$

力学的エネルギー保存を表す式

ここで、つりあいの位置では、$x=l$ だから、②に $v=V$, $x=l$ を代入して
$$\frac{1}{2}mV^2 - mgl + \frac{mg}{2l}l^2 = 0$$
$$\frac{1}{2}mV^2 = \frac{1}{2}mgl$$
$$V^2 = gl$$
$V>0$ より $V = \sqrt{gl}$

答 $V = \sqrt{gl}$

(5) ばねの伸びが最大になった瞬間は、おもりの速さは 0 となるので、②に $v=0$, $x=L$ を代入すると
$$0 - mgL + \frac{mg}{2l}L^2 = 0$$
$$-mgL\left(1 - \frac{L}{2l}\right) = 0$$
$L>0$ より $L = 2l$　**答** $L = 2l$

92 ［力学的エネルギーが保存されない運動］(p.73)

解答 (1) 動摩擦力が仕事をするから。
(2) 89 J　(3) 36 J　(4) −53 J

リード文check
❶あらい … 「摩擦あり」と考える

解説 (1) 保存力（重力や弾性力）以外の力である動摩擦力が仕事をすることが原因で、その結果、力学的エネルギーが変化する。

答 動摩擦力が仕事をするから。

「動摩擦力がはたらくから」では不十分。キーワードは仕事。

(2) エネルギーの表をつくると、次のようになる。

	運動エネルギー	重力による位置エネルギー
A	$\dfrac{1}{2}\times 2.0 \times 3.0^2$	$2.0 \times 10 \times 4.0$
B	$\dfrac{1}{2}\times 2.0 \times 6.0^2$	0

表より $E_A = \dfrac{1}{2}\times 2.0 \times 3.0^2 + 2.0 \times 10 \times 4.0$
$= 9.0 + 80$
$= 89$ 〔J〕　**答** 89 J

70 ……… 第2章 エネルギー

(3) 表より　$E_B = \dfrac{1}{2} \times 2.0 \times 6.0^2 + 0$
　　　　　　　　$= 36 \,[\text{J}]$　　**答** 36 J

(4) エネルギーと仕事の関係より，動摩擦力がした仕事 $W\,[\text{J}]$ の分だけ力学的エネルギーが変化するので
$$E_B - E_A = W$$
$$W = E_B - E_A$$
$$= 36 - 89$$
$$= -53 \,[\text{J}]$$　　**答** -53 J

> 動摩擦力は動きのジャマをしているので負の仕事！

93 [力学的エネルギーが保存されない運動] (p.73)

解答
(1) $\dfrac{1}{2}ka^2$　(2) $a\sqrt{\dfrac{k}{m}}$　(3) $\sqrt{\dfrac{ka^2}{m} - 2\mu' gL}$

(4) $\sqrt{\dfrac{2mg(h+\mu' L)}{k}}$　(5) $2\sqrt{\dfrac{\mu' mgL}{k}}$

リード文 check

❶ 静かに … 「初速度 0」と考える
❷ 小球に加えた仕事 … 小球はされた仕事の分だけ弾性力による位置エネルギー（弾性エネルギー）を蓄える

解説
(1) 位置エネルギーの定義より，小球はされた仕事の分だけ弾性力による位置エネルギー（弾性エネルギー）として蓄えるので，求める仕事 W_1 は
$$W_1 = \dfrac{1}{2}ka^2$$　　**答** $\dfrac{1}{2}ka^2$

(2) 手をはなしたとき（はじめ）から点 A を通過するまでは，保存力（重力や弾性力）以外の力が仕事をしないので，力学的エネルギーは保存される。

> 垂直抗力は仕事をしない

はじめの位置を重力による位置エネルギーの基準，点 A での速さを v_A として，エネルギーの表をつくると，次のようになる。

	運動エネルギー	重力による位置エネルギー	弾性エネルギー	
はじめ	0	0	$\dfrac{1}{2}ka^2$	…①
A	$\dfrac{1}{2}mv_A^2$	0	0	…②

> v_A は未知数

力学的エネルギー保存の法則より
$$0 + 0 + \dfrac{1}{2}ka^2 = \dfrac{1}{2}mv_A^2 + 0 + 0 \quad \cdots ③$$
$$v_A^2 = \dfrac{ka^2}{m}$$
$v_A > 0$ より　$v_A = a\sqrt{\dfrac{k}{m}}$

答 $a\sqrt{\dfrac{k}{m}}$

(3) 点 A→B では，動摩擦力が仕事をするので，力学的エネルギーは保存されない。点 B での速さを v_B として，点 B でのエネルギーの表をつくると，次のようになる。

	運動エネルギー	重力による位置エネルギー	弾性エネルギー	
B	$\dfrac{1}{2}mv_B^2$	0	0	…④

> v_B は未知数

また，水平面上で小球にはたらく垂直抗力を N とおくと，鉛直方向の力のつりあいより
$$N = mg$$
よって，動摩擦力の大きさ f' は
$$f' = \mu' N$$
$$= \mu' mg \quad \cdots ⑤$$

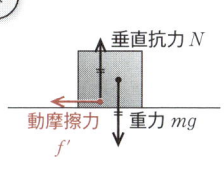

点 A→B において，エネルギーと仕事の関係より，動摩擦力がした仕事の分だけ，力学的エネルギーが変化するので，②，④，⑤より
$$\left(\dfrac{1}{2}mv_B^2 + 0 + 0\right) - \left(\dfrac{1}{2}mv_A^2 + 0 + 0\right) = -\mu' mgL$$

> 動摩擦力がした仕事は負であることに注意！

13. 力学的エネルギー保存の法則 …… 71

また，③より
$$\left(\frac{1}{2}mv_B{}^2+0+0\right)-\left(0+0+\frac{1}{2}ka^2\right)$$
$$=-\mu' mgL$$
$$\frac{1}{2}mv_B{}^2=\frac{1}{2}ka^2-\mu' mgL$$
$$v_B{}^2=\frac{ka^2}{m}-2\mu' gL$$

$v_B>0$ より $v_B=\sqrt{\dfrac{ka^2}{m}-2\mu' gL}$ ……⑥

答 $\sqrt{\dfrac{ka^2}{m}-2\mu' gL}$

(4) 点B→Cでは，保存力（重力や弾性力）以外の力が仕事をしないので，力学的エネルギーは保存される。点Cにぎりぎり達したときを考えると，点Cで速さが0になるので，エネルギーの表は次のようになる。

	運動エネルギー	重力による位置エネルギー	弾性エネルギー
C	0	mgh	0	…⑦

④，⑦で力学的エネルギー保存の法則を用いると
$$\frac{1}{2}mv_B{}^2+0+0=0+mgh+0$$

⑥を代入して
$$\frac{1}{2}\times m\left(\frac{ka^2}{m}-2\mu' gL\right)=mgh$$
$$\frac{1}{2}ka^2=mg(h+\mu' L)$$
$$a^2=\frac{2mg(h+\mu' L)}{k}$$

$a>0$ より $a=\sqrt{\dfrac{2mg(h+\mu' L)}{k}}$

よって，aがこの値以上であれば，点Cに達する。 **答** $\sqrt{\dfrac{2mg(h+\mu' L)}{k}}$

(5) 点Aで小球が止まると，力学的エネルギーは0となる。

小球がはじめにもっていた力学的エネルギー $\dfrac{1}{2}ka^2$（①）が0となる原因は，AB間の往復で動摩擦力が仕事をするからである。その仕事は
$$-f'\times 2L=-\mu' mg\times 2L \quad (\leftarrow ⑤より)$$
であるから，エネルギーと仕事の関係より
$$0-\frac{1}{2}ka^2=-\mu' mg\times 2L$$
$$a^2=\frac{4\mu' mgL}{k}$$

$a>0$ より $a=2\sqrt{\dfrac{\mu' mgL}{k}}$

答 $2\sqrt{\dfrac{\mu' mgL}{k}}$

94 ［力学的エネルギー保存の法則］(p.73)

解答 ③，理由：力学的エネルギー保存の法則より，点Cを飛び出した後の最高点での運動エネルギーの分だけ，点Aよりも低いところまでしか到達しないから。

リード文check
❶なめらかな … 「摩擦なし」と考える

解説 斜面上では垂直抗力がはたらいているが仕事をしない。したがって，AからB，Cを通過し，Cを飛び出した後も，ずっと力学的エネルギーは保存されている。ところが，Cを飛び出して最高点に達したとき，小球は水平方向に速度をもっているので運動エネルギーは0にならない。

したがって，点Aと比べると，この運動エネルギーの分だけ位置エネルギーは小さくなるので，点Aよりも低いところまでしか到達できない。

> Cを飛び出した後の水平方向の速度成分は変わらない

P.74 ▶14 熱と温度，熱と仕事

類題 30 蒸発熱 (p.76)

100℃で300gの水に 4.6×10^5J の熱を加えたとき，蒸発せずに100℃の水のまま残るのは何gか。水の蒸発熱を 2.3×10^3J/g とする。

解答
1.0×10^2g

リード文check
❶—まず，蒸発した量を求める

■融解熱・蒸発熱の基本プロセス Process

プロセス1 蒸発熱を1gあたりの熱量で表す
プロセス2 状態変化に必要な熱量を求める
プロセス3 残った物質の量 ⇒ まずは状態変化した量を求める

解説

プロセス1 蒸発熱を1gあたりの熱量で表す

題意より，蒸発熱を1gあたりの熱量で表すと，2.3×10^3J である。

プロセス2 状態変化に必要な熱量を求める

質量 m 〔g〕の水を蒸発させるのに必要な熱量は $(2.3\times10^3)\times m$ 〔J〕である。

プロセス3 残った物質の量 ⇒ まずは状態変化した量を求める

蒸発した水の質量を m 〔g〕とすると，

$$4.6\times10^5 = (2.3\times10^3)\times m$$

全体の熱量　1gあたりの熱量（蒸発熱）　何g分か

$$m = \frac{4.6\times10^5}{2.3\times10^3}$$
$$= 2.0\times10^2$$
$$= 200 〔g〕$$

別解
$$460000 = 2300\times m$$
$$m = \frac{460000}{2300}$$
$$= 200 〔g〕$$

したがって，水のまま残った質量は
$$300-200 = 100$$
$$= 1.0\times10^2 〔g〕$$

答 1.0×10^2g

類題 31 熱量の保存 (p.77)

20℃で1000gの金属製の容器に，20℃の水が400g入っている。この中に68℃のお湯を100g入れた。金属の比熱を 0.42J/(g·K)，水の比熱を 4.2J/(g·K) とし，外部との熱のやりとりはないものとする。❶
(1) 金属製の容器の熱容量はいくらか。
(2) 金属製の容器と400gの水をあわせた熱容量はいくらか。❷
(3) 熱平衡になった後の全体の温度はいくらか。❸

解答
(1) 4.2×10^2 J/K
(2) 2.1×10^3 J/K
(3) 28℃

リード文check
❶—20℃の容器と水が得た熱量の和が，68℃のお湯が失った熱量となる（熱量の保存）
❷—（熱容量）＝（質量）×（比熱）
❸—十分に時間がたって，容器と水の温度が均一になった状態

■熱量の保存の基本プロセス Process

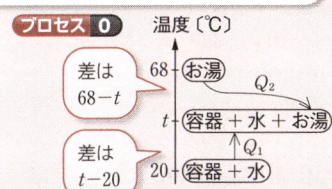

プロセス0
温度〔℃〕
68 — お湯
差は 68−t
Q_2
t — 容器＋水＋お湯
Q_1 ↑
差は t−20
20 — 容器＋水

プロセス1 温度の関係を数直線で表す
プロセス2 移動した熱量を求める (Q_1, Q_2)
プロセス3 熱量の保存を式で表す ($Q_1 = Q_2$)

図をかいておくとミスが少なくなる！

熱のキャッチボール

解説

(1) （金属製の容器の熱容量）= 1000×0.42
                     = 420
                     = $4.2×10^2$ [J/K]

  答 $4.2×10^2$ J/K

(2) （400gの水の熱容量）= 400×4.2
                   = 1680 [J/K]
 したがって，合計の熱容量は
  420+1680 = 2100
       = $2.1×10^3$ [J/K]

  答 $2.1×10^3$ J/K

(3) **プロセス 1** 温度の関係を数直線で表す
  プロセス 2 移動した熱量を求める（Q_1，Q_2）
 求める温度を t [℃] とする。

はじめに 20℃ であった容器と 400g の水が得た熱量 Q_1 [J] は，
  $Q_1 = 2.1×10^3×(t-20)$ [J]
  （得た熱量　熱容量　上昇した温度）

はじめに 68℃ であった 100g のお湯が失った熱量 Q_2 [J] は，
  $Q_2 = 100×4.2×(68-t)$ [J]
  （失った熱量　質量　比熱　下降した温度）

プロセス 3 熱量の保存を式で表す（$Q_1 = Q_2$）
 熱量の保存より，$Q_1 = Q_2$
  $2.1×10^3×(t-20) = 100×4.2×(68-t)$
  $5(t-20) = 68-t$
  $6t = 168$
  $t = 28$ [℃]　　**答** 28℃

類題 32 熱力学第1法則 (p.78)

シリンダー内の気体は，外部と熱のやりとりをせずに膨張し，このとき 240J の仕事をした。
(1) 気体の内部エネルギーは何 J 増加または減少したか。また，気体の温度は上がったか，それとも下がったか。
(2) 気体が外部からされた仕事はいくらか。

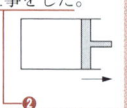

解答
(1) 240J 減少，下がった
(2) −240J

リード文 check
❶ — 気体が得た熱量 $Q = 0$ J
❷ — 気体がした仕事 $W_{out} = 240$ J
❸ — （気体がされた仕事）=−（気体がした仕事）

■ **気体が入った容器の基本プロセス**　Process

プロセス 0
 内部エネルギーの変化量 ΔU　←　気体がされた仕事 W_{in}
 気体が得た熱量 Q

プロセス 1 物理量を文字で表す（符号に注意！）
プロセス 2 熱力学第1法則を用いる
プロセス 3 内部エネルギーの変化から温度変化を求める

気体の温度が高いほど，内部エネルギーは大きくなる

解説

(1) **プロセス 1** 物理量を文字で表す
 題意より，
  気体が得た熱量 $Q = 0$ J
  気体がされた仕事 $W_{in} = -240$ J
  （または，気体がした仕事 $W_{out} = 240$ J）

 プロセス 2 熱力学第1法則を用いる
 気体の内部エネルギーの変化量を ΔU [J] とおくと，熱力学第1法則「$\Delta U = Q + W_{in}$」より，
  $\Delta U = 0+(-240)$
       = −240 [J]
 $\Delta U < 0$ より，内部エネルギーは減少する。

 プロセス 3 内部エネルギーの変化から温度変化を求める
 $\Delta U < 0$ だから，温度は下がる。
  答 240J 減少，下がった

 別解「$\Delta U = Q - W_{out}$」より
  $\Delta U = 0 - 240$
       = −240 [J]

(2) 題意より
 気体がした仕事 $W_{out} = 240$ J だから
 気体がされた仕事 $W_{in} = -240$ J
  答 −240 J

類題 33 熱効率 (p.79)

ある熱機関に，高熱源から 400 J の熱量を与えたところ，80 J の仕事をした。
(1) 熱機関とは，何を何に変換する装置か。簡潔に述べよ。
(2) この熱機関が低熱源に捨てた熱量はいくらか。❶
(3) この熱機関の熱効率はいくらか。❷

解答
(1) 熱を仕事に変換する装置。
(2) 320 J
(3) 0.20

リード文check
❶ エネルギー保存より $Q_{in} = W + Q_{out}$
❷ 熱効率の定義より $e = \dfrac{W}{Q_{in}}$

■ **熱効率の基本プロセス** Process

プロセス 0

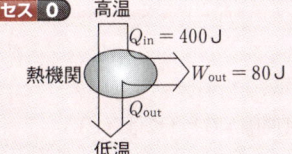
高温／$Q_{in} = 400$ J／熱機関／$W_{out} = 80$ J／Q_{out}／低温

プロセス 1　熱機関の概念図をかく
プロセス 2　エネルギー保存の式「$Q_{in} = W_{out} + Q_{out}$」を用いる
プロセス 3　熱効率の定義式「$e = \dfrac{W_{out}}{Q_{in}}$」を用いる

解説
(1) 熱機関とは，ガソリンエンジンなどのように，熱を仕事に変換する装置である。なお，熱をすべて仕事に変換することは不可能である。

(2) プロセス 1 熱機関の概念図をかく
　　プロセス 2 エネルギー保存の式「$Q_{in} = W_{out} + Q_{out}$」を用いる

熱機関の吸熱量を $Q_{in} = 400$ J，排熱量を Q_{out} [J]，外部にした仕事を W_{out} [J] とする。エネルギー保存を考えると，$Q_{in} = W_{out} + Q_{out}$ が成り立つ。よって，

$Q_{out} = Q_{in} - W_{out}$
$\quad = 400 - 80$
$\quad = 320$ [J]

答 320 J

(3) プロセス 3 熱効率の定義式「$e = \dfrac{W_{out}}{Q_{in}}$」を用いる

熱効率の定義より，

$e = \dfrac{W_{out}}{Q_{in}}$
$\quad = \dfrac{80}{400}$
$\quad = 0.20$　**答** 0.20

95 [指数の計算] (p.80)

解答
(1) 10^3
(2) 2.4×10^2
(3) 6.0×10^6
(4) 2.0×10^2

リード文check
❶ $\dfrac{10^5}{10^2} \cdots \dfrac{10^m}{10^n} = 10^{m-n}$
❷ $\dfrac{6.0 \times 10^5}{2.5 \times 10^3} \cdots \dfrac{a \times 10^m}{b \times 10^n} = \dfrac{a}{b} \times 10^{m-n}$

解説
(1) $\dfrac{10^5}{10^2} = 10^{5-2}$
$\quad = 10^3$　**答** 10^3

別解　$\dfrac{10^5}{10^2} = 10^5 \times 10^{-2}$
$\quad = 10^{5-2}$
$\quad = 10^3$

$\boxed{\dfrac{10^m}{10^n} = 10^{m-n}}$

$\boxed{\dfrac{1}{10^n} = 10^{-n}}$

(2) $\dfrac{6.0 \times 10^5}{2.5 \times 10^3} = \dfrac{6.0}{2.5} \times \dfrac{10^5}{10^3}$
$\quad = \dfrac{6.0}{2.5} \times 10^{5-3}$
$\quad = 2.4 \times 10^2$　**答** 2.4×10^2

14. 熱と温度，熱と仕事　75

(3) $\dfrac{6.0\times10^4\times2.0\times10^4}{2.0\times10^2} = \dfrac{6.0\times 2.0}{2.0}\times\dfrac{10^4\times10^4}{10^2}$
$= 6.0\times10^{4+4-2}$
$= 6.0\times10^6$

答 6.0×10^6

(4) $\dfrac{6.0\times10^4-2.0\times10^4}{2.0\times10^2} = \dfrac{4.0\times10^4}{2.0\times10^2}$
$= \dfrac{4.0}{2.0}\times\dfrac{10^4}{10^2}$
$= 2.0\times10^{4-2}$
$= 2.0\times10^2$

分子のひき算をしてから，約分をする

答 2.0×10^2

(注) 分子のひき算をする前に，次のような約分をしてはいけない。

$\dfrac{6.0\times10^4-2.0\times10^4}{2.0\times10^2} = \dfrac{6.0\times10^4-1.0\times10^4}{1.0\times10^2}$

96 ［絶対温度とセルシウス温度］(p.80)

解答 (1) 373 K　(2) 273 K
(3) 801 ℃　(4) −196 ℃
(5) 40 ℃，40 K

リード文check
❶絶対温度とセルシウス温度 …「$T=t+273$」
❷温度変化を絶対温度で表す … 温度間隔1℃と1Kは等しい

解説 絶対温度 T〔K〕とセルシウス温度 t〔℃〕は，「$T=t+273$」という関係にある。

(1) 100〔℃〕= 100+273〔K〕
　　　= 373〔K〕　答 373 K
(2) 0〔℃〕= 0+273〔K〕
　　　= 273〔K〕　答 273 K
(3) 1074〔K〕= 1074−273〔℃〕
　　　= 801〔℃〕　答 801 ℃
(4) 77〔K〕= 77−273〔℃〕
　　　= −196〔℃〕　答 −196 ℃

(5) 60−20
　= 40〔℃〕
よって，温度変化は40℃である。
また，温度間隔1℃と1Kは等しいので，この温度変化は絶対温度で表すと40Kである。

答 40 ℃，40 K

温度変化 t〔℃〕
温度変化 t〔K〕 同じ！

97 ［三態変化と熱量］(p.80)

解答 (1) B：(エ)，D：(オ)，E：(ウ)
(2) T_1：融点，0 ℃　T_2：沸点，100 ℃
(3) B：融解熱　D：蒸発熱

リード文check
❶温度上昇の様子 … 融点や沸点のように状態が変化する温度は，一時的に一定に保たれる

解説 (1) Aは氷の温度が上昇しており，Bでは氷と液体の水が共存しているためにしばらくの間温度が一定になっている。氷がすべて解けて液体の水となって温度が上昇しているのがCである。また，Dでは液体の水と水蒸気が共存しているためにしばらくの間温度が一定になっており，Eではすべて水蒸気となって温度が上昇している。

答 B：(エ)，D：(オ)，E：(ウ)

(2) T_1：氷が液体の水へ変化する温度であるから融点であり，その温度は0℃である。
T_2：液体の水が水蒸気へ変化する温度であるから沸点であり，その温度は100℃である。

(3) B：固体が液体へ変化するのに使われた熱量は融解熱という。
D：液体が気体へ変化するのに使われた熱量は蒸発熱という。

98 [融解熱・蒸発熱] (p.80)

解答 (1) 3.3×10^4 J
(2) 4.6×10^5 J

リード文check
❶氷の融解熱を 3.3×10^2 J/g … 1gあたりの氷の融解熱が 3.3×10^2 J
❷水の蒸発熱を 2.3×10^3 J/g … 1gあたりの水の蒸発熱が 2.3×10^3 J

解説 (1) 題意より，1gあたりの氷の融解熱が
3.3×10^2 J なので，氷の質量が100g分の場合は，
$3.3 \times 10^2 \times 100$
$= 3.3 \times 10^4$ 〔J〕
答 3.3×10^4 J

(全体の量)＝(1あたりの量)×(いくつ分)

(2) 題意より，1gあたりの水の蒸発熱が
2.3×10^3 J なので，水の質量が200g分の場合は，
$2.3 \times 10^3 \times 200$
$= 4.6 \times 10^5$ 〔J〕
答 4.6×10^5 J

99 [熱容量・比熱] (p.80)

解答 (1) 25 J/K
(2) 0.50 J/(g·K)

リード文check
❶熱容量 … (熱量)＝(熱容量)×(温度変化)
❷比熱 … (熱容量)＝(質量)×(比熱)

解説 (1) 求める熱容量を C〔J/K〕とおくと，
「$Q = C\Delta T$」より
$250 = C \times 10$
$C = \dfrac{250}{10}$
$= 25$〔J/K〕 答 25 J/K

(2) 求める比熱を c〔J/(g·K)〕とおくと，
「$C = mc$」より
$25 = 50 \times c$
$c = \dfrac{25}{50}$
$= 0.50$〔J/(g·K)〕 答 0.50 J/(g·K)

別解 「$Q = mc\Delta T$」より
$250 = 50 \times c \times 10$
$c = \dfrac{250}{50 \times 10}$
$= 0.50$〔J/(g·K)〕

100 [比熱・融解熱] (p.80)

解答 (1) 2.1 J/(g·K)
(2) 3.4×10^2 J/g

リード文check
❶何 J/g … 氷の融解熱を1gあたりの熱量で答える

解説 (1) グラフより，氷の温度は42秒間で20℃ (20K) 上昇している。
題意より，氷は1秒間あたり100Jの熱量を得るので，42秒間で得た熱量 Q_1〔J〕は，
$Q_1 = 100 \times 42$
$= 4.2 \times 10^3$〔J〕
したがって，氷の比熱を c〔J/(g·K)〕とすると，「$Q = mc\Delta T$」より
$4.2 \times 10^3 = 100 \times c \times 20$
$c = \dfrac{4.2 \times 10^3}{100 \times 20}$
$= 2.1$〔J/(g·K)〕
答 2.1 J/(g·K)

(2) グラフより，0℃の氷(固体)は $378 - 42 = 336$〔s〕で0℃の水(液体)に変化している。
題意より，氷は1秒間あたり100Jの熱量を得るので，336秒間で得た熱量 Q_2〔J〕(融解するのに必要な熱量)は，
$Q_2 = 100 \times 336$
$= 3.36 \times 10^4$〔J〕
よって，1gあたりの氷の融解熱 L〔J/g〕は
$3.36 \times 10^4 = L \times 100$
$L = \dfrac{3.36 \times 10^4}{100}$
$= 3.36 \times 10^2$〔J/g〕
答 3.4×10^2 J/g

101 ［熱量の保存］(p. 80)

解答 30℃

リード文check
❶混合した後の温度 … 十分に時間がたって，均一な温度になったと考える
❷熱は外に逃げないものとする …
　　　(90℃, 100gのお湯が失った熱量 Q_1) ＝ (10℃, 300gの水が得た熱量 Q_2)

解説 求める温度を t〔℃〕，水の比熱を c〔J/(g·K)〕とする。

90℃，100gのお湯が t〔℃〕になるまでに失った熱量 Q_1〔J〕は，「$Q=mc\Delta T$」より
$$Q_1 = 100 \times c \times (90-t) \text{〔J〕}$$

10℃，300gの水が t〔℃〕になるまでに得た熱量 Q_2〔J〕は，
$$Q_2 = 300 \times c \times (t-10) \text{〔J〕}$$

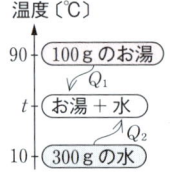

熱量の保存より
$$Q_1 = Q_2$$
$$100 \times c \times (90-t) = 300 \times c \times (t-10)$$
$$90-t = 3(t-10)$$
$$4t = 120$$
$$t = 30 \text{〔℃〕} \quad \boxed{答} \ 30℃$$

102 ［熱量の保存］(p. 81)

解答
(1) $m_1 c_1 (T-t_1)$
(2) $\dfrac{m_1(T-t_1)}{m_2(t_2-T)} c_1$

リード文check
❶熱平衡 … 十分に時間がたって，金属球と水の温度が等しくなった状態
❷熱は外に逃げないものとする … (水が得た熱量 Q_1) ＝ (金属球が失った熱量 Q_2)

解説 (1) 質量 m_1 の水は温度が $(T-t_1)$ 上がったので，水が得た熱量 Q_1 は，
$$Q_1 = m_1 c_1 (T-t_1)$$
$\boxed{答} \ m_1 c_1 (T-t_1)$

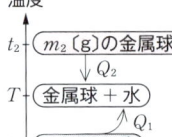

(2) 質量 m_2 の金属球は温度が (t_2-T) 下がったので，金属球が失った熱量 Q_2 は，
$$Q_2 = m_2 c_2 (t_2-T)$$
熱量の保存より
$$Q_1 = Q_2$$
$$m_1 c_1 (T-t_1) = m_2 c_2 (t_2-T)$$
$$c_2 = \frac{m_1(T-t_1)}{m_2(t_2-T)} c_1$$
$\boxed{答} \ \dfrac{m_1(T-t_1)}{m_2(t_2-T)} c_1$

103 ［熱と仕事］(p. 81)

解答
(1) 8.0×10^3 J
(2) 1.6×10^2 ℃

リード文check
❶100gの弾丸 … 運動エネルギーを計算する際は，g を kg に単位変換する

解説 (1) 弾丸の質量は，$100\text{g} = 100 \times 10^{-3}$ kg であることに注意して，弾丸が持っていた運動エネルギー K〔J〕は，
$$K = \frac{1}{2} \times (100 \times 10^{-3}) \times (4.0 \times 10^2)^2$$
$$= \frac{1}{2} \times 16 \times 10^{-1+4}$$
$$= 8.0 \times 10^3 \text{〔J〕} \quad \boxed{答} \ 8.0 \times 10^3 \text{ J}$$

(2) 弾丸の温度上昇を ΔT〔℃〕$= \Delta T$〔K〕とすると，(1)の結果より
$$8.0 \times 10^3 = 100 \times 0.50 \times \Delta T$$
$$\Delta T = \frac{8.0 \times 10^3}{100 \times 0.50}$$
$$= 160$$
$$= 1.6 \times 10^2 \text{〔℃〕} \quad \boxed{答} \ 1.6 \times 10^2 ℃$$

104 ［熱力学第1法則］(p.81)

解答 (1) 600 J, 増加
(2) 350 J, 増加
(3) −300 J, 減少

リード文check

❶増加するか，それとも減少するか … (変化量)＞0 ならば増加，
(変化量)＜0 ならば減少
❷気体に200Jの仕事をした … 気体がされた仕事 $W_{in} = +200$ J
（または，気体がした仕事 $W_{out} = -200$ J）
❸気体に500Jの仕事をした … 気体がされた仕事 $W_{in} = +500$ J
（または，気体がした仕事 $W_{out} = -500$ J）
❹気体はピストンに対して500Jの仕事をした …
気体がされた仕事 $W_{in} = -500$ J
（または，気体がした仕事 $W_{out} = +500$ J）

解説 (1) 気体が得た熱量 $Q = +400$ J，気体がされた仕事 $W_{in} = +200$ J だから，内部エネルギーの変化量 ΔU〔J〕は，熱力学第1法則より
$$\Delta U = Q + W_{in}$$
$$= 400 + 200$$
$$= 600 〔J〕$$
$\Delta U > 0$ より，内部エネルギーは増加
答 600 J, 増加
別解 $Q = +400$ J, $W_{out} = -200$ J だから，熱力学第1法則より
$$\Delta U = Q - W_{out}$$
$$= 400 - (-200)$$
$$= 600 〔J〕$$

(2) 気体がされた仕事 $W_{in} = +500$ J，気体が得た熱量 $Q = -150$ J だから，内部エネルギーの変化量 ΔU〔J〕は，熱力学第1法則より
$$\Delta U = Q + W_{in}$$
$$= (-150) + 500$$
$$= 350 〔J〕$$
$\Delta U > 0$ より，内部エネルギーは増加
答 350 J, 増加
別解 $W_{out} = -500$ J, $Q = -150$ J だから，熱力学第1法則より
$$\Delta U = Q - W_{out}$$
$$= (-150) - (-500)$$
$$= 350 〔J〕$$

(3) 気体が得た熱量 $Q = +200$ J，気体がされた仕事 $W_{in} = -500$ J だから，内部エネルギーの変化量 ΔU〔J〕は，熱力学第1法則より
$$\Delta U = Q + W_{in}$$
$$= 200 + (-500)$$
$$= -300 〔J〕$$
$\Delta U < 0$ より，内部エネルギーは減少
答 −300 J, 減少
別解 $Q = +200$ J, $W_{out} = +500$ J だから，熱力学第1法則より
$$\Delta U = Q - W_{out}$$
$$= 200 - 500$$
$$= -300 〔J〕$$

105 ［熱力学第1法則］(p.81)

解答 ① 仕事 ② 熱力学第1
③ 減少 ④ 下
⑤ 水蒸気

リード文check

❶膨張 … 気体がした仕事 $W_{out} > 0$
❷露点 … 空気中に含まれている水蒸気は，温度を下げていくと水滴に変わる。水滴ができはじめる温度を露点という

解説 空気塊が上昇したときは，膨張するので，
気体がした仕事 $W_{out} > 0$
つまり，気体がされた仕事 $W_{in} < 0$
また，題意より，気体が得た熱量 $Q = 0$
ここで，熱力学第1法則「$\Delta U = Q + W_{in}$」より，
内部エネルギーの変化量 $\Delta U < 0$

したがって，温度は下がる。
空気中に含まれる水蒸気は，温度が下がってやがて露点に達すると，水に状態変化して水滴となり，雲ができる。

14. 熱と温度，熱と仕事 …… 79

106 [熱効率] (p.81)

解答 仕事：180 J
熱量：420 J

リード文check
❶熱効率 … 熱効率 $e = \dfrac{\text{外部にした仕事 } W_{\text{out}}}{\text{吸収した熱量 } Q_{\text{in}}}$

解説 題意より，熱効率 $e = 0.300$，エンジンが吸収した熱量 $Q_{\text{in}} = 600$ J。エンジンが外部にした仕事を W [J]とすると，熱効率の定義式「$e = \dfrac{W_{\text{out}}}{Q_{\text{in}}}$」より

$$e = \dfrac{W}{Q_{\text{in}}}$$
$$W = eQ_{\text{in}}$$
$$= 0.300 \times 600$$
$$= 180 \text{ [J]}$$

答 仕事：180 J

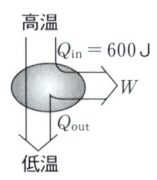

また，エンジンが放出した熱量を Q_{out} [J]とすると，エネルギーの保存より
$$Q_{\text{in}} = W + Q_{\text{out}}$$
$$Q_{\text{out}} = Q_{\text{in}} - W$$
$$= 600 - 180$$
$$= 420 \text{ [J]}$$

答 熱量：420 J

107 [熱効率] (p.81)

解答 (1) 1.2×10^5 J
(2) 0.25

リード文check
❶1秒間あたりにガソリンエンジンが吸収する熱量 …
1秒間あたりに 3.0 g のガソリンが消費されるので，ガソリン 3.0 g を燃焼したときに供給される熱量を求める

❷熱効率 … 熱効率 $e = \dfrac{\text{外部にした仕事 } W_{\text{out}}}{\text{吸収した熱量 } Q_{\text{in}}}$

解説 (1) 1秒間あたりに 3.0 g のガソリンが消費されるので，ガソリン 3.0 g を燃焼したときに供給される熱量 Q_{in} [J]が求める値である。
題意より，ガソリン 1.0 g あたりの供給される熱量は 4.0×10^4 J だから，
$$Q_{\text{in}} = 4.0 \times 10^4 \times 3.0$$
$$= 1.2 \times 10^5 \text{ [J]}$$

（全体の量）＝（1あたりの量）×（いくつ分）

答 1.2×10^5 J

(2) 熱効率の定義式「$e = \dfrac{W_{\text{out}}}{Q_{\text{in}}}$」より，求める熱効率 e は，
$$e = \dfrac{3.0 \times 10^4}{1.2 \times 10^5}$$
$$= 0.25$$

答 0.25

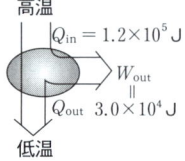

108 [不可逆変化] (p.81)

解答 (ア), (イ), (ウ), (オ)

リード文check
❶不可逆変化 … 新たに別のエネルギーを加えないと，初めの状態に戻すことができない変化

解説 (ア), (イ), (ウ)…熱をともなう現象は必ず不可逆変化である。なお，(イ)は運動エネルギーが熱に変換される。
(エ)…空気抵抗などが無視できる理想的な振り子の運動は，可逆変化である。
(オ)…一度広がった煙が，自然に元の位置に集まることはないので，この現象は不可逆変化である。

P.82 ▶15 波とは何か

類題 34 正弦波の物理量 (p.85)

(1) 図の波の振幅 A [m], 波長 λ [m] を求めよ。
(2) この波の振動数が 4.0 Hz であった。この波の速さ v [m/s], 周期 T [s] を求めよ。❶

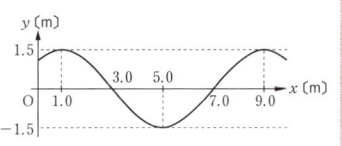

解答
(1) $A = 1.5$ m, $\lambda = 8.0$ m
(2) $v = 32$ m/s, $T = 0.25$ s

リード文 check
❶ — 1秒間に波が進む距離のこと。
1つの波の長さ(波長)と,1秒間にできる波の数(振動数)の積に等しい

■ 波の図の読み取りの基本プロセス Process

プロセス 0

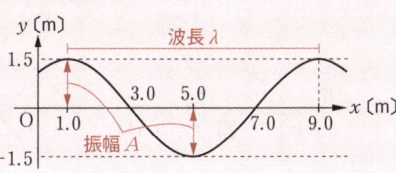

プロセス 1 横軸の物理量を確認する
(位置 x か時刻 t か)

プロセス 2 横軸が x のとき ⇒ 波長 λ, 振幅 A
横軸が t のとき ⇒ 周期 T, 振幅 A } を読み取る

プロセス 3 「$v = f\lambda$」, 「$f = \dfrac{1}{T}$」から速さ v, 振動数 f, 周期 T を求める

解説

(1) **プロセス 1** 横軸の物理量を確認する
(位置 x)

プロセス 2 波長 λ, 振幅 A を読み取る

振幅 $A = 1.5$ m   〈変位 0 から山までの高さ〉
波長 $\lambda = 9.0 - 1.0$
    $= 8.0$ [m]   〈山から山までの距離〉
答 $A = 1.5$ m, $\lambda = 8.0$ m

(2) **プロセス 3** 「$v = f\lambda$」, 「$f = \dfrac{1}{T}$」から速さ v, 振動数 f, 周期 T を求める

「$v = f\lambda$」より
$v = 4.0 \times 8.0$
 $= 32$ [m/s]   **答** $v = 32$ m/s

振動数を $f = 4.0$ Hz とすると,「$f = \dfrac{1}{T}$」より
$T = \dfrac{1}{f} = \dfrac{1}{4.0}$
 $= 0.25$ [s]   **答** $T = 0.25$ s

類題 35 正弦波の物理量 (p.86)

実線の波は右向きに進み,0.30 s 後に初めて破線の波形となった。以下の問いに答えよ。
(1) 波の波長 λ [m], 振幅 A [m] を求めよ。❶
(2) 波の速さ v [m/s] を求めよ。
(3) 波の振動数 f [Hz], 周期 T [s] を求めよ。

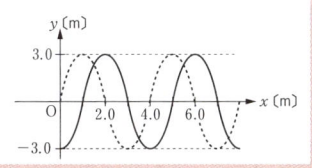

解答
(1) $\lambda = 4.0$ m, $A = 3.0$ m
(2) $v = 10$ m/s
(3) $f = 2.5$ Hz, $T = 0.40$ s

リード文 check
❶ — 実線の $x = 2.0$ m にある山が,0.30 s 後に $x = 5.0$ m に移動することを意味する

■ 移動する波形の読み取りの**基本プロセス** Process

プロセス 0

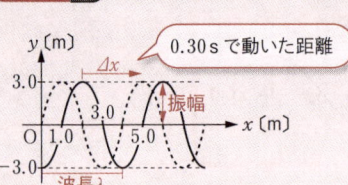

プロセス 1 横軸が x であることを確認する

プロセス 2 波長 λ, 振幅 A を読み取り, 移動した距離から速さ v を求める

プロセス 3 「$v = f\lambda$」, 「$f = \dfrac{1}{T}$」から振動数 f, 周期 T を求める

解説

(1) **プロセス 1** 横軸が x であることを確認する

プロセス 2 波長 λ, 振幅 A を読み取り, 移動した距離から速さ v を求める

答 $\lambda = 4.0$ m, $A = 3.0$ m

(2) **2** 波が $\Delta t = 0.30$ s 間に進む距離 Δx [m] は

$\Delta x = 5.0 - 2.0$
$= 3.0$ [m]

（2.0 m にあった山が 5.0 m の位置まで移動した）

よって, 速さ v は

$v = \dfrac{\Delta x}{\Delta t}$

$= \dfrac{3.0}{0.30}$

$= 10$ [m/s]   答 $v = 10$ m/s

(3) **プロセス 3** 「$v = f\lambda$」, 「$f = \dfrac{1}{T}$」から振動数 f, 周期 T を求める

「$v = f\lambda$」より, 振動数 f は

$f = \dfrac{v}{\lambda}$

$= \dfrac{10}{4.0}$

$= 2.5$ [Hz]   答 $f = 2.5$ Hz

「$f = \dfrac{1}{T}$」より, 周期 T は

$T = \dfrac{1}{f}$

$= \dfrac{1}{2.5}$

$= 0.40$ [s]   答 $T = 0.40$ s

類題 36 波形の作図 (p.87)

$t = 0$ s のとき, 右図のような波形をもつ波が, x 軸正の向きに速さ 2.0 m/s で進んでいる。
(1) 波の波長 λ [m], 振幅 A [m] を求めよ。
(2) 波の振動数 f [Hz], 周期 T [s] を求めよ。
(3) 13 s 後の波形をかけ。 ❶

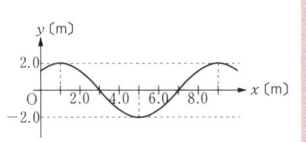

解答
(1) $\lambda = 8.0$ m, $A = 2.0$ m
(2) $f = 0.25$ Hz, $T = 4.0$ s
(3) 解説参照

リード文 check

❶ x 軸正の向きに波形を動かす

（同じ速さの波であっても進む向きが違うと, 同時刻における波形は異なる）

■ 移動する波形の作図の**基本プロセス** Process

プロセス 0

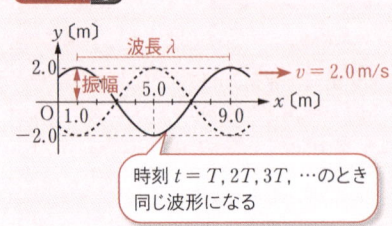

時刻 $t = T, 2T, 3T, \cdots$ のとき同じ波形になる

プロセス 1 「$v = f\lambda$」, 「$f = \dfrac{1}{T}$」を用いて, 周期 T を求める

プロセス 2 経過時間 t を周期 T を用いて表す

プロセス 3 波の移動距離を計算し, 図に表す

解説

(1) 図より，波長 λ = 9.0 − 1.0 〔山から山までの距離〕
      = 8.0 〔m〕
    振幅 A = 2.0 〔m〕 〔変位 0m から山までの高さ〕
    答 λ = 8.0 m, A = 2.0 m

(2) **プロセス 1** 「$v=f\lambda$」，「$f=\dfrac{1}{T}$」を用いて，周期 T を求める

波の速さ $v=2.0$ m/s なので
$$f=\dfrac{v}{\lambda}=\dfrac{2.0}{8.0}$$
$$=0.25 \text{〔Hz〕} \quad \text{答} \; f=0.25\,\text{Hz}$$
$$T=\dfrac{1}{f}=\dfrac{1}{0.25}$$
$$=4.0\text{〔s〕} \quad \text{答} \; T=4.0\,\text{s}$$

(3) **プロセス 2** 経過時間 t を周期 T を用いて表す
  $13 = 4.0 \times 3 + 1$
  $3T$〔s〕の時間経過で実線と同じ波形となり，さらに 1s 波は移動する。 〔13sは周期T=4.0sの3倍+1sに等しいから，t=13s は t−3T+1 と書ける〕

プロセス 3 波の移動距離を計算し，図に表す
1s 間に波が進む距離を Δx〔m〕とすると
$\Delta x = vt$
    $= 2.0 \times 1$
    $= 2.0$〔m〕

波は 13s 後に 2.0m 右にずれた波形となる。

答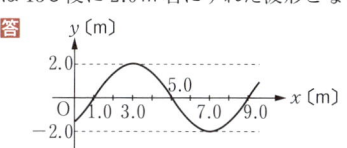

類題 37 縦波と横波 (p.88)

右の図は，x 軸正の向きに進む周期 4.0s の縦波を横波表示したものである。次の各問いにあてはまる媒質の位置を a〜i の記号で答えよ。❶

(1) 媒質が最も密・疎になっている点
(2) 媒質の右向きの変位が最大の点
(3) 媒質の速さが 0 の点
(4) 媒質の速さが左向きに最大の点
(5) 図から 3.0s 後に最も疎になる点

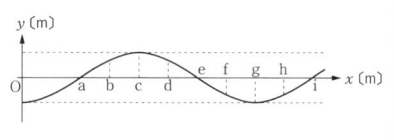

解答
(1) 最も密；e, 最も疎；a, i
(2) c (3) c, g (4) a, i (5) g

リード文check
❶─周期は波が1つできる時間だから，4.0sで波は1つ分進行方向に移動する

■ 縦波と横波の基本プロセス **Process**

プロセス 1 媒質の密度，変位は縦波で考える
       媒質の振動の速さ，任意の時刻の変位は横波表示で考える
プロセス 2 媒質の振動の速さは，変位 0 の点で最大，変位の大きさが最大の点で 0 となる
プロセス 3 媒質の振動の速さの向きは，横波表示した図で，わずかに時間経過した図から判断する

解説

(1) **プロセス 1** 媒質の密度は縦波で考える

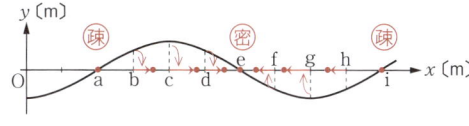

答 最も密；e, 最も疎；a, i

(2) **1** 媒質の変位は縦波で考える
(1)の図より， **答** c

(3) **プロセス 2** 媒質の振動の速さは，変位の大きさが最大の点で 0 となる
(1)の図より， **答** c, g

(4) プロセス 3　媒質の振動の速さの向きは，横波表示した図で，わずかに時間経過した図から判断する

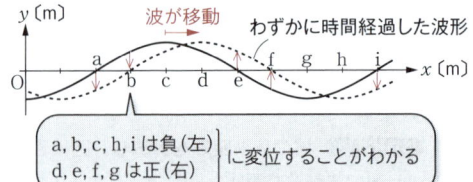

a, b, c, h, i は負(左)
d, e, f, g は正(右)　に変位することがわかる

2　媒質の振動の速さは，変位が 0 の点で最大となる

左向きの速さをもつ a, b, c, h, i のうち
速さが最大なのは　a, i　　答 a, i

(5) 1　媒質の任意の時刻の変位は横波表示で考える

時間 3.0 s は，周期 4.0 s の $\frac{3}{4}$ だから，波は $\frac{3}{4}$ 波長だけ進む。よって，3.0 s 後の波形は

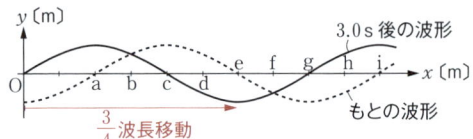

1　媒質の密度，変位は縦波で考える
　　⇓縦波に戻すと

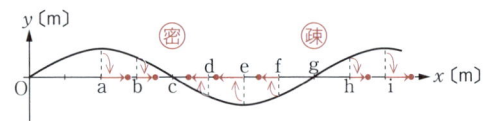

最も疎となるのは　g　　答 g

---

109 [波を表す量] (p.89)

解答　振幅：1.5 m，波長：4.0 m，
　　　　速さ：16 m/s，周期：0.25 s

リード文check

❶ 振幅 … 変位 0 から山までの高さ (山と谷の間の高さではない)
❷ 波長 … 波 1 つ分の長さのことで，隣りあう山 (谷) の間の長さ

解説　振幅，波長は，図から読みとることができる。

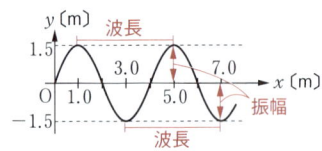

答 振幅：1.5 m，波長：4.0 m
「$v = f\lambda$」より，速さ v [m/s] は
$v = 4.0 \times 4.0$
　 $= 16$ [m/s]　　答 速さ：16 m/s

振動数 $f = 4.0$ Hz なので，「$f = \frac{1}{T}$」より，周期 T [s] は
$T = \frac{1}{f}$
　 $= \frac{1}{4.0}$
　 $= 0.25$ [s]　　答 周期：0.25 s

---

110 [正弦波の物理量] (p.89)

解答　(1) $\lambda = 8.0$ m，$A = 3.0$ m
　　　　(2) $v = 12$ m/s
　　　　(3) $f = 1.5$ Hz，$T = 0.67$ s

リード文check

❶ 初めて破線の波形となった … 波は 1 波長分進むたびに同じ波形となる。左向きに進む波が初めて実線から破線になるのは，$x = 10.0$ m の点にあった山が，$x = 4.0$ m に移動したときである

解説 (1) 図より読み取ると

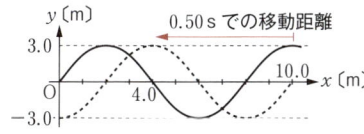

答 $\lambda = 8.0\,\text{m}$, $A = 3.0\,\text{m}$

(2) $\Delta t = 0.50\,\text{s}$ で移動した距離 $\Delta x\,[\text{m}]$ は
$$\Delta x = |4.0 - 10.0|$$
$$= 6.0\,[\text{m}]$$
よって，波の速さ v は
$$v = \frac{\Delta x}{\Delta t}$$
$$= \frac{6.0}{0.50} = 12\,[\text{m/s}] \quad \text{答}\ v = 12\,\text{m/s}$$

(3) 「$v = f\lambda$」より，振動数 f は
$$f = \frac{v}{\lambda}$$
$$= \frac{12}{8.0} = 1.5\,[\text{Hz}] \quad \text{答}\ f = 1.5\,\text{Hz}$$

「$f = \dfrac{1}{T}$」より，周期 T は
$$T = \frac{1}{f}$$
$$= \frac{1}{1.5} = 0.66\dot{6}\,[\text{s}] \quad \text{答}\ T = 0.67\,\text{s}$$

---

111 [縦波と横波] (p.89)

解答 (1) 解説参照　(2) ① c, k　② a, e, i, m　③ e, m
④ a, i　⑤ c, g, k　⑥ a, i

リード文check
❶疎密波 … 縦波のこと

解説 (1) **答**

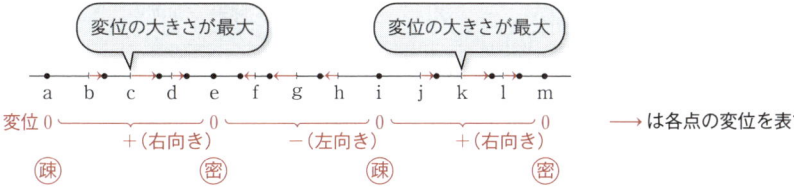

(2) 変位・密度は縦波で考える。

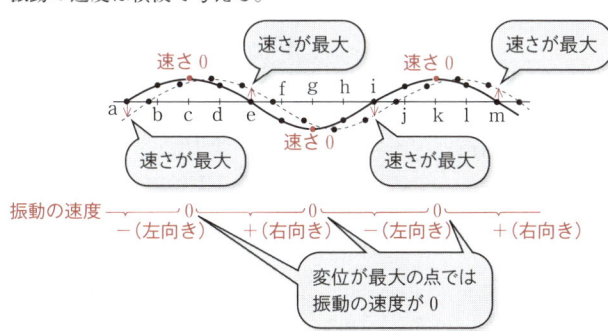

15. 波とは何か　85

112 [位相] (p.89)

解答 (1) i, q (2) e, m (3) k
(4) g, o (5) j (6) f, n

リード文check

❶位相 … 波を1波長ごとに区切ったとき，同じ位置にくる点が同位相，半波長ずれた点が逆位相の点

解説

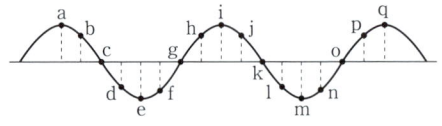

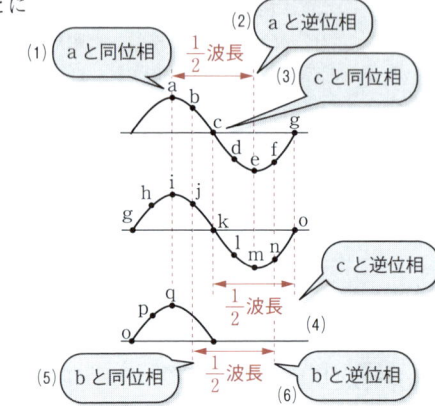

113 [y-x グラフと y-t グラフ] (p.89)

解答 (1) $A = 2.5\,\text{m}$, $\lambda = 2.0\,\text{m}$
(2) $f = 2.0\,\text{Hz}$, $T = 0.50\,\text{s}$
(3) 解説参照

リード文check

❶y-x グラフ … 縦軸が y（変位），横軸が x（位置）を表すグラフ。ある時刻における波形を表す

❷y-t グラフ … 縦軸が y（変位），横軸が t（時刻）を表すグラフ。ある位置における媒質の振動の時間変化を表す

解説

■ y-x グラフから y-t グラフをかく **基本プロセス** **Process**

プロセス 1 y-x グラフから振幅 A，波長 λ を読み取り，「$v = f\lambda$」，「$f = \dfrac{1}{T}$」から周期 T を求める

プロセス 2 わずかに時間経過したときの y-x グラフをかき，求めたい位置の振動方向を求める

プロセス 3 y-t グラフをかく

(1) **プロセス 1**

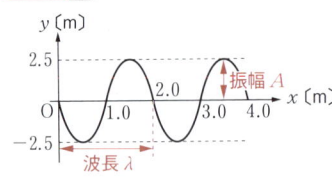

図より
答 $A = 2.5\,\text{m}$, $\lambda = 2.0\,\text{m}$

(2) 速さ $v = 4.0\,\text{m/s}$ なので，「$v = f\lambda$」より

$$f = \frac{v}{\lambda} = \frac{4.0}{2.0}$$

$= 2.0\,\text{[Hz]}$ **答** $f = 2.0\,\text{Hz}$

「$f = \dfrac{1}{T}$」より

$$T = \frac{1}{f} = \frac{1}{2.0}$$

$= 0.50\,\text{[s]}$ **答** $T = 0.50\,\text{s}$

86 ……… 第3章 波

(3) プロセス 2

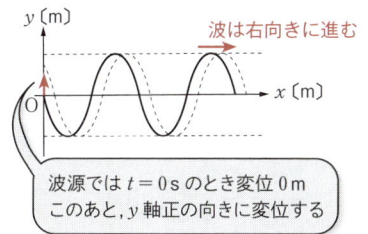

y〔m〕
波は右向きに進む
x〔m〕
O
波源では $t=0$ s のとき変位 0 m
このあと，y 軸正の向きに変位する

プロセス 3

答

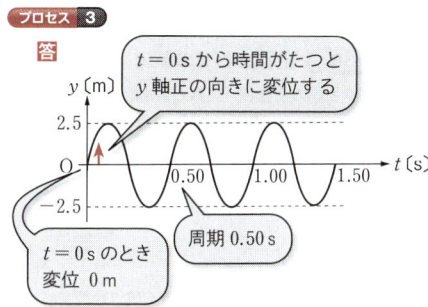

$t=0$ s から時間がたつと
y 軸正の向きに変位する
y〔m〕
2.5
O
−2.5
0.50
1.00
1.50
t〔s〕
周期 0.50 s
$t=0$ s のとき
変位 0 m

ベストフィット

<y-x グラフ>
縦軸が変位 y，横軸が位置 x

y〔m〕
O
x〔m〕
3/2 λ
1/2 λ
λ
波長

<y-t グラフ>
縦軸が変位 y，横軸が時刻 t

y〔m〕
O
t〔s〕
3/2 T
1/2 T
T
周期

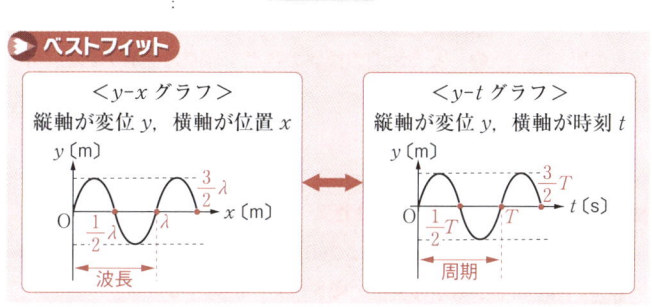

114 ［y-x グラフと y-t グラフ］ (p. 89)

解答 (1) $A=2.0$ m，$T=0.40$ s，$f=2.5$ Hz　(2) $\lambda=12$ m　(3) 解説参照

解説 ■ **y-t グラフから y-x グラフをかく基本プロセス** Process

プロセス 1　y-t グラフから振幅 A，周期 T を読み取り，「$f=\dfrac{1}{T}$」，「$v=f\lambda$」から波長 λ を求める

プロセス 2　y-t グラフから振動方向を求める

プロセス 3　y-x グラフをかく

(1) プロセス 1

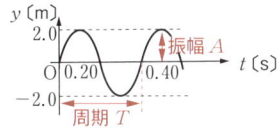

y〔m〕
2.0
O
0.20
0.40
−2.0
振幅 A
t〔s〕
周期 T

図より

答 $A=2.0$ m，$T=0.40$ s

「$f=\dfrac{1}{T}$」より

$$f=\frac{1}{T}=\frac{1}{0.40}$$

$=2.5$〔Hz〕　答 $f=2.5$ Hz

(2) 速さ $v=30$ m/s なので，「$v=f\lambda$」より

$$\lambda=\frac{v}{f}=\frac{30}{2.5}$$

$=12$〔m〕　答 $\lambda=12$ m

(3) プロセス 2

$t=0$ s から時間がたつと
y 軸正の向きに変位する
y〔m〕
2.0
O
−2.0
0.20
0.40
0.60
t〔s〕
$t=0$ s のとき変位 0 m

プロセス 3

答

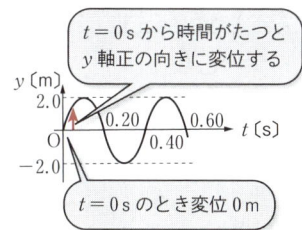

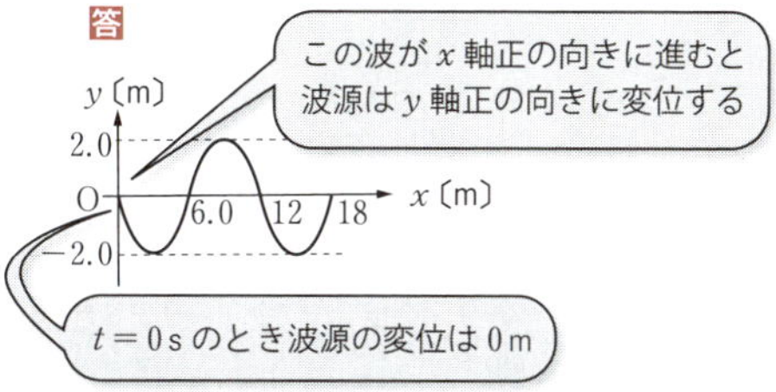

この波が x 軸正の向きに進むと
波源は y 軸正の向きに変位する
y〔m〕
2.0
O
−2.0
6.0
12
18
x〔m〕
$t=0$ s のとき波源の変位は 0 m

3 章

P.90 ▶16 重ねあわせの原理

類題 38 重ねあわせの原理 (p.92)

以下の2つの正弦波（実線と破線）の合成波の波形をかけ。

(1) 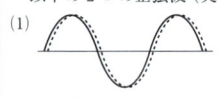   (2) ❶   (3)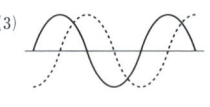

(4) 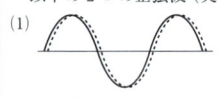   (5)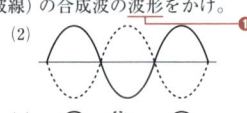

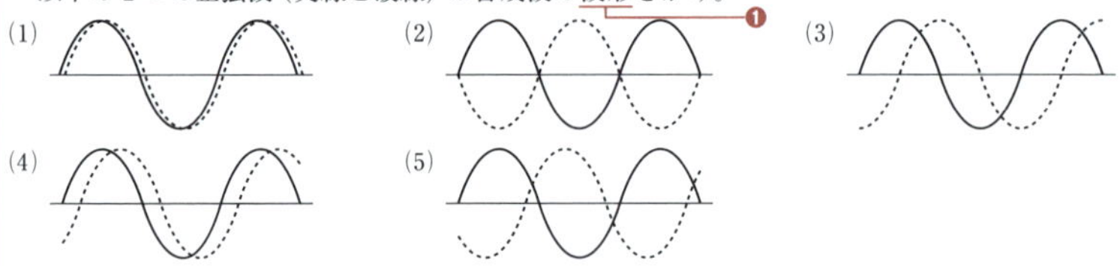

解答 解説参照

リード文check
❶— ある瞬間の媒質の各点を連ねた曲線のこと。横軸が x のグラフで表される

> 横軸が t のグラフは，ある位置における媒質の振動の時間変化を表す

■ 波の重ねあわせの基本プロセス　Process

プロセス 1 同じ位置にある2つの波の変位をそれぞれ読み取る
プロセス 2 2つの波の変位の和を求め，点を打つ
プロセス 3 2で打った点を線で結ぶ

解説

プロセス 1

(1)　(2)　(3)

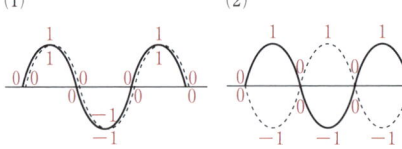 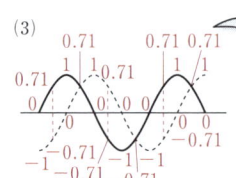

> 変位が1の点から $\frac{1}{8}\lambda$ ずれた点の変位は0.71 $\left(=\dfrac{\sqrt{2}}{2}\right)$

プロセス 2

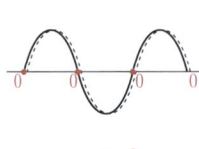 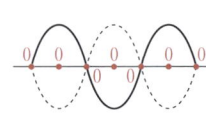 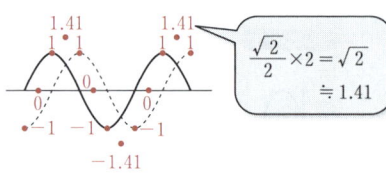

> $\dfrac{\sqrt{2}}{2} \times 2 = \sqrt{2}$ ≒ 1.41

プロセス 3 答　　答　　答

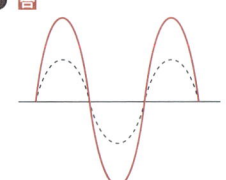 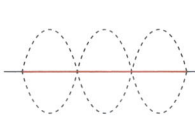 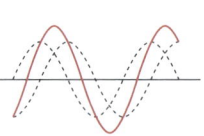

プロセス 1 (4) 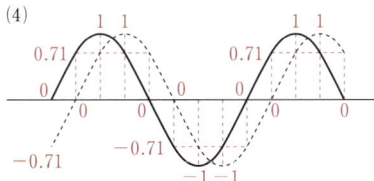 (5)

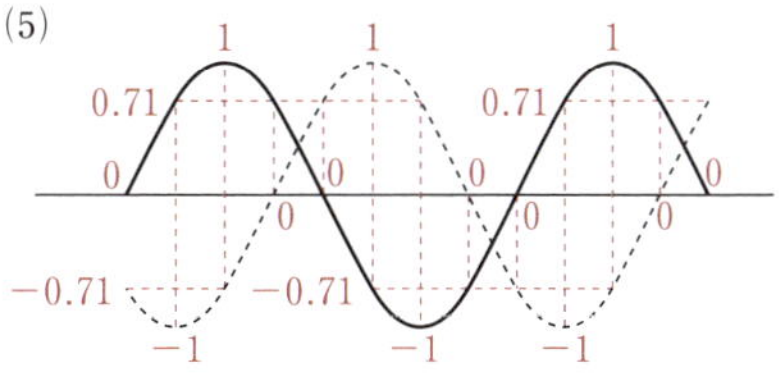

プロセス 2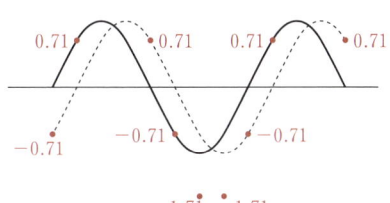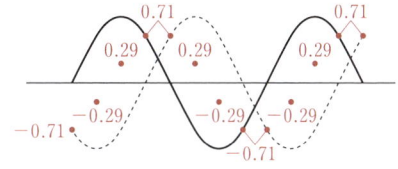

プロセス 3 答 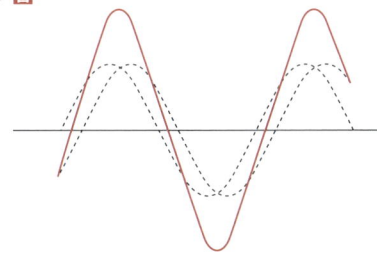 答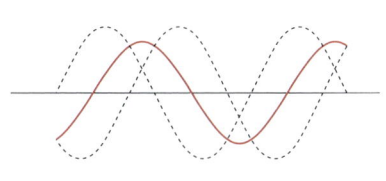

類題 39 定常波 (p.93)

右図は、0.30 m/s の同じ速さで x 軸上を逆向きに進む 2 つの正弦波の時刻 $t = 0$ s の波形を表している。実線の波は x 軸正の向き，破線の波は x 軸負の向きに進むものとする。❶
(1) 2 つの波の山と山が，最初に重なる時刻 t [s] を求めよ。
(2) $0\,\mathrm{m} \leqq x \leqq 0.90\,\mathrm{m}$ で，定常波の節となる位置を答えよ。
(3) 定常波の振幅，波長，周期を求めよ。

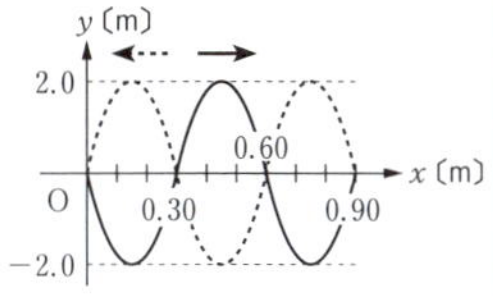

解答
(1) $t = 0.50$ s (2) $x = 0.15$, 0.45, 0.75 m
(3) 振幅：4.0 m，波長：0.60 m，周期：2.0 s

リード文check
❶ 2 つの波が動いていることに注意する

■ 定常波の基本プロセス Process

プロセス 1 2 つの波は距離で $\frac{1}{8}\lambda$（時間で $\frac{1}{8}T$）ずつずらして，定常波の波形を考える

プロセス 2 定常波の変位が最大のとき，山や谷となる位置が腹となり，隣りあう腹の中間に節ができる

プロセス 3 定常波の振幅はもとの波の 2 倍，波長・周期は同じである

解説

(1) $x=0.45\,\mathrm{m}$ にある実線の山と,$x=0.75\,\mathrm{m}$ にある破線の山がともに速さ $v=0.30\,\mathrm{m/s}$ で進みぶつかる。破線の波から見た実線の波の相対速度 $v\,[\mathrm{m/s}]$ は

$v=0.30-(-0.30)$
$=0.60\,[\mathrm{m/s}]$

2つの波の山の間の距離 $\Delta x\,[\mathrm{m}]$ は

$\Delta x=0.75-0.45$
$=0.30\,[\mathrm{m}]$

よって,2つの波の山がぶつかる時間 $t\,[\mathrm{s}]$ は

$t=\dfrac{\Delta x}{v}=\dfrac{0.30}{0.60}$
$=0.50\,[\mathrm{s}]$ **答** $t=0.50\,\mathrm{s}$

(2) **プロセス①** 2つの波は距離で $\dfrac{1}{8}\lambda$（時間で $\dfrac{1}{8}T$）ずつずらして,定常波の波形を考える

2つの波の波長は $\lambda=0.60\,\mathrm{m}$ だから,
$\dfrac{\lambda}{8}=0.075\,\mathrm{m}$ ずつずらして合成波を考える。

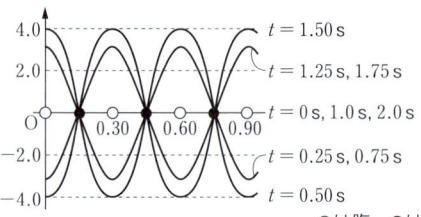

○は腹,●は節

プロセス② 定常波の変位が最大のとき,山や谷となる位置が腹となり,隣りあう腹の中間に節ができる

図より, **答** $x=0.15,\ 0.45,\ 0.75\,\mathrm{m}$

(3) **プロセス③** 定常波の振幅はもとの波の2倍,波長・周期は同じである

もとの波の振幅は $2.0\,\mathrm{m}$ である。よって,定常波の振幅は $2.0\times2=4.0\,[\mathrm{m}]$
答 振幅：$4.0\,\mathrm{m}$

もとの波の波長は $0.60\,\mathrm{m}$ である。定常波の波長も同じなので, **答** 波長：$0.60\,\mathrm{m}$

もとの波の周期 $T\,[\mathrm{s}]$ を求めるために,まずはもとの波の振動数 $f\,[\mathrm{Hz}]$ を求める。

「$v=f\lambda$」より

$f=\dfrac{v}{\lambda}=\dfrac{0.30}{0.60}$
$=0.50\,[\mathrm{Hz}]$

「$f=\dfrac{1}{T}$」より

$T=\dfrac{1}{f}=\dfrac{1}{0.50}$
$=2.0\,[\mathrm{s}]$

定常波の周期は,もとの波と同じなので,
答 周期：$2.0\,\mathrm{s}$

類題 40 波の反射 (p.94)

右図は固定端に周期 T の入射波が進行した瞬間である。
(1) このときの反射波,合成波をかけ。
(2) $\dfrac{1}{8}T$ 後の反射波,合成波をかけ。

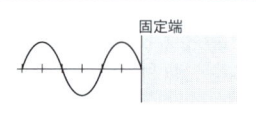

解答
解説参照

リード文check
❶ ─ 時間 $\dfrac{1}{8}T$ で,波は $\dfrac{1}{8}\lambda$ 進む。

■ 波の反射の基本プロセス **Process**

プロセス⓪
(1) $\dfrac{1}{8}\lambda$ 移動
(2) 固定端では常に合成波の変位0

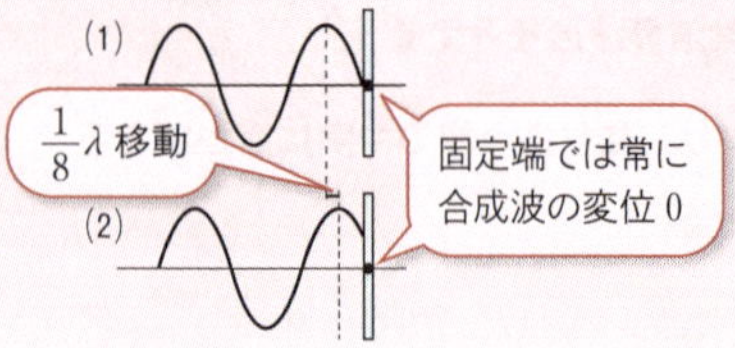

プロセス① 入射波を延長し,反射板がないときの波形をかく
プロセス② 固定端の場合 ⇒ 延長した波形の上下を逆にする
　　　　　　自由端の場合 ⇒ 何もしない
プロセス③ ②の波形を反射板で折り返した波形をかく

解説

(1) プロセス1 入射波を延長し，反射板がないときの波形をかく

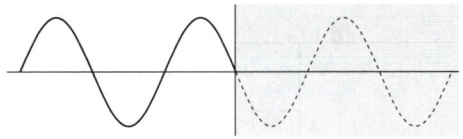

プロセス2 固定端の場合は，延長した波形の上下を逆にする

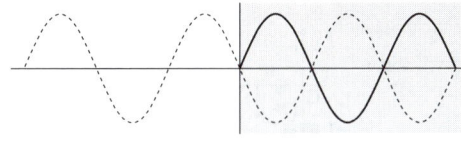

プロセス3 2の波形を反射板で折り返した波形をかく

答
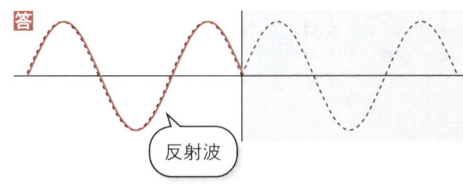
反射波

＜波の重ねあわせの基本プロセス＞を用いて，合成波をかく。

1
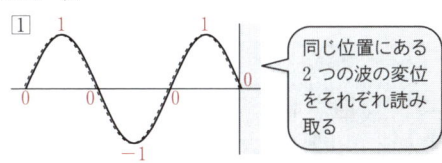
同じ位置にある2つの波の変位をそれぞれ読み取る

2
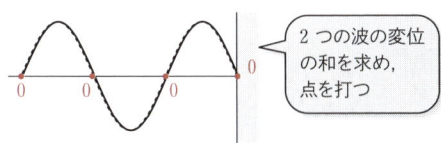
2つの波の変位の和を求め，点を打つ

3 答
合成波
2で打った点を線で結ぶ

(2) 1
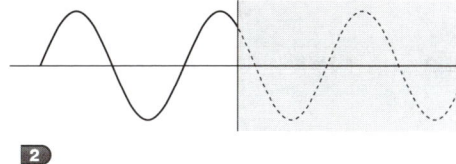

2
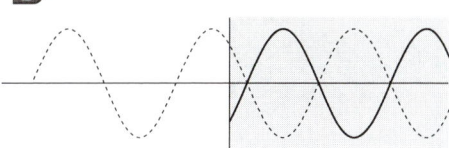

3 答
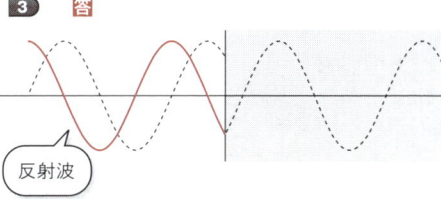
反射波

＜波の重ねあわせの基本プロセス＞を用いて，合成波をかく。

1
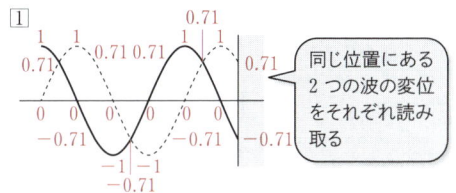
同じ位置にある2つの波の変位をそれぞれ読み取る

2
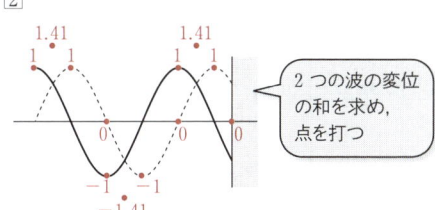
2つの波の変位の和を求め，点を打つ

3 答
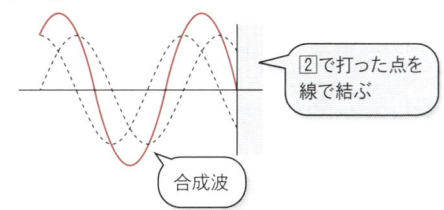
2で打った点を線で結ぶ
合成波

16. 重ねあわせの原理

115 [パルス波の反射] (p. 95)

解答 解説参照

リード文check

❶パルス波 … 孤立した波

解説 (1) 1.0秒後 波は1.0m進む

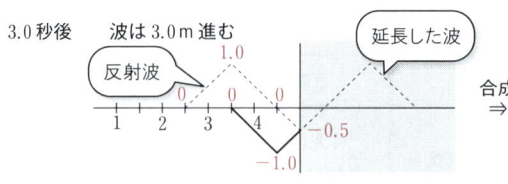

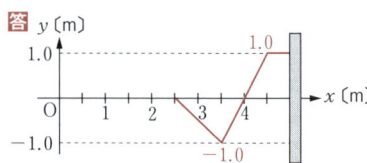

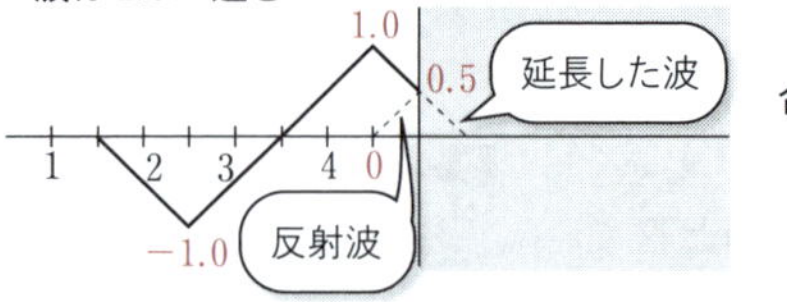

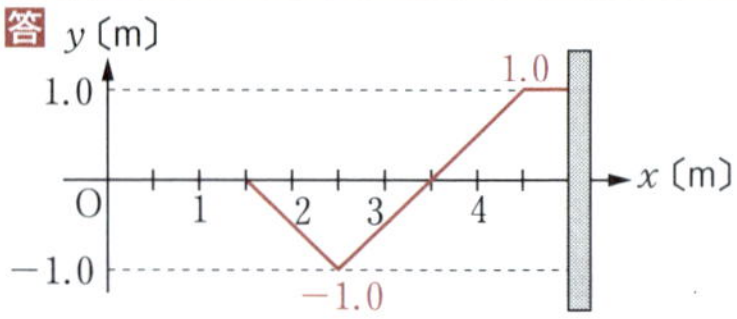

合成⇒

答

2.0秒後 波は2.0m進む

合成⇒

答

3.0秒後 波は3.0m進む

合成⇒

答

(2) 1.0秒後 波は1.0m進む

合成⇒

答

2.0秒後 波は2.0m進む

合成⇒

答

3.0秒後 波は3.0m進む

合成⇒

答

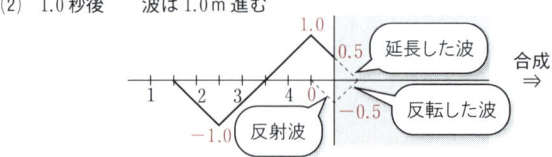

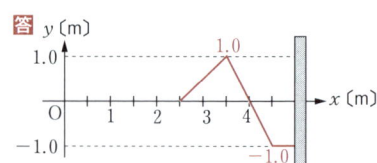

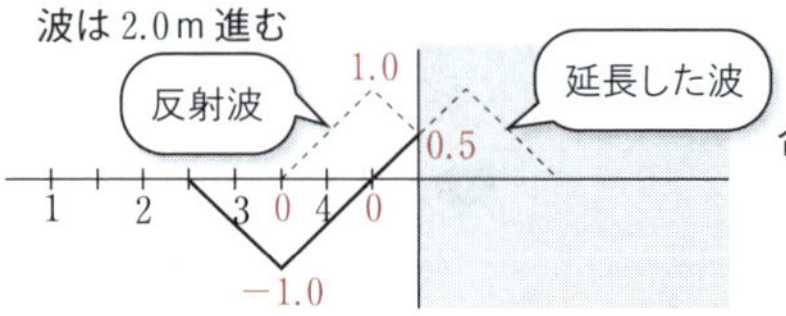

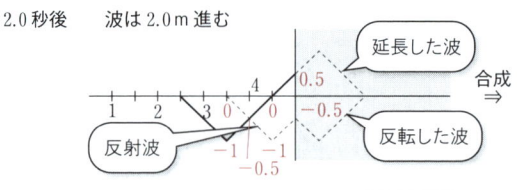

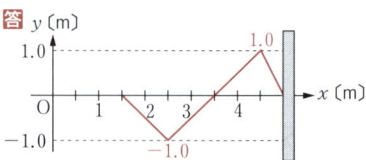

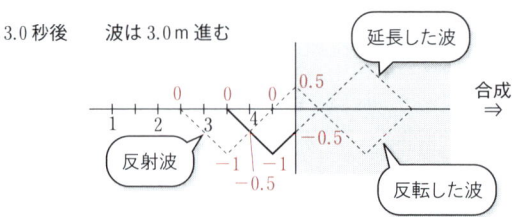

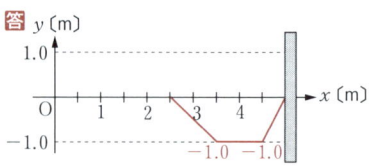

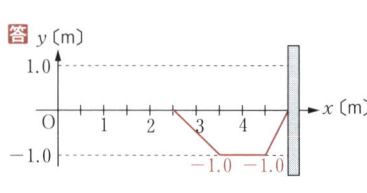

116 ［正弦波の反射］(p.95)

解答 (1) ① 解説参照　② 2.1 m　③ 3個
(2) ① 解説参照　② 0 m　③ 3個

> **リード文check**
> ❶ 自由端反射 … 入射波が，向きだけを変えて反射する
> ❷ 固定端反射 … 入射波の上下が反転した上で，向きを変えて反射する

解説 (1)① 1.0 秒後，波は 1.0 m 進む。

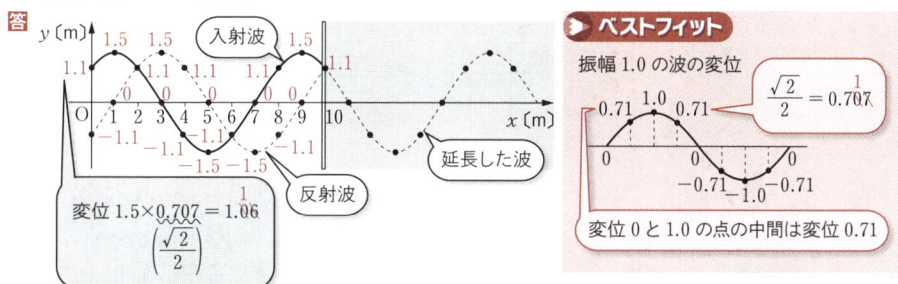

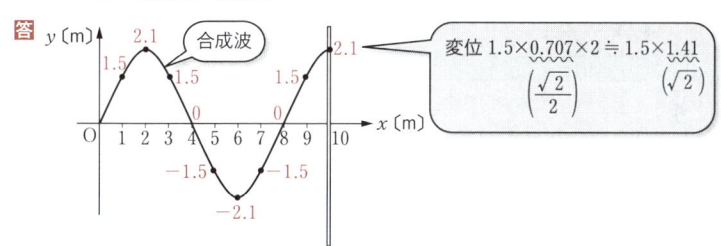

② ①の図より，$x = 10.0$ m における入射波と反射波の変位は

$$y = 1.5 \times \frac{\sqrt{2}}{2}$$

$$= 1.06 \text{ (m)}$$

よって，合成波の変位は

$$y = 1.06 \times 2$$

$$= 2.12 \text{ (m)} \quad \boxed{答} \; 2.1 \text{ m}$$

③ 距離で $\frac{1}{8}$ 波長 $\left(= \frac{1}{8} \times 8.0 = 1.0 \text{ (m)} \right)$ ずつ入射波をずらして合成波を考える。

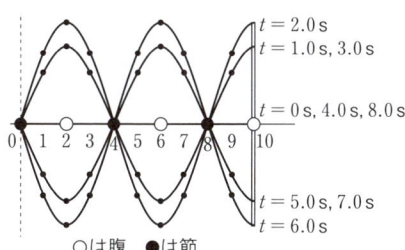

○は腹，●は節

図より，
節となるのは $x = 0, 4.0, 8.0$ m の 3 ケ所　$\boxed{答}$ **3個**

(2)① 1.0秒後，波は1.0m進む。

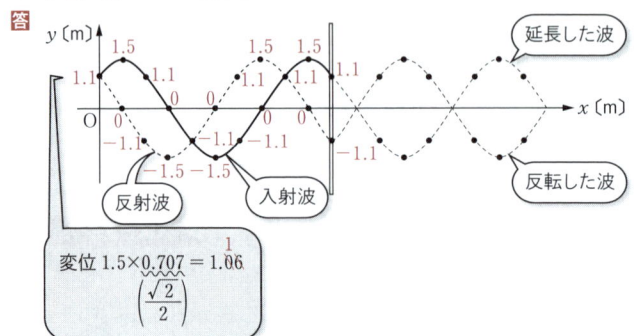

変位 $1.5 \times \underbrace{0.707}_{\left(\frac{\sqrt{2}}{2}\right)} \fallingdotseq 1.06$

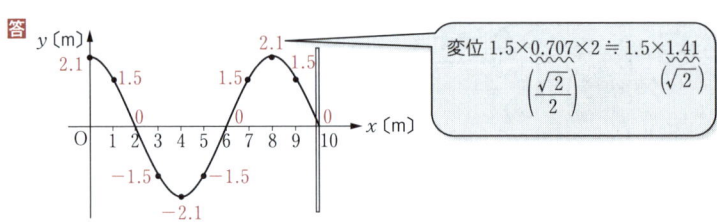

変位 $1.5 \times \underbrace{0.707}_{\left(\frac{\sqrt{2}}{2}\right)} \times 2 \fallingdotseq 1.5 \times \underbrace{1.41}_{(\sqrt{2})}$

② ①の図より
　　$y = 0$ m　　**答 0 m**

③ 距離で $\dfrac{1}{8}\lambda \left(= \dfrac{1}{8} \times 8.0 = 1.0 \text{[m]}\right)$ ずつ入射波をずらして合成波を考える。

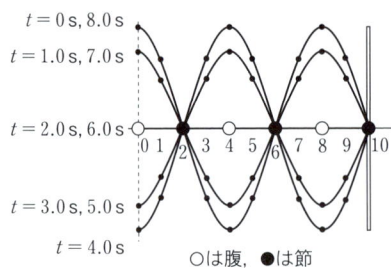

○は腹，●は節

図より，
節となるのは $x = 2.0，6.0，10.0$ m の3ケ所　　**答 3個**

94 ……… 第3章 波

117 [定常波] (p.95)

解答 (1) a…自由端, s…固定端
(2) $\lambda = 0.80$ m,
$T = 2.0$ s,
$f = 0.50$ Hz
(3) a, e, i, m, q

リード文check
❶ウェーブマシーン … 波動実験器ともいい，各点における媒質の振動や，波の伝わり方が観測できる実験装置

解説 (1) aでは，②のとき最も大きく変位しているから自由端である。
sでは，他の点が変位してもまったく変位していないことから固定端である。
答 a…自由端, s…固定端

(2)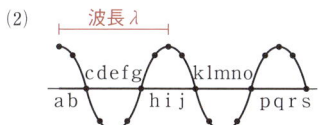

図より 波長 $\lambda = 0.80$ m
点aは，①より，$t = 0$ s のとき変位 $y = 0$
②より，$t = 0.50$ s のとき山になる。
これを y-t グラフにすると

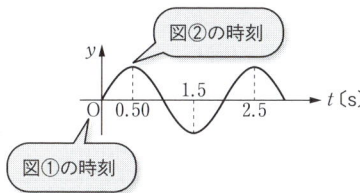

図より 周期 $T = 2.0$ s
振動数 f は，「$f = \dfrac{1}{T}$」より
$f = \dfrac{1}{T} = \dfrac{1}{2.0}$
$= 0.50$ [Hz]
答 $\lambda = 0.80$ m, $T = 2.0$ s, $f = 0.50$ Hz

(3) $t = 0.50$ s ごとに観察される波形を図にすると
$t = 0.50$ s
$t = 0$ s, 1.0 s, 2.0 s
$t = 1.5$ s

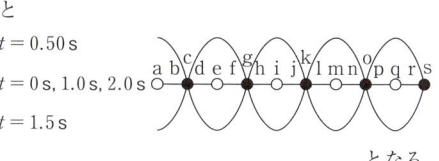

となる。
図より，腹となる点は a, e, i, m, q
答 a, e, i, m, q

118 ［定常波］(p.95)

解答 (1) $5.0\,\text{s}$ (2) $x = 0,\ 4.0,\ 8.0\,\text{m}$ (3) $5.0\,\text{m}$
(4) $0\,\text{m}$ (5) $x = 2.0,\ 6.0,\ 10.0\,\text{m}$

リード文check

❶腹の位置の変位の大きさが最大 … このとき，2つの入射波の山と山（谷と谷）が重なっている

解説 (1) $x = 2.0\,\text{m}$ にある実線の山と，$x = 6.0\,\text{m}$ にある破線の山が重なるとき，合成波の変位が最大となる。

実線の山（$x = 2.0\,\text{m}$）と破線の山（$x = 6.0\,\text{m}$）は
$$\Delta x = 6.0 - 2.0 = 4.0\,[\text{m}]$$
離れている。

よって，図のように，実線の波と破線の波が，ともに $2.0\,\text{m}$ 進むと，合成波の変位は最大となる。

以上のことから
$$t = \frac{\Delta x}{v} = \frac{2.0}{0.40} = 5.0\,[\text{s}] \quad \text{答 } 5.0\,\text{s}$$

(2) 実線と破線の波を，距離で $\dfrac{1}{8}\lambda\left(= \dfrac{1}{8}\times 8.0 = 1.0\,[\text{m}]\right)$ ずつずらして合成波を考える。

合成波をまとめると

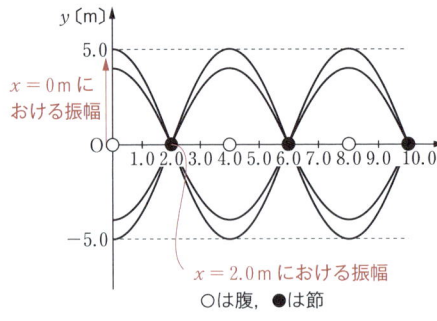

○は腹，●は節

図より，腹となるのは
$x = 0,\ 4.0,\ 8.0\,\text{m}$ **答** $x = 0,\ 4.0,\ 8.0\,\text{m}$

(3) 図より，振幅は $5.0\,\text{m}$ **答** $5.0\,\text{m}$
(4) 図より，振幅は $0\,\text{m}$ **答** $0\,\text{m}$

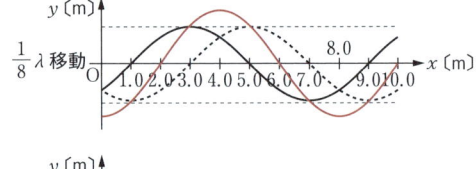
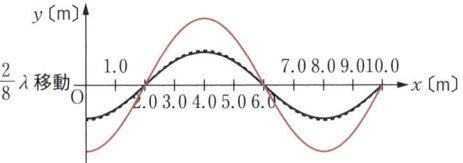
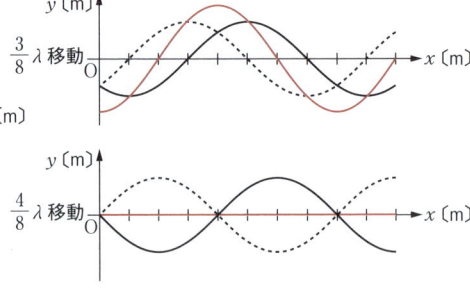
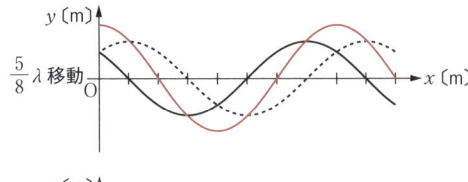
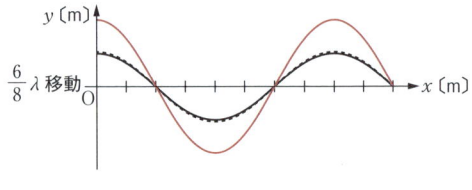
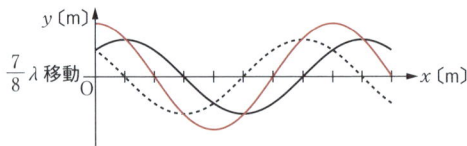

(5) 密度は縦波表示で考える。
図より，疎や密となる位置で，密度の変化が最大。
よって $x = 2.0, 6.0, 10.0$ m
答 $x = 2.0, 6.0, 10.0$ m

> **ベストフィット**
> 変位の変化が最大の位置 ⇒ 腹
> 密度の変化が最大の位置 ⇒ 節

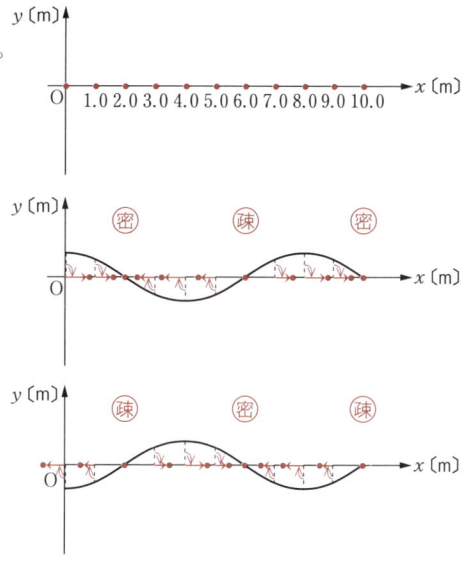

P.96 ▶17 音波，発音体の振動

類題 41 うなり (p.99)

振動数450Hzのおんさが2つある。一方のおんさに針金を巻きつけて，同時に鳴らすと毎秒4回のうなりが聞こえた。針金を巻きつけたおんさの振動数を求めよ。

解答
446 Hz

リード文check
❶―針金を巻きつけると，振動しにくくなるため，振動数は小さくなる

■ うなりの基本プロセス

プロセス 0

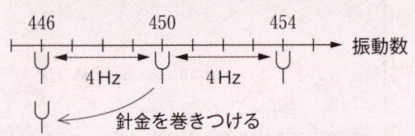

プロセス 1　2つの物体の振動数を数値または記号で表す
プロセス 2　うなりの式「$f=|f_1-f_2|$」を用いる
プロセス 3　絶対値をはずして，題意にあった値を求める

解説

プロセス 1　2つの物体の振動数を数値または記号で表す

おんさの振動数は　$f_1=450$ Hz
針金を巻きつけたおんさの振動数を f_2 [Hz] とする。

プロセス 2　うなりの式「$f=|f_1-f_2|$」を用いる

うなりの式「$f=|f_1-f_2|$」より
　$4=|450-f_2|$　……①

プロセス 3　絶対値をはずして，題意にあった値を求める

①より，$f_1=446$ Hz　または　454 Hz　……②
針金を巻きつけることによって，おんさの振動数は小さくなるから，
　$f_2<f_1=450$ Hz　……③
②，③より $f_2=446$ Hz　　**答 446 Hz**

類題 42 弦の固有振動 (p.100)

あるおんさを用いて6.0mの弦を振動させると，図のように腹が3つの定常波ができた。このとき，弦を伝わる波の速さは $6.0×10^2$ m/sで一定である。
(1) 弦を伝わる波の波長 λ_1 [m] と，おんさの振動数 f_1 [Hz] を求めよ。
(2) 弦の長さを変えずに，おんさの振動数を変えると，腹が4個の定常波ができた。波長 λ_2 [m] と，おんさの振動数 f_2 [Hz] を求めよ。❶
(3) 弦の長さを4.5mにすると，腹が6個の定常波ができた。このとき，弦を伝わる波の波長 λ_3 [m] と，おんさの振動数 f_3 [Hz] を求めよ。

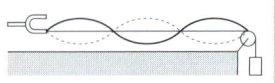

解答
(1) $\lambda_1=4.0$ m，$f_1=1.5×10^2$ Hz
(2) $\lambda_2=3.0$ m，$f_2=2.0×10^2$ Hz
(3) $\lambda_3=1.5$ m，$f_3=4.0×10^2$ Hz

リード文check
❶―定常波の腹から腹までの距離は $\dfrac{\lambda}{2}$ である

■ 弦の固有振動の基本プロセス

プロセス 0

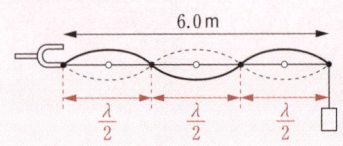

プロセス 1　定常波の図をかく
プロセス 2　図から波長 λ を，弦の長さを用いて表す
プロセス 3　「$v=f\lambda$」，「$f=\dfrac{1}{T}$」を用いて，必要な物理量を求める

解説

(1) **プロセス 1** 定常波の図をかく

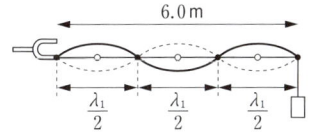

プロセス 2 図から波長 λ を，弦の長さを用いて表す

$\dfrac{1}{2}$ 波長の 3 倍が，弦の長さ 6.0 m に等しいから

$\dfrac{1}{2}\lambda_1 \times 3 = 6.0$

$\lambda_1 = 4.0 \,[\text{m}]$

プロセス 3 「$v = f\lambda$」，「$f = \dfrac{1}{T}$」を用いて，必要な物理量を求める

波の速さ $v = 6.0 \times 10^2$ m/s なので，「$v = f\lambda$」より

$f_1 = \dfrac{v}{\lambda_1} = \dfrac{6.0 \times 10^2}{4.0} = 1.5 \times 10^2 \,[\text{Hz}]$

答 $\lambda_1 = 4.0\,\text{m}$，$f_1 = 1.5 \times 10^2\,\text{Hz}$

(2) **1**

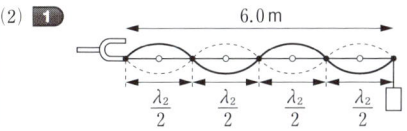

2 $\dfrac{1}{2}$ 波長の 4 倍が 6.0 m に等しい。

$\dfrac{1}{2}\lambda_2 \times 4 = 6.0$

$\lambda_2 = 3.0\,[\text{m}]$

3 「$v = f\lambda$」より

$f_2 = \dfrac{v}{\lambda_2} = \dfrac{6.0 \times 10^2}{3.0} = 2.0 \times 10^2 \,[\text{Hz}]$

答 $\lambda_2 = 3.0\,\text{m}$，$f_2 = 2.0 \times 10^2\,\text{Hz}$

(3) **1**

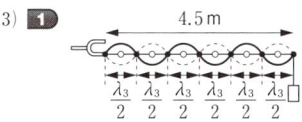

2 $\dfrac{1}{2}$ 波長の 6 倍が，弦の長さ 4.5 m に等しいから

$\dfrac{1}{2}\lambda_3 \times 6 = 4.5$

$\lambda_3 = 1.5\,[\text{m}]$

3 「$v = f\lambda$」より

$f_3 = \dfrac{v}{\lambda_3} = \dfrac{6.0 \times 10^2}{1.5} = 4.0 \times 10^2 \,[\text{Hz}]$

答 $\lambda_3 = 1.5\,\text{m}$，$f_3 = 4.0 \times 10^2\,\text{Hz}$

ベストフィット 〔発展〕

弦の振動数と，おんさの振動数は同じ問題が一般的だが，おんさと弦をとりつける向きによっては弦の振動数がおんさの半分になることもある。

＜おんさと弦の振動数が同じ場合＞

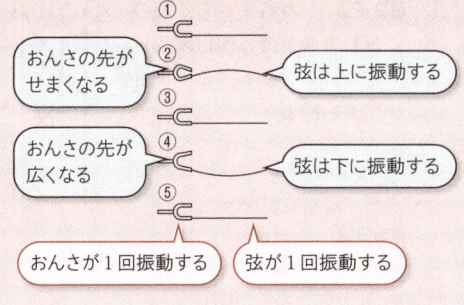

＜おんさと弦の振動数が異なる場合＞

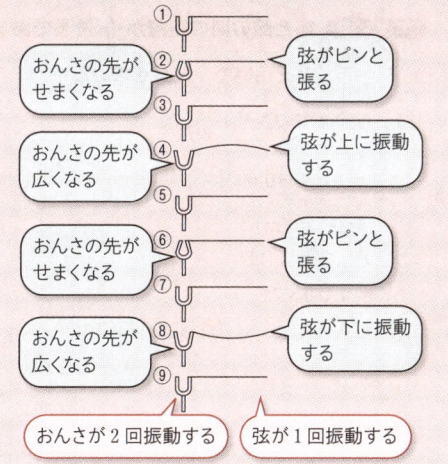

類題 43 閉管の固有振動 (p.101)

気柱共鳴管の管口近くで，スピーカーから振動数 950 Hz の音を出して実験をした。管口から水面を徐々に下げていくと，管口から水面までの距離が 9.0 cm と 27.0 cm のときに共鳴した。
(1) 音波の波長 λ_1 [m]，音速 v [m/s] を求めよ。
(2) 管口から水面までの距離を 27.0 cm で固定し，スピーカーから出る音の振動数を徐々に高くしていくと，一度音が小さくなり，再度共鳴した。このときのスピーカーから出る音の波長 λ_2 [m] と振動数 f_2 [Hz] を求めよ。

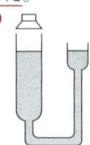

解答
(1) $\lambda_1 = 0.360$ m，$v = 342$ m/s
(2) $\lambda_2 = 0.216$ m，$f_2 = 1.58 \times 10^3$ Hz

リード文check
❶ — 9.0 cm，27.0 cm が節となる定常波ができる

■ 閉管の固有振動の基本プロセス　Process

プロセス 0
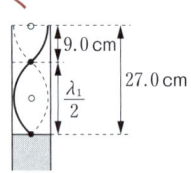
○は腹，●は節

プロセス 1　管口が腹，水面が節となる定常波をかく

プロセス 2　節と節の間の距離が $\dfrac{1}{2}$ 波長（腹と節の間の距離が $\dfrac{1}{4}$ 波長）であることを用いて，波長を求める

プロセス 3　「$v = f\lambda$」，「$f = \dfrac{1}{T}$」を用いて，必要な物理量を求める

解説

(1) プロセス 1　管口が腹，水面が節となる定常波をかく

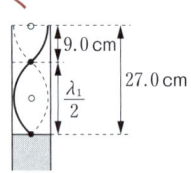

プロセス 2　節と節の間の距離が $\dfrac{1}{2}$ 波長であることを用いて，波長を求める

節から節までの距離 $\left(\dfrac{\lambda_1}{2}\right)$ は

$\dfrac{\lambda_1}{2} = 0.270 - 0.090$
$\phantom{\dfrac{\lambda_1}{2}} = 0.180$ [m]

よって，波長 λ_1 は
$\lambda_1 = 0.180 \times 2$
$ = 0.360$ [m]　答 $\lambda_1 = 0.360$ m

プロセス 3　「$v = f\lambda$」，「$f = \dfrac{1}{T}$」を用いて，必要な物理量を求める

振動数 $f = 950$ Hz なので，「$v = f\lambda$」より
$v = f\lambda_1$
$ = 950 \times 0.360$
$ = 342$ [m/s]　答 $v = 342$ m/s

(2) 1 2 (1)の結果から，この気柱共鳴管では開口端補正がないことがわかる。よって，右図より

$\dfrac{\lambda_2}{4} \times 5 = 0.270$

$\lambda_2 = 0.216$ [m]

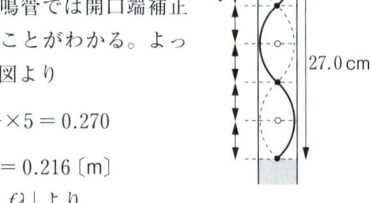

3 「$v = f\lambda$」より
$f_2 = \dfrac{v}{\lambda_2} = \dfrac{342}{0.216}$
$ = 1583.3\cdots$
$ \fallingdotseq 1.58 \times 10^3$ [Hz]

答 $\lambda_2 = 0.216$ m，$f_2 = 1.58 \times 10^3$ Hz

類題 44 開管の固有振動 (p. 102)

図のように,長さを変えることができる管がある。管の長さを 36.0 cm にし,スピーカーから 950 Hz の音を出すと,節が 2 つの定常波ができた。

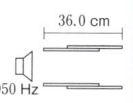

(1) この音波の波長 λ_1 [m],音速 v [m/s] を求めよ。
(2) 同じ振動数の音を出しながら管を伸ばしていくと,一度音が小さくなり,その後再び共鳴した。このときの管の長さ l [m] を求めよ。
(3) 管の長さを(2)の l で固定し,スピーカーから出す音の振動数を徐々に大きくしていくと,一度音は小さくなり,その後再び共鳴した。このときの音波の波長 λ_2 [m] と,スピーカーから出ている音の振動数 f_2 [Hz] を求めよ。

解答

(1) $\lambda_1 = 0.360$ m, $v = 342$ m/s
(2) $l = 0.540$ m
(3) $\lambda_2 = 0.270$ m, $f_2 = 1.27 \times 10^3$ Hz

リード文check

❶ $\frac{1}{2}\lambda$ が 2 個の定常波

❷ 「$v = f\lambda$」より,振動数 f が大きくなると,波長 λ が小さくなる

■ 開管の固有振動の基本プロセス Process

プロセス 0

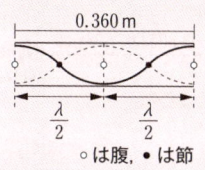

○は腹,●は節

プロセス 1 両方の管口が腹になる定常波をかく

プロセス 2 腹と腹の間の距離が $\frac{1}{2}$ 波長であることを用いて,波長を求める

プロセス 3 「$v = f\lambda$」,「$f = \frac{1}{T}$」を用いて,必要な物理量を求める

解説

(1) **プロセス 1** 両方の管口が腹になる定常波をかく

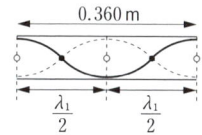

プロセス 2 腹と腹の間の距離が $\frac{1}{2}$ 波長であることを用いて,波長を求める

腹から腹までの距離 $\left(\frac{\lambda_1}{2}\right)$ の 2 倍が,管の長さに等しいから

$\frac{\lambda_1}{2} \times 2 = 0.360$

$\lambda_1 = 0.360$ [m]　**答** $\lambda_1 = 0.360$ m

プロセス 3 「$v = f\lambda$」,「$f = \frac{1}{T}$」を用いて,必要な物理量を求める

振動数 $f = 950$ Hz なので,「$v = f\lambda$」より

$v = 950 \times 0.360$
$= 342$ [m/s]

答 $v = 342$ m/s

(2) **1**

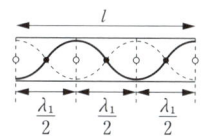

2 図より,管の長さは $\frac{\lambda_1}{2}$ の 3 倍に等しいので

$l = \frac{\lambda_1}{2} \times 3 = \frac{0.360}{2} \times 3 = 0.540$ [m]

答 $l = 0.540$ m

(3) **1**

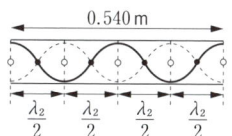

2 腹から腹までの距離 $\left(\frac{\lambda_2}{2}\right)$ の 4 倍が管の長さに等しい。

$\frac{\lambda_2}{2} \times 4 = 0.540$

$\lambda_2 = 0.270$ [m]　**答** $\lambda_2 = 0.270$ m

3 「$v = f\lambda$」より

$f_2 = \frac{v}{\lambda_2} = \frac{342}{0.270} = 1266.6\cdots$ [Hz]

答 $f_2 = 1.27 \times 10^3$ Hz

119 [音速] (p.103)

解答 (1) $V = 343.5 \, \text{m/s}$
(2) $t = 32 \, ℃$

リード文check
❶音速 … 音速 V〔m/s〕とセルシウス温度 t〔℃〕の関係「$V = 331.5 + 0.6t$」

解説 (1) 「$V = 331.5 + 0.6t$」より
$V = 331.5 + 0.6 \times 20$
$= 343.5$ 〔m/s〕
答 $V = 343.5 \, \text{m/s}$

(2) 「$V = 331.5 + 0.6t$」より
$t = \dfrac{V - 331.5}{0.6}$
$= \dfrac{350.7 - 331.5}{0.6}$
$= 32$ 〔℃〕 答 $t = 32 \, ℃$

120 [うなり] (p.103)

解答 (1) $f = 3$
(2) $f_A = 503 \, \text{Hz}$

リード文check
❶1秒間に観測されるうなりの回数 … 振動数 f_1〔Hz〕と f_2〔Hz〕の音が同時に鳴るとき，1秒間のうなりの回数 f は
$f = |f_1 - f_2|$

解説 (1) 「$f = |f_1 - f_2|$」より
$f = 600 - 597$
$= 3$ 答 $f = 3$

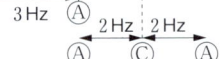

(2) 500 Hz のおんさ B と同時に鳴らすと毎秒 3 回のうなりが観測されることから
おんさ A の振動数は　497 Hz または 503 Hz　……①
505 Hz のおんさ C と同時に鳴らすと毎秒 2 回のうなりが観測されることから
おんさ A の振動数は　503 Hz または 507 Hz　……②
①，②より
おんさ A の振動数は 503 Hz 答 $f_A = 503 \, \text{Hz}$

121 [弦の固有振動] (p.103)

解答 (1) $\lambda_1 = 0.30 \, \text{m}, \ v_1 = 1.1 \times 10^2 \, \text{m/s}$
(2) $l = 0.75 \, \text{m}$
(3) $\lambda_2 = 0.40 \, \text{m}, \ v_2 = 1.4 \times 10^2 \, \text{m/s}$

リード文check
❶おもりの重さを徐々に大きくしていく …
重さが大きくなる ⇒ 弦を伝わる波の速さは大きくなる
⇒ 波長は長くなる（$v = f\lambda$）

解説 (1) $\dfrac{\lambda_1}{2} \times 4 = 0.60$
$\lambda_1 = 0.30$ 〔m〕
「$v = f\lambda$」より
$v_1 = 3.5 \times 10^2 \times 0.30$
$= 1.05 \times 10^2$ 〔m/s〕
答 $\lambda_1 = 0.30 \, \text{m}, \ v_1 = 1.1 \times 10^2 \, \text{m/s}$

(2) $l = \dfrac{\lambda_1}{2} \times 5$
$= \dfrac{0.30}{2} \times 5$
$= 0.75$ 〔m〕
答 $l = 0.75 \, \text{m}$

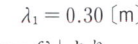

(3) 重さが大きくなると，波の速さは大きくなる。「$v = f\lambda$」より，振動数が一定のとき速さが大きくなると，波長が大きくなる。
よって，腹の数が 1 つ減った定常波ができる。

$\dfrac{\lambda_2}{2} \times 3 = 0.60$
$\lambda_2 = 0.40$ 〔m〕
「$v = f\lambda$」より
$v_2 = 3.5 \times 10^2 \times 0.40$
$= 1.4 \times 10^2$ 〔m/s〕
答 $\lambda_2 = 0.40 \, \text{m}, \ v_2 = 1.4 \times 10^2 \, \text{m/s}$

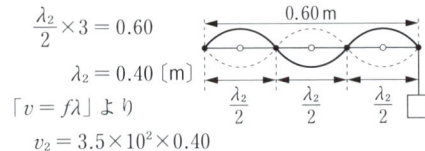

122 ［閉管の固有振動］(p. 103)

解答 (1) $\lambda = 56.0\,\text{cm}$, $\varDelta x = 0.5\,\text{cm}$
(2) $V = 336\,\text{m/s}$
(3) $\lambda' = 33.6\,\text{cm}$, $f' = 1000\,\text{Hz}$

リード文check
❶開口端補正は常に一定 … 気柱の長さや波長が変化しても，開口端補正は変化しない

解説 (1)

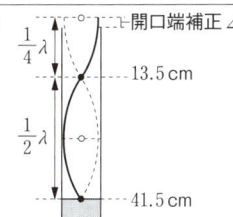

図より，節から節までの長さ $\left(\dfrac{1}{2}\lambda\right)$ は

$$\dfrac{1}{2}\lambda = 41.5 - 13.5$$
$$= 28.0\,[\text{cm}]$$

よって，波長 $\lambda\,[\text{cm}]$ は
$$\lambda = 28.0 \times 2$$
$$= 56.0\,[\text{cm}]$$

図より，腹から節までの長さ $\left(\dfrac{1}{4}\lambda\right)$ は

$$\dfrac{1}{4}\lambda = \varDelta x + 13.5$$
$$\varDelta x = \dfrac{1}{4}\lambda - 13.5$$
$$= \dfrac{1}{4} \times 56.0 - 13.5$$
$$= 0.5\,[\text{cm}]$$

答 $\lambda = 56.0\,\text{cm}$, $\varDelta x = 0.5\,\text{cm}$

(2) 「$v = f\lambda$」より
$$V = f\lambda$$
$$= 600 \times 0.560 \quad (56.0\,\text{cm} = 0.560\,\text{m})$$
$$= 336\,[\text{m/s}]$$
答 $V = 336\,\text{m/s}$

(3) 「$v = f\lambda$」より，速さが一定のとき振動数が大きくなると，波長は小さくなる。
よって，腹の数が1つ増えた定常波ができる。

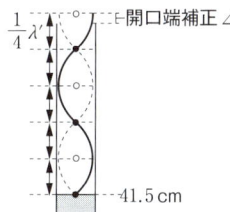

図より
$$\dfrac{1}{4}\lambda' \times 5 = \varDelta x + 41.5$$
$$\dfrac{5}{4}\lambda' = 0.5 + 41.5$$
$$\lambda' = 42.0 \times \dfrac{4}{5}$$
$$= 33.6\,[\text{cm}]$$

「$v = f\lambda$」より
$$f' = \dfrac{V}{\lambda'}$$
$$= \dfrac{336}{0.336}$$
$$= 1000\,[\text{Hz}]$$

答 $\lambda' = 33.6\,\text{cm}$, $f' = 1000\,\text{Hz}$

123 [開管の固有振動] (p.103)

解答 (1) $\lambda = 80\,\mathrm{cm}$, $f = 425\,\mathrm{Hz}$, $\Delta x = 1\,\mathrm{cm}$
(2) $\lambda' = 120\,\mathrm{cm}$, $f' = 283\,\mathrm{Hz}$

リード文check
❶ 節が 4 つの定常波 … $\dfrac{\lambda}{2}$ が 4 個の定常波

解説 (1)

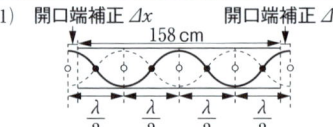

上図より

$$\dfrac{\lambda}{2} = 158 - 118$$

$$\lambda = 80\,\mathrm{[cm]}$$

音速は $v = 340\,\mathrm{m/s}$ なので, 「$v = f\lambda$」より

$$f = \dfrac{v}{\lambda} = \dfrac{340}{0.80}\quad (80\,\mathrm{cm} = 0.80\,\mathrm{m})$$

$$= 425\,\mathrm{[Hz]}$$

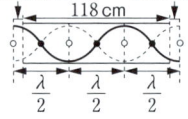

上図より

$$\dfrac{\lambda}{2} \times 3 = 118 + 2\Delta x$$

$$\Delta x = \left(\dfrac{80}{2} \times 3 - 118\right) \times \dfrac{1}{2}$$

$$= 1\,\mathrm{[cm]}$$

答 $\lambda = 80\,\mathrm{cm}$, $f = 425\,\mathrm{Hz}$, $\Delta x = 1\,\mathrm{cm}$

(2) 右図より

$$\dfrac{\lambda'}{2} \times 2 = 118 + 1 \times 2$$

$$\lambda' = 120\,\mathrm{[cm]}$$

「$v = f\lambda$」より

$$f' = \dfrac{v}{\lambda'} = \dfrac{340}{1.20}\quad (120\,\mathrm{cm} = 1.20\,\mathrm{m})$$

$$= 283.3\,\mathrm{[Hz]}$$

答 $\lambda' = 120\,\mathrm{cm}$, $f' = 283\,\mathrm{Hz}$

P.104 ▶18 静電気，電流

類題 45 金属中の自由電子（p.106）

金属 Na でできた，断面積 $S = 4.0 \times 10^{-6}\,\mathrm{m}^2$ の導線に，$I = 7.8\,\mathrm{A}$ の電流が流れている。Na の自由電子の個数密度は 2.5×10^{28} 個/m³，電子の電気量は $-1.6 \times 10^{-19}\,\mathrm{C}$ であるとする。
(1) この導線の断面を，1 分間で通過する電気量の大きさは何 C か。❷
(2) この導線の断面を，1 分間で通過する自由電子の個数はいくらか。❶
(発展)(3) 自由電子の移動する速さはいくらか。

解答
(1) $4.7 \times 10^2\,\mathrm{C}$ (2) 2.9×10^{21} 個
(3) $4.9 \times 10^{-4}\,\mathrm{m/s}$

リード文check
❶ — 金属中の各原子間を自由に移動できる電子
❷ — 単位体積中（1 m³）に入っている粒子の個数

■ 電流，電気量，自由電子の速さの基本プロセス Process

プロセス1 物理量を文字で表す
プロセス2 「$Q = It$」，「$I = envS$」を用いて，求めたい物理量を式で表す
プロセス3 数値を代入する

解説

(1) **プロセス1** 物理量を文字で表す
電気が流れる時間は $t = 60\,\mathrm{s}$ である。求める電気量を $Q\,[\mathrm{C}]$ とする。

プロセス2 「$Q = It$」，「$I = envS$」を用いて，求めたい物理量を式で表す

プロセス3 数値を代入する
$Q = It = 7.8 \times 60$
$= 468$
$\overset{7}{}$
$= 4.68 \times 10^2$
$\fallingdotseq 4.7 \times 10^2\,[\mathrm{C}]$ **答** $4.7 \times 10^2\,\mathrm{C}$

(2) 求める電子の個数を $N\,[$個$]$ とする。電気素量は $e = 1.6 \times 10^{-19}\,\mathrm{C}$ なので，「$Q = eN$」より，

$N = \dfrac{Q}{e} = \dfrac{468}{1.6 \times 10^{-19}}$
$= 292.5 \times 10^{19}$
$= 2.925 \times 10^{21}$
$\fallingdotseq 2.9 \times 10^{21}\,[$個$]$ **答** 2.9×10^{21} 個

(3) ❶ 自由電子の個数密度は $n = 2.5 \times 10^{28}$ 個/m³ である。求める速度を $v\,[\mathrm{m/s}]$ とする。

❷ 「$I = envS$」より
$v = \dfrac{I}{enS}$

❸ $= \dfrac{7.8}{1.6 \times 10^{-19} \times 2.5 \times 10^{28} \times 4.0 \times 10^{-6}}$
$= \dfrac{7.8}{1.6 \times 2.5 \times 4.0} \times 10^{19-28+6}$
$\overset{9}{}$
$= 0.4875 \times 10^{-3} \fallingdotseq 4.9 \times 10^{-4}\,[\mathrm{m/s}]$

答 $4.9 \times 10^{-4}\,\mathrm{m/s}$

---

124 ［帯電と静電気力］（p.107）

解答 (ア)引 (イ)同種 (ウ)マイナス（負） (エ)プラス（正）

解説 電荷にはプラス（正）とマイナス（負）があり，同種（同符号）のときは互いに反発し合い，異種（異符号）のときは互いに引き合う。
種類の違う物体どうしをこすり合わせると，摩擦によって電子の一部が一方から他方に移動し，プラス（正）とマイナス（負）の電荷をもつ。電子をもらった側がマイナス（負）に帯電し，電子を失った側がプラス（正）に帯電することになる。

---

125 ［導体・不導体・半導体］（p.107）

解答 (ア)導体 (イ)自由電子 (ウ)不導体（絶縁体） (エ)半導体

126 [帯電と電子の移動] (p. 107)

解答 (1) ティッシュペーパーからパイプに移動した。
(2) 3.0×10^{11} 個

リード文check
❶電気素量 … 電子1個がもつ電気量の大きさ

解説 (1) 電子は負の電荷をもつので，マイナス（負）に帯電した方が電子を受け取ったことになる。塩化ビニルのパイプが負に帯電したので，電子はティッシュペーパーからパイプに移動したことがわかる。　**答** ティッシュペーパーからパイプに移動した。

(2) 電気素量は $e = 1.6 \times 10^{-19}$ C である。移動した電子の個数を N 〔個〕，電気量の大きさを Q 〔C〕とすると，「$Q = eN$」より

$$N = \frac{Q}{e} = \frac{4.8 \times 10^{-8}}{1.6 \times 10^{-19}}$$
$$= 3.0 \times 10^{-8-(-19)}$$
$$= 3.0 \times 10^{11} 〔個〕$$

答 3.0×10^{11} 個

127 [電気量と電子の個数] (p. 107)

解答 6.3×10^{18} 個

解説 電流 $I = 1.0$ A，流れる時間 $t = 1.0$ s なので，通過する電気量の大きさ Q 〔C〕は，「$Q = It$」より
$Q = 1.0 \times 1.0 = 1.0$ 〔C〕
断面を通過する電子の個数を N 〔個〕，電気素量を e 〔C〕とすると，「$Q = eN$」より

$$N = \frac{Q}{e} = \frac{1.0}{1.6 \times 10^{-19}}$$
$$= 0.6\overset{3}{2}5 \times 10^{-(-19)}$$
$$\fallingdotseq 6.3 \times 10^{18} 〔個〕$$

答 6.3×10^{18} 個

128 [電気素量] (p. 107)

解答 (1) 1.2×10^3 C (2) 1.6×10^{-19} C

解説 (1) 電流 $I = 2.0$ A，流れた時間 $t = 10 \times 60$ s なので，求める電気量の大きさ Q 〔C〕は，「$Q = It$」より
$Q = 2.0 \times 600 = 1.2 \times 10^3$　**答** 1.2×10^3 C

(2) 断面を通った電子の個数は $N = 7.5 \times 10^{21}$ 〔個〕なので，電気素量を e 〔C〕とすると，「$Q = eN$」より

$$e = \frac{Q}{N} = \frac{1.2 \times 10^3}{7.5 \times 10^{21}}$$
$$= 0.16 \times 10^{3-21}$$
$$= 1.6 \times 10^{-19} 〔C〕$$

答 1.6×10^{-19} C

129 [自由電子が運ぶ電気量] (p. 107)

解答 (1) It 〔C〕
(2) $\dfrac{It}{e}$ 〔個〕 (3) $\dfrac{I}{enS}$ 〔m/s〕

リード文check
❶自由電子 … 金属中の各原子間を自由に移動できる電子
❷個数密度 … 単位体積中に入っている粒子の個数

解説 (1) 電流 I 〔A〕が1秒間に運ぶ電気量は I 〔C〕である。この銅線を通して，t 秒間に運ばれる電気量の大きさ Q 〔C〕は，電流 I 〔A〕，時間 t 〔s〕のとき，$Q = It$ 〔C〕である。　**答** It 〔C〕

(2) 電流 I，時間 t のとき，電気量の大きさは「$Q = It$」である。

一方，電気量の大きさは「$Q = eN$」と表すことができるので，「$eN = It$」より

$$N = \frac{It}{e} 〔個〕$$ **答** $\dfrac{It}{e}$ 〔個〕

(3) 自由電子の移動する速さを v 〔m/s〕とすると，「$I = envS$」より

$$v = \frac{I}{enS} 〔m/s〕$$ **答** $\dfrac{I}{enS}$ 〔m/s〕

P.108 ▶19 電気抵抗

類題 46 電流と電圧の関係（I-V グラフ）(p.109)

図は，ある2つの金属線P，Qについて，その両端にかけた電圧 V〔V〕と流れた電流 I〔A〕の関係をグラフに表したものである。
(1) 金属線Pの抵抗を求めよ。
(2) 金属線P，Qを直列に接続した抵抗について，電流と電圧の関係を図中にかき入れよ。

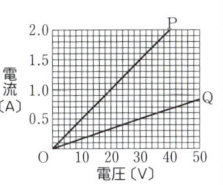

解答
(1) 20 Ω　(2) 解説参照

リード文check
❶— I-V グラフでは，傾きが抵抗の逆数を表す

■ I-V グラフから抵抗を求める基本プロセス

プロセス 1 縦軸が電流 I，横軸が電圧 V であることを確認する

プロセス 2 縦軸の変化量 ΔI，横軸の変化量 ΔV を読みとり，グラフの傾き $\dfrac{\Delta I}{\Delta V}$ を求める

プロセス 3 (傾き)$=\dfrac{1}{R}$ より，抵抗 R を求める

解説

(1) **プロセス 1** 縦軸が電流 I，横軸が電圧 V であることを確認する

プロセス 2 縦軸の変化量 ΔI，横軸の変化量 ΔV を読みとり，グラフの傾き $\dfrac{\Delta I}{\Delta V}$ を求める

金属線Pのグラフについて，電圧が40Vのとき，電流は2.0Aとなるので

$$(傾き)=\dfrac{2.0}{40}〔1/\Omega〕$$

プロセス 3 (傾き)$=\dfrac{1}{R}$ より，抵抗 R を求める

オームの法則「$V=RI$」より，「$I=\dfrac{1}{R}V$」である。つまり，I-V グラフの傾きは $\dfrac{1}{R}$ を表す。したがって，金属線Pの抵抗を R_P〔Ω〕とすると

$$\dfrac{2.0}{40}=\dfrac{1}{R_P}$$

$$R_P=\dfrac{40}{2.0}=20〔\Omega〕\quad \text{答 } 20\ \Omega$$

(2) **2 3** I-V グラフの傾きは $\dfrac{1}{R}$ を表すので，金属線Qの抵抗を R_Q〔Ω〕とすると

$$\dfrac{0.50}{30}=\dfrac{1}{R_Q}$$

$$R_Q=\dfrac{30}{0.50}=60〔\Omega〕$$

金属線P，Qを直列接続したときの合成抵抗を R'〔Ω〕とすると，

$$R'=R_P+R_Q$$
$$=20+60=80〔\Omega〕$$

よって，求めるグラフの傾きは，$\dfrac{1}{R'}=\dfrac{1}{80}$ である。

答

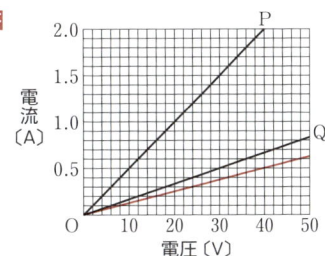

類題 47 回路と合成抵抗 (p.110)

図のように，抵抗値 $R_1 = 120\,\Omega$，$R_2 = 400\,\Omega$，$R_3 = 600\,\Omega$ の抵抗と起電力 $V = 90\,\text{V}$ の電源を接続した。次の問いに答えよ。
(1) 点 bc 間に接続された抵抗の合成抵抗 R_{bc}〔Ω〕を求めよ。
(2) 点 ac 間に接続された抵抗の合成抵抗 R_{ac}〔Ω〕を求めよ。
(3) 点 a を流れる電流 I_a〔A〕を求めよ。

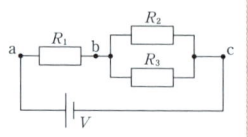

解答
(1) $R_{bc} = 240\,\Omega$ (2) $R_{ac} = 360\,\Omega$ (3) $I_a = 0.25\,\text{A}$

■ 複数の抵抗が接続された回路の**基本プロセス** Process

プロセス 0

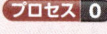

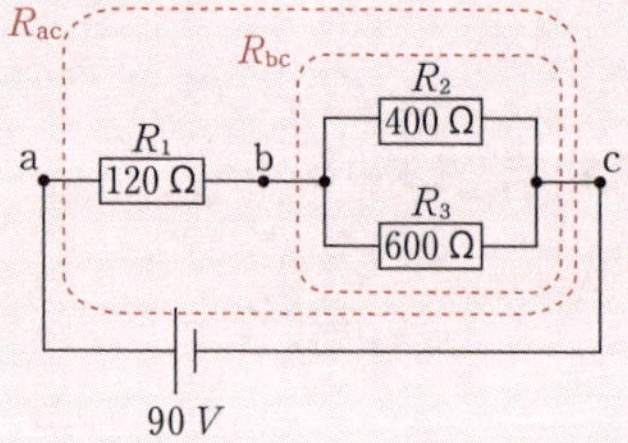

プロセス 1 できるだけわかりやすい回路図にかき直す
プロセス 2 単純な接続部分を見つけ，合成抵抗を求める
プロセス 3 合成抵抗 R，合成抵抗にかかる電圧 V，流れる電流 I で，オームの法則を適用する

解説

(1) **プロセス 1** できるだけわかりやすい回路図にかき直す
プロセス 2 単純な接続部分を見つけ，合成抵抗を求める

抵抗 R_2, R_3 は並列接続だから，「$\dfrac{1}{R} = \dfrac{1}{R_1} + \dfrac{1}{R_2}$」より

$$\dfrac{1}{R_{bc}} = \dfrac{1}{R_2} + \dfrac{1}{R_3}$$
$$= \dfrac{1}{400} + \dfrac{1}{600}$$
$$= \dfrac{3+2}{1200} = \dfrac{1}{240}$$

$R_{bc} = 240$〔Ω〕
答 $R_{bc} = 240\,\Omega$

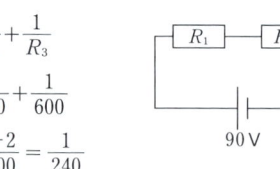

(2) **2** 抵抗 R_1, R_{bc} は直列接続だから，「$R = R_1 + R_2$」より

$R_{ac} = R_1 + R_{bc}$
$= 120 + 240$
$= 360$〔Ω〕 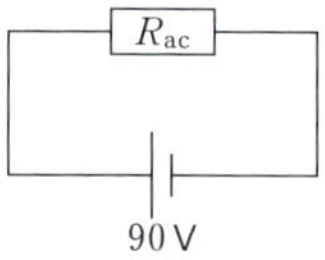
答 $R_{ac} = 360\,\Omega$

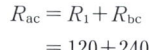

(3) **プロセス 3** 合成抵抗 R，合成抵抗にかかる電圧 V，流れる電流 I で，オームの法則を適用する

オームの法則「$V = RI$」より，「$I = \dfrac{V}{R}$」だから，

$$I_a = \dfrac{V}{R_{ac}} = \dfrac{90}{360} = 0.25\,〔\text{A}〕$$

答 $I_a = 0.25\,\text{A}$

130 [合成抵抗] (p.111)

解答 (1) 500 Ω (2) 120 Ω (3) 600 Ω (4) 100 Ω (5) 120 Ω (6) 280 Ω

解説 (1) 合成抵抗を R〔Ω〕とすると，抵抗 2 つの直列接続だから，

$R = 200 + 300 = 500$〔Ω〕   **答** $500\,\Omega$

(2) 合成抵抗を R〔Ω〕とすると，抵抗 2 つの並列接続だから，

$$\dfrac{1}{R} = \dfrac{1}{200} + \dfrac{1}{300}$$
$$= \dfrac{3+2}{600} = \dfrac{1}{120}$$

$R = 120$〔Ω〕   **答** $120\,\Omega$

(3) 合成抵抗を R〔Ω〕とすると，抵抗3つの直列接続だから
$R = 100+200+300 = 600$〔Ω〕
答 600 Ω

(4) 合成抵抗を R〔Ω〕とすると，抵抗3つの並列接続だから
$\dfrac{1}{R} = \dfrac{1}{300}+\dfrac{1}{300}+\dfrac{1}{300} = \dfrac{3}{300} = \dfrac{1}{100}$
$R = 100$〔Ω〕 **答** 100 Ω

(5) 直列接続部分の合成抵抗を R_1〔Ω〕とすると
$R_1 = 200+100 = 300$〔Ω〕

この $R_1 = 300$ Ω と 200 Ω が並列に接続されているので，その合成抵抗を R〔Ω〕とすると
$\dfrac{1}{R} = \dfrac{1}{300}+\dfrac{1}{200} = \dfrac{2+3}{600} = \dfrac{1}{120}$
$R = 120$〔Ω〕 **答** 120 Ω

(6) 並列接続部分の合成抵抗を R_1〔Ω〕とすると
$\dfrac{1}{R_1} = \dfrac{1}{100}+\dfrac{1}{400} = \dfrac{4+1}{400} = \dfrac{1}{80}$
$R_1 = 80$〔Ω〕
この $R_1 = 80$ Ω と 200 Ω が直列に接続されているので，その合成抵抗を R〔Ω〕とすると，
$R = 80+200 = 280$〔Ω〕 **答** 280 Ω

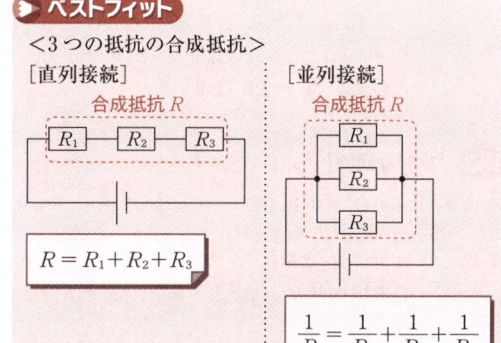

ベストフィット
＜3つの抵抗の合成抵抗＞
［直列接続］ 合成抵抗 R
$R = R_1+R_2+R_3$
［並列接続］ 合成抵抗 R
$\dfrac{1}{R} = \dfrac{1}{R_1}+\dfrac{1}{R_2}+\dfrac{1}{R_3}$

131 ［直列回路］（p.111）

解答 (1) 4.5 V (2) 3.0 V
(3) 7.5 V

リード文check
❶点 ac 間の電圧 … 点 ac 間の合成抵抗を R として，「$V=RI$」から求める

解説 (1) 抵抗は直列接続なので，各抵抗に流れる電流は等しい。その電流を I〔A〕とすると，オームの法則「$V=RI$」より，
（ab 間の電圧）$= R_1 I$
$= 3.0 \times 1.5$
$= 4.5$〔V〕 **答** 4.5 V

(2) オームの法則「$V=RI$」より
（bc 間の電圧）$= R_2 I$
$= 2.0 \times 1.5$
$= 3.0$〔V〕 **答** 3.0 V

(3) オームの法則「$V=RI$」より
（ac 間の電圧）$= (R_1+R_2)I$
$= (3.0+2.0) \times 1.5$
$= 7.5$〔V〕 **答** 7.5 V

（ac 間の電圧）
$=$（ac 間の合成抵抗）×（電流）

別解
（ac 間の電圧）$=$（ab 間の電圧）$+$（bc 間の電圧）
$= 4.5+3.0$
$= 7.5$〔V〕

132 [並列回路] (p.111)

解答 (1) 20 V (2) 1.0 A (3) 3.0 A

リード文check

❶点 b に流れ込む電流 … 抵抗 R_1 に流れる電流と抵抗 R_2 に流れる電流の合計

解説 (1) $R_1 = 10\,\Omega$, 抵抗 R_1 に流れる電流は $I_1 = 2.0$ A だから, オームの法則「$V = RI$」より

(ab 間の電圧) $= R_1 I_1$
$= 10 \times 2.0$
$= 20$ [V]   **答** 20 V

(2) 点 q を流れる電流と抵抗 R_2 に流れる電流は等しい。抵抗 R_1 と R_2 は並列接続だから, 2つの抵抗の両端にかかる電圧は等しく, 20 V。

抵抗 R_2 に流れる電流を I_2 [A] とすると, $R_2 = 20\,\Omega$, (ab 間の電圧) $= 20$ V だから, オームの法則「$V = RI$」より

$20 = R_2 I_2$
$I_2 = \dfrac{20}{R_2} = \dfrac{20}{20} = 1.0$ [A]   **答** 1.0 A

(3) 点 b に流れ込む電流を I [A] とすると, I は抵抗 R_1 と抵抗 R_2 に流れる電流の和となるから,

$I = I_1 + I_2$
$= 2.0 + 1.0$
$= 3.0$ [A]   **答** 3.0 A

133 [複雑な回路] (p.111)

解答 (1) 6.0 Ω (2) 12.0 Ω (3) ac 間の電圧:6.0 V, ab 間の電圧:3.0 V (4) 0.30 A (5) 0.20 A

解説 (1) 抵抗 R_1 と R_2 は直列接続だから, ap 間の合成抵抗を R_{ap} [Ω] とすると,「$R = R_1 + R_2$」より

$R_{ap} = R_1 + R_2$
$= 6.0 + 4.0 = 10.0$ [Ω]

合成抵抗 R_{ap} と抵抗 R_3 は並列接続だから, ab 間の合成抵抗を R_{ab} [Ω] とすると,

「$\dfrac{1}{R} = \dfrac{1}{R_1} + \dfrac{1}{R_2}$」より

$\dfrac{1}{R_{ab}} = \dfrac{1}{R_{ap}} + \dfrac{1}{R_3}$
$= \dfrac{1}{10.0} + \dfrac{1}{15} = \dfrac{3+2}{30} = \dfrac{1}{6.0}$

$R_{ab} = 6.0$ [Ω]   **答** 6.0 Ω

(2) 回路は下図のように ab 間の合成抵抗 R_{ab} と抵抗 R_4 の直列接続として単純化できる。

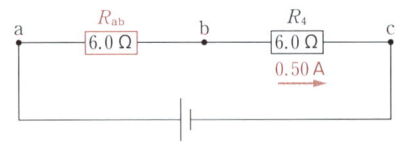

ac 間の合成抵抗を R_{ac} [Ω] とすると,「$R = R_1 + R_2$」より

$R_{ac} = R_{ab} + R_4$
$= 6.0 + 6.0 = 12.0$ [Ω]   **答** 12.0 Ω

(3) 点 c を流れる電流は $I = 0.50$ A なので, オームの法則「$V = RI$」より

(ac 間の電圧) $= R_{ac} I$
$= 12.0 \times 0.50$
$= 6.0$ [V]

(ab 間の電圧) $= R_{ab} I$
$= 6.0 \times 0.50$
$= 3.0$ [V]

> 直列接続なので, 2つの抵抗に流れる電流の値は同じ

答 ac 間の電圧:6.0 V, ab 間の電圧:3.0 V

(4) 点 p を流れる電流を I_p [A] とすると,

「$V = RI$」より「$I = \dfrac{V}{R}$」なので

$I_p = \dfrac{(\text{ab 間の電圧})}{R_{ap}}$
$= \dfrac{3.0}{10.0} = 0.30$ [A]   **答** 0.30 A

(5) 点 q を流れる電流を I_q [A] とすると, (4)と同様に

$I_q = \dfrac{(\text{ab 間の電圧})}{R_3}$
$= \dfrac{3.0}{15} = 0.20$ [A]   **答** 0.20 A

P.112 ▶20 抵抗率，ジュール熱

類題 48 抵抗の直列接続と抵抗率 (p.113)

同じ材質で同じ断面積の抵抗 R_1〔Ω〕, R_2〔Ω〕を用いて，図のような回路をつくった。ここで，抵抗 R_1 の断面積は $S=2.5\times 10^{-6} m^2$，長さは $l_1=1.5 m$，抵抗値は $R_1=30 Ω$ である。また，抵抗 R_2 の長さは $l_2=2.5 m$ である。

(1) この材質の抵抗率 ρ〔Ω·m〕を求めよ。
(2) 抵抗値 R_2〔Ω〕を求めよ。
(3) 点 ab 間を，同じ材質で同じ断面積の抵抗 R〔Ω〕を用いて 1つにおきかえるには，抵抗 R の長さ l〔m〕をいくらにすればよいか。

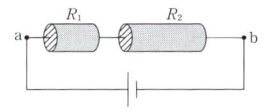

解答
(1) 5.0×10^{-5} Ω·m　(2) 50 Ω　(3) 4.0 m

リード文check
❶ 抵抗率は，抵抗 R_1 と R_2 で共通

■ 抵抗率を用いた抵抗，合成抵抗の計算の**基本プロセス** Process

プロセス 1 抵抗と抵抗率の関係式「$R=\rho\dfrac{l}{S}$」より，求めたい物理量を式で表し，数値を代入する
プロセス 2 合成する抵抗の抵抗値を求める
プロセス 3 並列接続か直列接続かに注意し，合成抵抗を求める

解説

(1) **プロセス 1**「$R=\rho\dfrac{l}{S}$」より，抵抗率 ρ を求める

抵抗 R_1 において「$R=\rho\dfrac{l}{S}$」より，

$\rho = \dfrac{R_1 S}{l_1}$

$= \dfrac{30\times 2.5\times 10^{-6}}{1.5}$

$= 5.0\times 10^{-5}$〔Ω·m〕

答 5.0×10^{-5} Ω·m

(2) **プロセス 1** **プロセス 2** 抵抗値 R_2 を求める

抵抗 R_2 は抵抗 R_1 と材質が同じなので，抵抗率も同じである。よって，「$R=\rho\dfrac{l}{S}$」より

$R_2 = \rho\dfrac{l_2}{S}$

$= 5.0\times 10^{-5}\times \dfrac{2.5}{2.5\times 10^{-6}}$

$= 50$〔Ω〕

答 50 Ω

(3) **プロセス 3** 直列接続での合成抵抗を求める

抵抗値 R〔Ω〕は，抵抗 R_1 と R_2 の合成抵抗と等しければよい。抵抗 R_1 と R_2 は直列接続だから，「$R=R_1+R_2$」より

$R = R_1 + R_2$
$= 30 + 50$
$= 80$〔Ω〕

抵抗 R の抵抗率・断面積は R_1 と共通なので，「$R=\rho\dfrac{l}{S}$」より

$l = \dfrac{RS}{\rho}$

$= \dfrac{80\times 2.5\times 10^{-6}}{5.0\times 10^{-5}}$

$= 4.0$〔m〕

($l = l_1 + l_2$ となっている)

答 4.0 m

類題 49 ジュール熱による水の温度上昇 (p. 114)

図のように，抵抗値 70 Ω の抵抗を 140 V の電源につなぎ，水 500 g が入った断熱容器の中に入れた。5分間電流を流したところ，容器内の水温が上昇した。水の比熱を 4.2 J/(g·K) とするとき，次の問いに答えよ。ただし，抵抗で発生した熱量はすべて水の温度上昇に使われたものとする。
(1) 抵抗の消費電力 P [W] を求めよ。
(2) 抵抗で発生したジュール熱 Q [J] を求めよ。
(3) 水の温度上昇は何 K か。

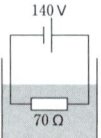

解答
(1) 2.8×10^2 W (2) 8.4×10^4 J (3) 40 K

■ ジュール熱による温度変化の基本プロセス **Process**

- **プロセス 1** 抵抗で発生するジュール熱は「$Q = IVt$」で表す
- **プロセス 2** ジュール熱 Q を，オームの法則「$V = RI$」を用いて変形する
- **プロセス 3** 「$Q = mc\Delta T$」より，温度変化 ΔT を求める

解説

(1) 「$P = IV$」，「$V = RI$」より，「$P = \dfrac{V^2}{R}$」だから

$$P = \dfrac{140^2}{70}$$
$$= 2.8 \times 10^2 \text{ [W]}$$

答 2.8×10^2 W

(2) **プロセス 1** ジュール熱は「$Q = IVt$」で表す
プロセス 2 「$V = RI$」を用いて変形する

「$Q = IVt$」，「$V = RI$」より，「$Q = \dfrac{V^2}{R}t$」だから

$$Q = \dfrac{140^2}{70} \times (5 \times 60)$$
$$= 8.4 \times 10^4 \text{ [J]}$$

答 8.4×10^4 J

(3) **プロセス 3** 「$Q = mc\Delta T$」より，温度変化 ΔT を求める

水の質量 $m = 500$ g，水の比熱 $c = 4.2$ J/(g·K) であり，水が得た熱量はジュール熱 Q に等しい。水の温度上昇を ΔT [K] とすると，「$Q = mc\Delta T$」より

$$\Delta T = \dfrac{Q}{mc} = \dfrac{8.4 \times 10^4}{500 \times 4.2}$$
$$= 40 \text{ [K]}$$

答 40 K

> 熱の分野では質量 m の単位に [g] を用いる

134 [抵抗率] (p. 115)

解答 (1) 7.0 Ω (2) 1.5×10^{-5} Ω·m (3) 3.0×10^{-7} m² (4) 6.0 m

解説

(1) 断面積は $S = 3.0 \times 10^{-6}$ m²，長さは $l = 10$ m，抵抗率は $\rho = 2.1 \times 10^{-6}$ Ω·m である。求める抵抗を R [Ω] とすると，「$R = \rho \dfrac{l}{S}$」より

$$R = \rho \dfrac{l}{S}$$
$$= 2.1 \times 10^{-6} \times \dfrac{10}{3.0 \times 10^{-6}}$$
$$= 7.0 \text{ [Ω]}$$

答 7.0 Ω

(2) 断面積は $S = 2.0 \times 10^{-6}$ m²，長さは $l = 10$ m，抵抗は $R = 75$ Ω である。求める抵抗率を ρ [Ω·m] とすると，「$R = \rho \dfrac{l}{S}$」より

$$\rho = R \dfrac{S}{l}$$
$$= 75 \times \dfrac{2.0 \times 10^{-6}}{10}$$
$$= 1.5 \times 10^{-5} \text{ [Ω·m]}$$

答 1.5×10^{-5} Ω·m

(3) 長さは $l = 1.2\,\mathrm{m}$，抵抗は $R = 20\,\Omega$，抵抗率は $\rho = 5.0 \times 10^{-6}\,\Omega \cdot \mathrm{m}$ である。求める断面積を $S\,[\mathrm{m}^2]$ とすると，「$R = \rho\dfrac{l}{S}$」より

$$S = \rho\dfrac{l}{R}$$
$$= 5.0 \times 10^{-6} \times \dfrac{1.2}{20}$$
$$= 3.0 \times 10^{-7}\,[\mathrm{m}^2]$$

答 $3.0 \times 10^{-7}\,\mathrm{m}^2$

(4) 抵抗は $R = 300\,\Omega$，抵抗率は $\rho = 2.0 \times 10^{-5}\,\Omega \cdot \mathrm{m}$，断面積は $S = 4.0 \times 10^{-7}\,\mathrm{m}^2$ である。求める長さを $l\,[\mathrm{m}]$ とすると，「$R = \rho\dfrac{l}{S}$」より

$$l = R\dfrac{S}{\rho}$$
$$= 300 \times \dfrac{4.0 \times 10^{-7}}{2.0 \times 10^{-5}}$$
$$= 6.0\,[\mathrm{m}]$$

答 6.0 m

135 ［金属棒の長さと断面積による抵抗の変化］(p.115)

解答 (1) 4倍　(2) $6.0\,\Omega$　(3) $4.5\,\Omega$

解説 (1) 金属棒Bの直径は，金属棒Aの直径の2倍であるから，金属棒Bの半径 $r_B\,[\mathrm{m}]$ は，金属棒Aの半径 $r_A\,[\mathrm{m}]$ の2倍である。

金属棒Aの断面積を $S_A\,[\mathrm{m}^2]$，金属棒Bの断面積を $S_B\,[\mathrm{m}^2]$ とすると

$$S_A = \pi r_A{}^2$$
$$S_B = \pi r_B{}^2$$
$$= \pi(2r_A)^2$$
$$= 4\pi r_A{}^2$$

（半径 r の円の面積 S は $S = \pi r^2$）

つまり　$S_B = 4S_A$ ……①　**答 4倍**

(2) 金属棒Aの抵抗を $R_A\,[\Omega]$ とすると，オームの法則「$V = RI$」より，「$R = \dfrac{V}{I}$」であるから

$$R_A = \dfrac{12}{2.0}$$
$$= 6.0\,[\Omega]\quad \cdots\cdots ②$$

答 $6.0\,\Omega$

(3) 金属棒A，Bは同じ材質でできているので，抵抗率 $\rho\,[\Omega \cdot \mathrm{m}]$ は同じである。金属棒Bの長さ $l_B\,[\mathrm{m}]$ は金属棒Aの長さ $l_A\,[\mathrm{m}]$ の3倍であるから，

$$l_B = 3l_A \quad \cdots\cdots ③$$

となる。金属棒Bの抵抗を $R_B\,[\Omega]$ とすると，「$R = \rho\dfrac{l}{S}$」より

$$R_A = \rho\dfrac{l_A}{S_A},\quad R_B = \rho\dfrac{l_B}{S_B}$$

となる。ここで，①，③より

$$R_B = \rho\dfrac{l_B}{S_B} = \rho\dfrac{3l_A}{4S_A} = \dfrac{3}{4}R_A$$

であるから，②より

$$R_B = \dfrac{3}{4}R_A = \dfrac{3}{4} \times 6.0$$
$$= 4.5\,[\Omega]$$

答 $4.5\,\Omega$

136 ［直列接続と並列接続での消費電力の違い］(p.115)

解答 (1) $R_1 = 5.0 \times 10^2\,\Omega$，$R_2 = 2.0 \times 10^2\,\Omega$，$R_3 = 5.0 \times 10^2\,\Omega$，$R_4 = 2.0 \times 10^2\,\Omega$

(2) $P_1 = 10\,\mathrm{W}$，$P_2 = 4.1\,\mathrm{W}$

(3) $P_3 = 20\,\mathrm{W}$，$P_4 = 50\,\mathrm{W}$

(4) R_4，R_3，R_1，R_2

解説 (1) 100 V で 20 W の電力を消費する抵抗が R_1, R_3 であり，100 V で 50 W の電力を消費する抵抗が R_2, R_4 である。

「$P=IV$」，「$V=RI$」より「$R=\dfrac{V^2}{P}$」であるから

$$R_1 = \dfrac{100^2}{20} = 500 = 5.0 \times 10^2 \,[\Omega]$$

答 $R_1 = 5.0 \times 10^2\,\Omega$

$$R_2 = \dfrac{100^2}{50} = 200 = 2.0 \times 10^2 \,[\Omega]$$

答 $R_2 = 2.0 \times 10^2\,\Omega$

$$R_3 = \dfrac{100^2}{20} = 500 = 5.0 \times 10^2 \,[\Omega]$$

答 $R_3 = 5.0 \times 10^2\,\Omega$

$$R_4 = \dfrac{100^2}{50} = 200 = 2.0 \times 10^2 \,[\Omega]$$

答 $R_4 = 2.0 \times 10^2\,\Omega$

(2) R_1 と R_2 は直列接続なので，各抵抗に流れる電流は等しい。

電源の電圧は $V = 100\,\text{V}$ なので，抵抗 R_1 と R_2 に流れる電流を $I\,[\text{A}]$ とすると，

$$I = \dfrac{V}{R_1+R_2} = \dfrac{100}{500+200}$$
$$= \dfrac{100}{700}$$
$$= \dfrac{1}{7}\,[\text{A}]$$

「$P=RI^2$」より，

$$P_1 = R_1 I^2 = 500 \times \left(\dfrac{1}{7}\right)^2 = 10.2 \fallingdotseq 10\,[\text{W}]$$

答 $P_1 = 10\,\text{W}$

$$P_2 = R_2 I^2 = 200 \times \left(\dfrac{1}{7}\right)^2 = 4.08 \fallingdotseq 4.1\,[\text{W}]$$

答 $P_2 = 4.1\,\text{W}$

(3) R_3 と R_4 は並列接続なので，各抵抗の両端にかかる電圧は等しく，100 V である。題意より

$P_3 = 20\,\text{W}$ **答** $P_3 = 20\,\text{W}$

$P_4 = 50\,\text{W}$ **答** $P_4 = 50\,\text{W}$

(4) 4つの抵抗を消費電力の大きい順に並べると，

答 R_4, R_3, R_1, R_2

---

137 ［ジュール熱による水の温度上昇］(p.115)

解答 (1) $1.4 \times 10^3\,\text{J}$

(2) 3.4 K

リード文check

❶ジュール熱 … 抵抗に電流を流すときに発生する熱のこと

解説 (1) ジュール熱 $Q\,[\text{J}]$ は，「$Q=IVt$」，「$V=RI$」より「$Q=\dfrac{V^2}{R}t$」だから

$$Q = \dfrac{12^2}{6.0} \times 60$$
$$= 1440$$
$$\fallingdotseq 1.4 \times 10^3\,[\text{J}]$$

答 $1.4 \times 10^3\,\text{J}$

（1分 = 60 s であるから $t = 60\,\text{s}$ となる）

(2) 水の質量は $m = 100\,\text{g}$，水の比熱は $c = 4.2\,\text{J/(g·K)}$ であり，水の得た熱量はジュール熱 Q に等しい。

水の温度上昇を $\Delta T\,[\text{K}]$ とすると，「$Q=mc\Delta T$」より

$$\Delta T = \dfrac{Q}{mc} = \dfrac{1440}{100 \times 4.2}$$
$$= \dfrac{24}{7}$$
$$\fallingdotseq 3.42\,[\text{K}]$$

答 3.4 K

---

138 ［液体の比熱とジュール熱］(p.115)

解答 (1) $3.2 \times 10^3\,\text{J}$

(2) $3.2\,\text{J/(g·K)}$

リード文check

❶比熱 … 質量 1 g の物質の温度を 1 K 上昇させるのに必要な熱量のこと

解説 (1) 電熱線の抵抗は $R=10\,\Omega$，流れる電流は $I=2.0\,\text{A}$，流れる時間は $t=80\,\text{s}$ である。ジュール熱 $Q\,[\text{J}]$ は，「$Q=IVt$」と「$V=RI$」より「$Q=RI^2 t$」なので

$$Q = RI^2 t = 10 \times 2.0^2 \times 80$$
$$= 3200$$
$$= 3.2 \times 10^3\,[\text{J}]$$

答 $3.2 \times 10^3\,\text{J}$

(2) 図2より，未知の液体は，80秒間で温度が25℃から35℃に上昇したことがわかる。温度上昇をΔT〔K〕とすると

$\Delta T = 35 - 25 = 10$〔K〕

未知の液体の比熱をc〔J/(g・K)〕とすると，未知の液体が得た熱量Q'〔J〕は，「$Q = mc\Delta T$」より

$Q' = 100 \times c \times 10$
$= 1.0 \times 10^3 \times c$〔J〕

(未知の液体が得た熱量) = (ジュール熱)であるから

$Q' = Q$

$1.0 \times 10^3 \times c = 3.2 \times 10^3$　　(← (1)より)

$c = \dfrac{3.2}{1.0} = 3.2$〔J/(g・K)〕　　**答** 3.2 J/(g・K)

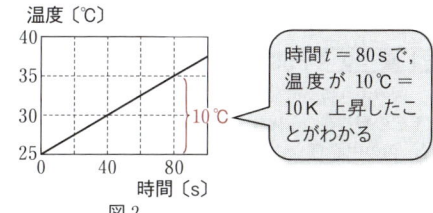

図2

時間$t = 80$ sで，温度が10℃ = 10 K 上昇したことがわかる

P.116 ▶21 電気の利用

類題 50 円電流がつくる磁場 （p. 118）

図のように，円電流が時計まわりに流れている。次の問いに，下記の解答群から記号で答えよ。
(1) 円の中心 O 点に生じる磁場の向きはどうなるか。
(2) 円電流の流れる向きを反時計まわりにすると，円の中心 O 点に生じる磁場の向きはどうなるか。

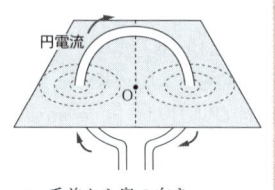

【解答群】ア 左向き　イ 右向き　ウ 奥から手前の向き　エ 手前から奥の向き

解答
(1) エ　(2) ウ

リード文 check
❶─円の形をした電流の流れのこと

■ 電流がつくる磁場の基本プロセス Process

プロセス 1 電流の向きと磁場の向きに関する問題であることを確認する（電流が磁場から受ける力の向きや，電磁誘導ではない）
プロセス 2 右ねじの法則を適用する
プロセス 3 コイルでは，右手の指の向きから磁場の向きを求める

解説

(1) **プロセス 1** **プロセス 2**

電流が流れる向きを右ねじが進む向きとすると，右ねじを回す向きに同心円状の磁場が生じる。

上図のように円電流によって磁場が生じるから，点 O では手前から奥の向きに磁場が生じる。
答 エ

(2) **プロセス 1** **プロセス 2**

(1)と同様に考える。(1)と電流の向きが逆なので，磁場の向きも逆となる。

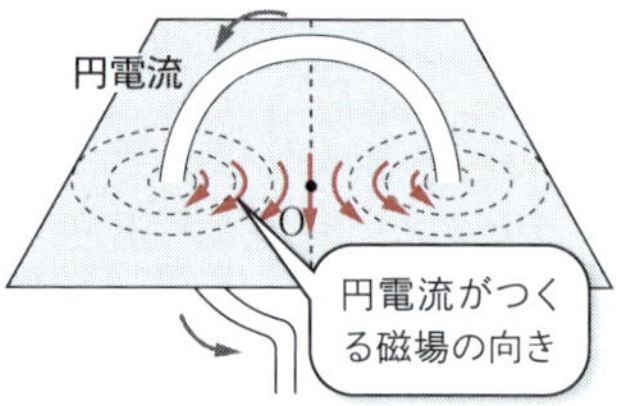

右図のように円電流によって磁場が生じるから，点 O では奥から手前の向きに磁場が生じる。
答 ウ

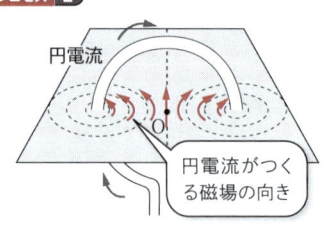

類題 51 変圧器と周波数 （p. 119）

図の変圧器は，1 次コイルと 2 次コイルの巻数の比が 100：1 である。この変圧器の 1 次コイルに電圧 1.5kV，周波数 60 Hz の交流電源を与えたとき，次の問いに答えよ。ただし，変圧器での電力損失はないものとする。
(1) 2 次コイルに発生する交流電圧は何 V か。
(2) 2 次コイルに発生する交流の周波数は何 Hz か。

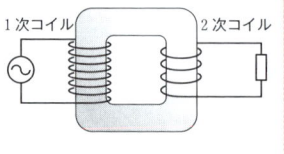

解答
(1) 15 V　(2) 60 Hz

リード文 check
❶─交流の電圧を簡単に変えられる装置

■ 変圧器の基本プロセス Process

プロセス 1 電圧は，変圧器の巻数と電圧の関係を用いる
プロセス 2 電流は，2 つのコイルにおける電力の関係を用いる
プロセス 3 周波数は，1 次コイル・2 次コイルで等しいことを用いる

解説

(1) **プロセス 1** 電圧は，変圧器の巻数と電圧の関係を用いる

1次コイルの電圧は $1.5×10^3$ V なので，2次コイルの電圧を V_2 [V] とすると，「$\dfrac{V_1}{V_2}=\dfrac{N_1}{N_2}$」より

$$\dfrac{1.5×10^3}{V_2}=\dfrac{100}{1}$$

$$V_2=\dfrac{1.5×10^3}{100}=15 \text{ [V]} \quad \text{答 } 15 \text{ V}$$

(2) **プロセス 3** 周波数は，1次コイル・2次コイルで等しいことを用いる

1次コイルでの周波数は 60 Hz なので，2次コイルでも 60 Hz となる。 **答** 60 Hz

139 [磁石の磁力線] (p.120)

解答 解説参照

解説 磁力線は，N極から出てS極に入り，決して交わることはない。磁力線の各点での接線方向は，その点での磁場の向きと一致する。磁力はこの磁力線に沿ってはたらき，磁力線が密なところでは磁場が強く，疎なところでは磁場が弱い。

(1) 答

(2) 答

140 [電流が磁場から受ける力] (p.120)

解答 (1) オ (2) カ

解説

■ 電流が磁場から受ける力の基本プロセス **Process**

プロセス 1 左手の中指を，電流の向きに合わせる
プロセス 2 左手の人さし指を，磁場の向きに合わせる
プロセス 3 左手の親指を立て，電流が磁場から受ける力の向きを確認する

(1) **プロセス 1 プロセス 2 プロセス 3**

左手の中指，人さし指，親指の3本指を直角に立てて，電流，磁場，力に対応させる。
(フレミングの左手の法則)

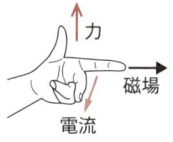

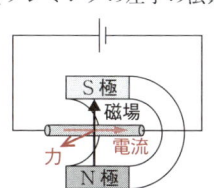

答 オ

(2) **プロセス 1 プロセス 2 プロセス 3**

左手の中指，人さし指，親指の3本指を直角に立てて，電流，磁場，力に対応させる。
(フレミングの左手の法則)

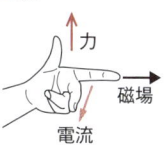

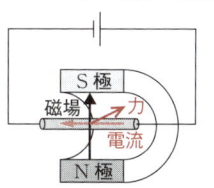

答 カ

141 ［電磁誘導とコイル］(p. 120)

解答 (1) a の向き　(2) b の向き

解説 (1) 下図のように，棒磁石がコイルを通過する直前では，コイルを貫く上向きの磁力線が増加する。レンツの法則より，コイル内の磁場の変化を妨げるように，下向きの磁力線が生じるような誘導電流がコイルに流れる。
したがって，a の向きに電流が流れる。
答 a の向き

(2) 下図のように，棒磁石がコイルを通過した直後では，コイルを貫く上向きの磁力線が減少する。レンツの法則より，コイル内の磁場の変化を妨げるように，上向きの磁力線が生じるような誘導電流がコイルに流れる。
したがって，b の向きに電流が流れる。
答 b の向き

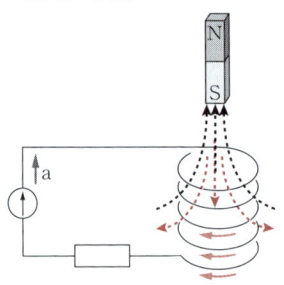
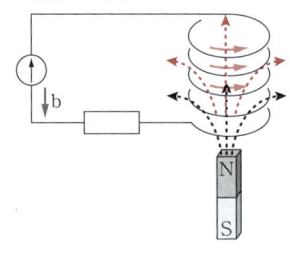

142 ［誘導電流の向き］(p. 120)

解答 (1) a の向き　(2) b の向き

解説 (1) 下図のように，磁石を金属リングに近づけると，金属リングを貫く右向きの磁力線が増加する。レンツの法則より，金属リング内の磁場の変化を妨げるように，左向きの磁力線が生じるような誘導電流が金属リングに流れる。
したがって，a の向きに電流が流れる。
答 a の向き

(2) 下図のように，金属リングを磁石から遠ざけると，金属リングを貫く右向きの磁力線が減少する。レンツの法則より，金属リング内の磁場の変化を妨げるように，右向きの磁力線が生じるような誘導電流が金属リングに流れる。
したがって，b の向きに電流が流れる。
答 b の向き

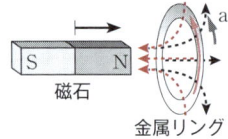
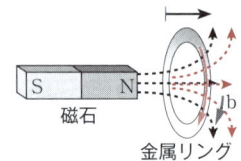

143 ［周波数の単位］(p. 121)

解答 (1) 10^9 Hz　(2) 10^6 Hz　(3) 10^6 MHz

解説 (3) 1 THz $= 10^{12}$ Hz, 1 MHz $= 10^6$ Hz であるから，
1 THz $= 10^6$ MHz となる。　**答** 10^6 MHz

単位の接頭語

記号	k	M	G	T	P
名称	キロ	メガ	ギガ	テラ	ペタ
倍数	10^3	10^6	10^9	10^{12}	10^{15}

144 ［電力の輸送損失］(p. 121)

解答 (1) 200 km　(2) 40 Ω　(3) 4.0×10^2 kW, 4.0 %　(4) 0.25 倍

解説 (1) 発電所から片道 100 km 離れた地点なので，往復の距離は 2 倍となる。
$$100 \times 2 = 200 \text{ [km]} \quad \text{答 } 200 \text{ km}$$

(2) 送電線の抵抗は 1.0 km あたり，0.20 Ω であるから，
$$0.20 \times 200 = 40 \text{ [Ω]} \quad \text{答 } 40 \text{ Ω}$$

(3) 送電線に流れる電流を I［A］とすると，送電線の両端の電圧は $V_1 = 10 \times 10^4$ V，電力は $P = 1.0 \times 10^4$ kW なので，「$P = IV$」より

$$I = \frac{P}{V_1} = \frac{1.0 \times 10^7}{10 \times 10^4} = \frac{1.0 \times 10^7}{1.0 \times 10^5}$$

$P = 1.0 \times 10^4$ kW $= 1.0 \times 10^4 \times 10^3$ W $= 1.0 \times 10^7$ W

$$= 1.0 \times 10^2 \text{ [A]}$$

送電線での電力損失 P'［W］は，1 秒あたりに全抵抗 R で発生するジュール熱と等しい。全抵抗 $R = 40$ Ω であるから，

$$P' = RI^2 = 40 \times (1.0 \times 10^2)^2$$
$$= 4.0 \times 10^5 \text{ [W]}$$
$$= 4.0 \times 10^2 \text{ [kW]} \quad \text{答 } 4.0 \times 10^2 \text{ kW}$$

また，送電する電力に対する電力損失の割合を x［%］とすると，

$$x = \frac{P'}{P} \times 100 = \frac{4.0 \times 10^5}{1.0 \times 10^7} \times 100$$
$$= 4.0 \text{ [%]} \quad \text{答 } 4.0 \text{ %}$$

(4) 電力 P が一定のとき，「$P = IV$」より「$I = \dfrac{P}{V}$」となる。よって「$P' = RI^2 = R\left(\dfrac{P}{V}\right)^2 = R\dfrac{P^2}{V^2}$」となるから，電力損失 P' は電圧の 2 乗 V^2 に反比例する。電力損失を少なくするためには，電圧 V をできるだけ大きくした方がよいことがわかる。

$V_1 = 10 \times 10^4$ V で送電するときの電力損失を P_1'［W］，$V_2 = 20 \times 10^4$ V で送電するときの電力損失を P_2'［W］とすると，

$$\frac{P_2'}{P_1'} = \left(\frac{V_1}{V_2}\right)^2 = \left(\frac{1}{2}\right)^2$$
$$= \frac{1}{4} = 0.25 \quad \text{答 } 0.25 \text{ 倍}$$

つまり，10 万 V よりも 20 万 V の高電圧で送電する方が，電力損失が少ない。

145 ［電磁波の波長］(p. 121)

解答 D, B, E, A, C

解説 電磁波を波長の短い順に並べると，X 線，紫外線，可視光線，赤外線，マイクロ波となる。
答 D, B, E, A, C

146 ［交流の周期と周波数］(p. 121)

解答 (1) 141 V (2) 50 Hz (3) 2.0 A, 2.8 A

解説 (1) 下図より，最大電圧 $V_{max} = 141$ V

答 141 V

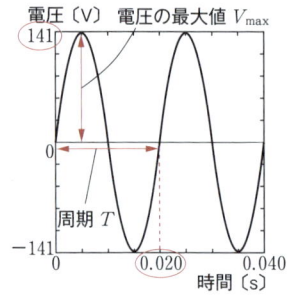

(2) 上図より，周期 $T = 0.020$ s。「$f = \dfrac{1}{T}$」より

$$f = \dfrac{1}{T} = \dfrac{1}{0.020}$$
$$= 50 \text{[Hz]} \quad \text{答 } 50 \text{ Hz}$$

(3) 交流電圧の実効値は $V_e = 100$ V なので，交流電流の実効値を I_e [A]，抵抗を R [Ω] とすると，「$V_e = RI_e$」より

$$I_e = \dfrac{V_e}{R} = \dfrac{100}{50}$$
$$= 2.0 \text{[A]} \quad \text{答 } 2.0 \text{ A}$$

交流の最大電流を I_{max} [A] とすると，

$$I_{max} = \sqrt{2}\, I_e = 1.41 \times 2.0$$
$$= 2.82 \fallingdotseq 2.8 \text{[A]} \quad \text{答 } 2.8 \text{ A}$$

147 ［変圧器］(p. 121)

解答 (1) 60 V (2) 72 W (3) 6.0 A

解説 (1) 1次コイルの巻数は $N_1 = 100$ 回，電圧は $V_1 = 12$ V である。2次コイルの巻数は $N_2 = 500$ 回なので，電圧を V_2 [V] とすると，「$\dfrac{V_1}{V_2} = \dfrac{N_1}{N_2}$」より，

$$\dfrac{V_1}{V_2} = \dfrac{N_1}{N_2}$$
$$\dfrac{12}{V_2} = \dfrac{100}{500}$$
$$V_2 = 60 \text{[V]} \quad \text{答 } 60 \text{ V}$$

(2) 2次コイルに流れる電流を I_2 [A] とすると，抵抗は $R = 50$ Ω なので，オームの法則「$V = RI$」より，

$$V_2 = RI_2$$
$$60 = 50 I_2$$
$$I_2 = \dfrac{60}{50} = 1.2 \text{[A]}$$

2次コイルの消費電力を P_2 [W] とすると，「$P = IV$」より

$$P_2 = I_2 V_2 = 1.2 \times 60$$
$$= 72 \text{[W]} \quad \text{答 } 72 \text{ W}$$

(3) 変圧器による電力損失がないので，1次コイルの供給電力と2次コイルの消費電力は等しい。
1次コイルに流れる電流を I_1 [A] とすると，

$$I_1 V_1 = I_2 V_2$$
$$12 I_1 = 1.2 \times 60$$
$$I_1 = 6.0 \text{[A]} \quad \text{答 } 6.0 \text{ A}$$

第 4 章　電気

P.122 ▶22 エネルギーとその利用

148 ［放射線の単位］(p.123)

解答 ① ベクレル　② 500　③ グレイ　④ シーベルト

解説　1ベクレルとは毎秒1個の割合で放射性同位体の原子核が崩壊するときの放射能の強さを表している。

放射能の強さを表す単位の記号として，〔Bq〕が用いられ，(ベクレル)と読む。例えば，1秒間に崩壊する原子核の数が500であれば，(500)Bqということである。

物質が放射線を受けたときに吸収するエネルギー量の単位の記号として，〔Gy〕が用いられ，(グレイ)と読む。また，放射線の生体に与える生物学的影響の大きさの単位の記号として，〔Sv〕が用いられ，(シーベルト)と読む。

149 ［放射線の種類と作用］(p.123)

解答 (1) α線：ヘリウム($^4_2$He)原子核，β線：電子，γ線：電磁波
(2) γ線，β線，α線　(3) α線，β線，γ線　(4) α線　(5) β線

解説 (1) α線の正体はヘリウム($^4_2$He)原子核，β線の正体は電子，γ線の正体は電磁波である。
(2) α線，β線，γ線を透過力の大きい順に並べると，γ線，β線，α線になる。
(3) α線，β線，γ線を電離作用の大きい順に並べると，α線，β線，γ線になる。
(4) α線，β線，γ線のうち，プラスの電荷をもつものは，ヘリウム原子核はプラスに帯電しているのでα線である。
(5) α線，β線，γ線のうち，マイナスの電荷をもつものは，電子はマイナスに帯電しているのでβ線である。

150 ［エネルギーの変換］(p.123)

解答 ① F　② C

解説　エネルギーはいろいろな形に変換できるが，エネルギー保存の法則より，エネルギー変換前の総エネルギー量と変換後の総エネルギー量は変化しない。

ある火力発電所では，燃料の重油によって水を沸騰させ，生じる水蒸気でタービンをまわして，発電機を運転している。このとき，重油の(化学エネルギー)は燃焼によって熱エネルギーに変換され，さらにタービンの(力学的エネルギー)となり，発電機によって電気エネルギーに変換される。

答 ① F　② C

センター過去問演習

1 [重力] (p.124)

解答 ③

リード文check
❶地表面付近 … 万有引力の法則より，地表から高くなるほど重力の大きさは小さくなる。ここでは，重力の大きさが変化しないと考えてよい

解説
重力の大きさは，地表近くでは一定で
(重力の大きさ)＝(質量)×(重力加速度の大きさ)
$$W = mg$$
とかける。
空気抵抗を無視できるとき，空中を運動している物体には重力のみがはたらく。　**答** ③

物体の飛ぶ向きには無関係　mg

2 [速度の合成] (p.124)

解答 問1 ③
問2 ④

リード文check
❶静水中を一定の速さ V … 他の影響を受けない船の速さが V である

解説 ■速度の合成のプロセス Process

プロセス 0
問1　川 $\frac{V}{2}$　船 V　船が進む速度
問2　川 $\frac{V}{2}$　船 V　船が進む速度

プロセス 1 正の向きを定め，＋や－で速度の向きを表す
プロセス 2 向きに注意して合成する
プロセス 3 速度の向きの表し方に注意する

問1 **プロセス 2** **プロセス 3**
船の速度と川の流れの速度の合成速度が，川の流れに対して垂直であればよい。

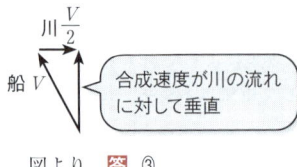

合成速度が川の流れに対して垂直

図より，**答** ③

問2 **プロセス 2** **プロセス 3**
船の速度の，川の流れに対して垂直な成分が最大になればよい。

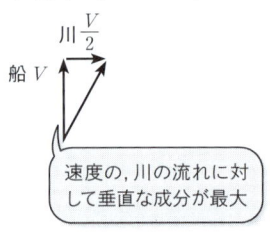

速度の，川の流れに対して垂直な成分が最大

図より，**答** ④

3 [自由落下運動] (p.124)

解答 ③

リード文check
❶空気抵抗は無視できる … 小球は，重力のみを受けて落下する

解説 ■ 自由落下のプロセス　Process

プロセス 0
$v_0 = 0$ [m/s]
$a = g$
v [m/s]

プロセス 1　正の向きを定め，文字式で表す
プロセス 2　自由落下の式を適用する
プロセス 3　数値を代入する

プロセス 1
鉛直下向きを正とし，移動する距離を x とする。

プロセス 2
自由落下の式「$y = \dfrac{1}{2}gt^2$」より，

プロセス 3
時間 t_0 で落下した小球のはじめの高さ x_1 は
$$x_1 = \dfrac{1}{2}g{t_0}^2$$
時間 $2t_0$ で落下した小球のはじめの高さ x_2 は
$$x_2 = \dfrac{1}{2}g(2t_0)^2$$
$$= 4 \times \dfrac{1}{2}g{t_0}^2$$
$$= 4x_1$$

時間 $3t_0$ で落下した小球のはじめの高さ x_3 は
$$x_3 = \dfrac{1}{2}g(3t_0)^2$$
$$= 9 \times \dfrac{1}{2}g{t_0}^2$$
$$= 9x_1$$
⋮
（以下同様）
よって， 答 ③

別解　プロセス 2 において，時間 t で落下する距離が「$y = \dfrac{1}{2}gt^2$」とかけることから，はじめの高さは時間の2乗に比例することがわかる。よって，③

---

4 ［自由落下と鉛直投げ上げ運動］(p. 124)

解答　②

リード文check
❶静かに離す … 初速度 0 で落下する

解説　■ A：自由落下のプロセス，B：鉛直投げ上げのプロセス　Process

プロセス 0

プロセス 1　正の向きを定め，文字式で表す
プロセス 2　A：自由落下の式を適用する
　　　　　　B：鉛直投げ上げの式を適用する
プロセス 3　数値を代入する

プロセス 1

A，B が地面に落下するまでの時間を t とする。
A：鉛直下向きを正とする。
　　初速度 0，加速度 g，変位 h
B：鉛直上向きを正とする。
　　初速度 v，加速度 $-g$，変位 0

プロセス 2
A：自由落下の式「$y = \dfrac{1}{2}gt^2$」

B：鉛直投げ上げの式「$y = v_0 t - \dfrac{1}{2}gt^2$」より

プロセス 3

A : $h = \dfrac{1}{2}gt^2$ ……①

B : $0 = vt - \dfrac{1}{2}gt^2$ ……②

$t > 0$ だから，①より

$t = \sqrt{\dfrac{2h}{g}}$

これを②に代入すると

$v = \dfrac{1}{2}gt$

$ = \dfrac{g}{2}\sqrt{\dfrac{2h}{g}}$

$ = \sqrt{\dfrac{gh}{2}}$　**答** ②

---

5 [浮力] (p. 125)

解答 ③

リード文 check

❶液体中の圧力 … 液体中で受ける圧力は，大気圧と液体による圧力の和

解説 ■ 浮力のプロセス　**Process**

プロセス 0

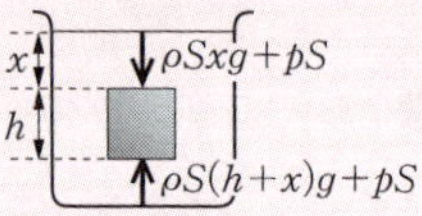

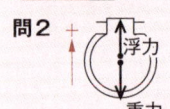

プロセス 1 上面を押す力を求める

プロセス 2 下面を押す力を求める

プロセス 3 上面と下面を押す力の合力が浮力

プロセス 1

ア：断面積 S，深さ x，大気圧 p なので，上面を押す力の大きさを F_1 とすると

$F_1 = \rho Sxg + pS$

プロセス 2

イ：断面積 S，深さ $h+x$，大気圧 p なので，下面を押す力の大きさを F_2 とすると

$F_2 = \rho S(h+x)g + pS$　**答** ③

---

6 [浮力] (p. 125)

解答 問1 ⑤
問2 ③
問3 ②

リード文 check

❶潜水するときにはバラストタンクに水を導き入れ，浮上するときにはバラストタンクに高圧空気を送り込んで艇外に水を追い出す …
潜水艇は，重力の大きさを変化させ，(重力) > (浮力) のとき潜水し，(重力) < (浮力) のとき浮上する

解説 ■ 力のつりあいのプロセス　**Process**

プロセス 0

問2

問3

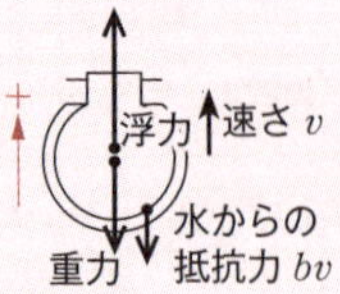

(A) 水中での力のつりあいのプロセス

プロセス 1 (質量) = (密度)×(体積) を用いて，質量・体積を求める

プロセス 2 アルキメデスの原理を用いて，浮力を求める

プロセス 3 力のつりあいで，求めたい物理量を求める

(B) 力のつりあいのプロセス

プロセス 1 物体にはたらく力をすべて図示し，鉛直・水平方向に力を分解する

プロセス 2 鉛直方向と水平方向について，力のつりあいの式をたてる

プロセス 3 連立方程式を解き，求めたい物理量を求める

問1　水圧を P，大気圧を P_0 とすると
$$P = \rho h g + P_0$$
よって，深さ h_1 と h_2 での水圧の差 ΔP は
$$\Delta P = \rho h_2 g + P_0 - (\rho h_1 g + P_0)$$
$$= \rho (h_2 - h_1) g$$
この式に数値を代入すると
$$\Delta P = 1.0 \times 10^3 \times (200 - 100) \times 9.8$$
$$= 9.8 \times 10^5 \,[\text{Pa}] \quad \text{答 ⑤}$$

問2　(A) 水中での力のつりあいのプロセス

(A) プロセス 1

水の体積を V' とすると
水の質量 m は
$$m = \rho V'$$
よって，潜水艇にはたらく重力の大きさは
$$(M + \rho V') g$$

(A) プロセス 2

潜水艇にはたらく浮力の大きさ f は
$$f = \rho V g$$

(A) プロセス 3

鉛直上向きを正の向きとすると，力のつりあいより
$$\rho V g - (M + \rho V') g = 0$$
$$\rho V' = \rho V - M$$
$$V' = V - \frac{M}{\rho} \quad \text{答 ③}$$

問3　(B) 力のつりあいのプロセス

(B) プロセス 1

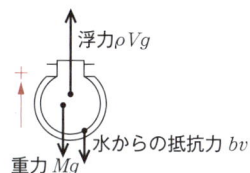

(B) プロセス 2

鉛直上向きを正の向きとすると，力のつりあいより
$$\rho V g - M g - b v = 0$$

(B) プロセス 3
$$v = \frac{(\rho V - M) g}{b} \quad \text{答 ②}$$

---

7 ［斜め方向に力を加えた物体の運動］(p.126)

解答　問1 ②　問2 ⑥
　　　　問3 ⑦　問4 ③

リード文check

❶あらい水平な床 … 摩擦力がはたらく水平な床

解説 ■ 運動方程式のたて方，等加速度直線運動のプロセス

Process

プロセス 0

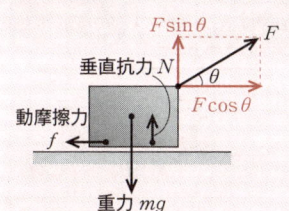

(A) 運動方程式のたて方のプロセス

プロセス 1　着目する物体を決め，その物体が受ける力をすべて力の矢印で図示する

プロセス 2　軸を設定し，正の向きを定める

プロセス 3　力を x 軸方向，y 軸方向に分解し，
$$\begin{cases} x \text{軸方向では} \quad ma = F \\ y \text{軸方向では} \quad \text{力のつりあいの式} \end{cases}$$
をたてる

(B) 等加速度直線運動のプロセス

プロセス 1　物理量を記号で表し，図中にかく

プロセス 2　等加速度直線運動の式を適用する

プロセス 3　数値を代入する

問1 (A) 運動方程式のたて方のプロセス

(A) プロセス 1　プロセス 2

$\begin{cases} x \text{ 軸は右向きを正} \\ y \text{ 軸は上向きを正} \end{cases}$ とする。

(A) プロセス 3

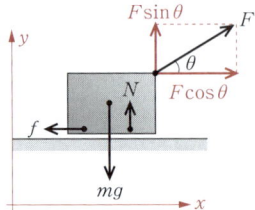

運動方程式は
x 軸方向：$ma = F\cos\theta - f$ ……①
y 軸方向：$N + F\sin\theta - mg = 0$ ……②
動摩擦力の大きさ f は一定で　$f = \mu' N$
②より　$N = mg - F\sin\theta$
よって　$f = \mu' N$
　　　　　　$= \mu'(mg - F\sin\theta)$　　答 ②

問2　物体の加速度 a を求める。①より
$ma = F\cos\theta - f$
$a = \dfrac{1}{m}(F\cos\theta - f)$

(B) 等加速度直線運動のプロセス

(B) プロセス 1

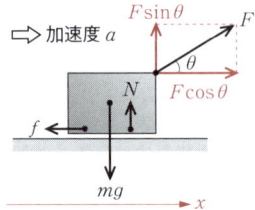

(B) プロセス 2

「$v^2 - v_0^2 = 2ax$」より

(B) プロセス 3

$v^2 - 0^2 = 2\left\{\dfrac{1}{m}(F\cos\theta - f)\right\}l$

$v = \sqrt{\dfrac{2(F\cos\theta - f)l}{m}}$　　答 ⑥

問3

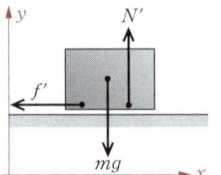

y 軸方向の力のつりあいより　$N' = mg$
よって　$f' = \mu' N'$
　　　　　　$= \mu' mg$　　答 ⑦

問4　PQ 間の加速度 a' を求める。

(A) 運動方程式のたて方のプロセス

(A) プロセス 1　プロセス 2

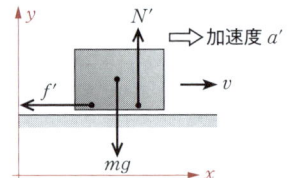

(A) プロセス 3

x 軸方向の運動方程式は
$ma' = -f'$
$a' = -\dfrac{f'}{m}$

以上のことから
O から P では　$a > 0$
P から Q では　$a' < 0$

(B) 等加速度直線運動のプロセス

(B) プロセス 1

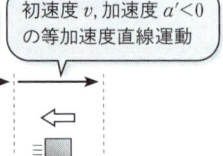

(B) プロセス 2

「$x = v_0 t + \dfrac{1}{2} a t^2$」より

(B) プロセス 3

O から P では $a > 0$ だから，
　　　　　　x-t グラフは下に凸の放物線
P から Q では $a' < 0$ だから，
　　　　　　x-t グラフは上に凸の放物線
よって，答 ③

8 ［摩擦力のはたらく斜面上にある物体の運動方程式］(p.127)

解答
問1 ③
問2 ①
問3 ①

リード文check
❶角度 $\theta = \theta_0$ のとき滑り出した … θ_0 で最大摩擦力がはたらき，斜面に平行な方向の力がつりあっていると考える
❷角度 θ を θ_0 より大きな値に固定 … $\theta > \theta_0$ より，物体は斜面に沿って滑りおりる

解説 ■ 静止摩擦力，運動方程式のたて方，等加速度直線運動のプロセス **Process**

プロセス 0

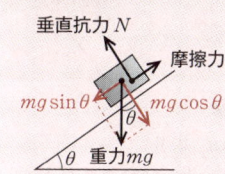

(A) 静止摩擦力のプロセス
- **プロセス 1** 摩擦力の向きを見抜く（すべろうとする向きと逆向き）
- **プロセス 2** 静止摩擦力の大きさは力のつりあいで求める
- **プロセス 3** 最大摩擦力の式を適用する

(B) 運動方程式のたて方のプロセス
- **プロセス 1** 着目する物体を決め，その物体が受ける力をすべて力の矢印で図示する
- **プロセス 2** 軸を設定し，正の向きを定める
- **プロセス 3** 力を x 軸方向，y 軸方向に分解し，
$$\begin{cases} x \text{軸方向では} \quad ma = F \\ y \text{軸方向では} \quad \text{力のつりあいの式} \end{cases}$$
をたてる

(C) 等加速度直線運動のプロセス
- **プロセス 1** 物理量を記号で表し，図中にかく
- **プロセス 2** 等加速度直線運動の式を適用する
- **プロセス 3** 数値を代入する

問1 **(A) 静止摩擦力のプロセス**
(A) **プロセス 1**

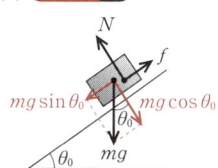

(A) **プロセス 2**
力のつりあいを考える。
斜面に平行な方向： $mg\sin\theta_0 = f$ ……①
斜面に垂直な方向： $mg\cos\theta_0 = N$ ……②

(A) **プロセス 3**
$f = \mu N$ に①，②を代入すると
$mg\sin\theta_0 = \mu mg\cos\theta_0$
$\dfrac{\sin\theta_0}{\cos\theta_0} = \mu$
$\tan\theta_0 = \mu$ **答** ③

問2 まず，加速度 a を求める。
(B) **運動方程式のたて方のプロセス**
(B) **プロセス 1** **プロセス 2** **プロセス 3**

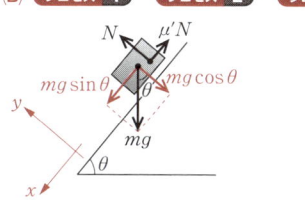

x 軸方向： $ma = mg\sin\theta - \mu' N$ ……③
y 軸方向： $N - mg\cos\theta = 0$ ……④
③に④を代入し，整理すると
$ma = mg\sin\theta - \mu' mg\cos\theta$
$ma = mg(\sin\theta - \mu'\cos\theta)$
$a = g(\sin\theta - \mu'\cos\theta)$
点Bにおける速さ v を求める。

(C) 等加速度直線運動のプロセス

(C) プロセス 1

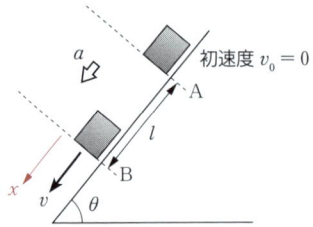 初速度 $v_0 = 0$

(C) プロセス 2

「$v^2 - v_0^2 = 2ax$」より

(C) プロセス 3

$v^2 - 0^2 = 2g(\sin\theta - \mu'\cos\theta)l$
$v = \sqrt{2gl(\sin\theta - \mu'\cos\theta)}$　　答 ①

問3　(C) 等加速度直線運動のプロセス

(C) プロセス 1

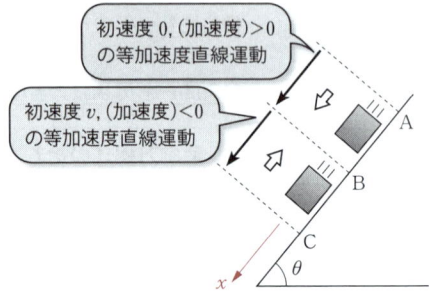

初速度 0,（加速度）＞0 の等加速度直線運動

初速度 v,（加速度）＜0 の等加速度直線運動

(C) プロセス 2

「$v = v_0 + at$」より

AB間では（加速度）＞0だから，v-tグラフは右上がりの直線になる。

Bより下では（加速度）＜0だから，v-tグラフは右下がりの直線になる。

②のように，$t = t_0$ を境に速さが急激に変化することはない。

よって，答 ①

9 ［滑車につながれた物体の運動方程式］（p. 128）

解答　問1　⑤
　　　問2　③

リード文check

❶ 静かに離す … 初速度 0 で運動する
❷ 同じ高さになる … A, B の移動距離は，h ではなく $\dfrac{h}{2}$

解説　■ 運動方程式のたて方，等加速度直線運動のプロセス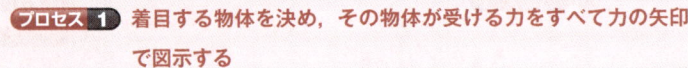

プロセス 0

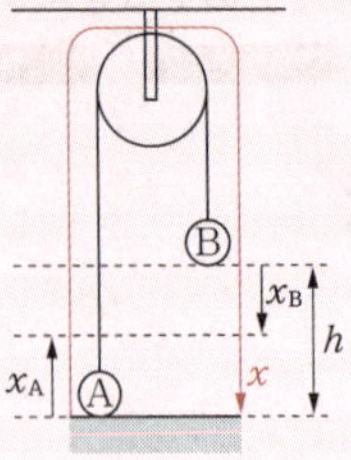

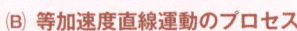

(A) 運動方程式のたて方のプロセス

プロセス 1　着目する物体を決め，その物体が受ける力をすべて力の矢印で図示する

プロセス 2　軸を設定し，正の向きを定める

プロセス 3　力を x 軸方向，y 軸方向に分解し，

$\begin{cases} x \text{軸方向では} & ma = F \\ y \text{軸方向では} & \text{力のつりあいの式} \end{cases}$ をたてる

(B) 等加速度直線運動のプロセス

プロセス 1　物理量を記号で表し，図中にかく

プロセス 2　等加速度直線運動の式を適用する

プロセス 3　数値を代入する

問1　まずは，物体A，Bの加速度の大きさ a を求める。

(A) 運動方程式のたて方のプロセス

(A) プロセス 1　プロセス 2

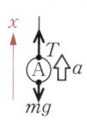
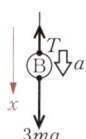

物体Aにはたらく合力 F は
$F = T - mg$

(A) プロセス 3

Aの運動方程式　$ma = T - mg$ ……①
Bの運動方程式　$3ma = 3mg - T$ ……②

①＋②より
$4ma = 2mg$
$a = \dfrac{1}{2}g$ ……③

物体Bにはたらく合力 F' は
$F' = 3mg - T$

次に，A，Bが $\dfrac{h}{2}$ 動くのに要する時間 t_1 を求める。

(B) 等加速度直線運動のプロセス

(B) プロセス 1

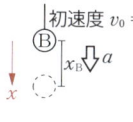

初速度 $v_0 = 0$

初速度 $v_0 = 0$

(B) プロセス 2

「$x = v_0 t + \dfrac{1}{2}at^2$」より

(B) プロセス 3

Aの移動距離 x_A は
$x_A = 0 \cdot t_1 + \dfrac{1}{2} \times \left(\dfrac{1}{2}g\right)t_1^2$
$= \dfrac{1}{4}gt_1^2$

Bの移動距離 x_B は
$x_B = 0 \cdot t_1 + \dfrac{1}{2} \times \left(\dfrac{1}{2}g\right)t_1^2$
$= \dfrac{1}{4}gt_1^2$

糸でつながれているので
$x_A = x_B$

$x_A + x_B = h$ より
$\dfrac{1}{4}gt_1^2 + \dfrac{1}{4}gt_1^2 = h$
$\dfrac{1}{2}gt_1^2 = h$
$t_1^2 = \dfrac{2h}{g}$
$t_1 > 0$ より　$t_1 = \sqrt{\dfrac{2h}{g}}$　**答** ⑤

問2　まずは，A，Bが動きはじめてから，Bが床に達するまでの時間 t を求める。

(B) 等加速度直線運動のプロセス

(B) プロセス 1

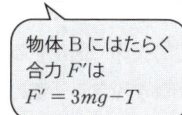

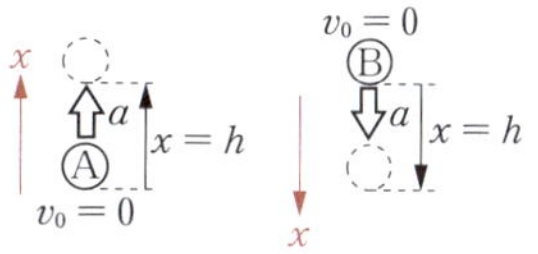

(B) プロセス 2

「$x = v_0 t + \dfrac{1}{2}at^2$」より

(B) プロセス 3

$h = 0 \cdot t + \dfrac{1}{2} \times \left(\dfrac{1}{2}g\right)t^2$
$\dfrac{1}{4}gt^2 = h$
$t^2 = \dfrac{4h}{g}$
$t > 0$ より　$t = \sqrt{\dfrac{4h}{g}}$
$= \sqrt{2} \times \sqrt{\dfrac{2h}{g}}$
$= \sqrt{2}\, t_1$

したがって，BがAと同じ高さになってから，床に達するまでの時間 t_2 は
$t_2 = t - t_1$
$= \sqrt{2}\, t_1 - t_1$
$= (\sqrt{2} - 1)t_1$　**答** ③

10 [斜面上にある，糸でつながれた2物体の運動方程式] (p.128)

解答 問1 ④　　リード文check
問2 ⑥　　❶Aは面の端まで達していない … Aが滑車に衝突したり，Bが床に到達していない

解説 ■ 静止摩擦力，運動方程式のたて方，等加速度直線運動のプロセス　　Process

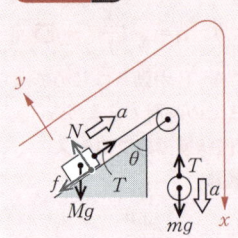

プロセス ⓪
(A) 静止摩擦力のプロセス
 プロセス 1 摩擦力の向きを見抜く（すべろうとする向きと逆向き）
 プロセス 2 静止摩擦力の大きさは力のつりあいで求める
 プロセス 3 最大摩擦力の式を適用する

(B) 運動方程式のたて方のプロセス
 プロセス 1 着目する物体を決め，その物体が受ける力をすべて力の矢印で図示する
 プロセス 2 軸を設定し，正の向きを定める
 プロセス 3 力を x 軸方向，y 軸方向に分解し，
 $\begin{cases} x\text{軸方向では} \quad ma=F \\ y\text{軸方向では} \quad \text{力のつりあいの式} \end{cases}$ をたてる

(C) 等加速度直線運動のプロセス
 プロセス 1 物理量を記号で表し，図中にかく
 プロセス 2 等加速度直線運動の式を適用する
 プロセス 3 数値を代入する

問1 (A) 静止摩擦力のプロセス

(A) プロセス 1

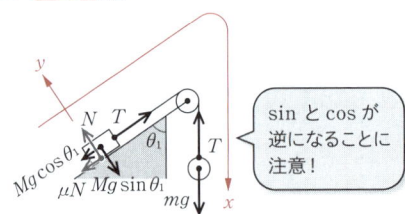

sin と cos が逆になることに注意！

(A) プロセス 2
Aの x 軸方向の力のつりあいの式は
 $T - Mg\cos\theta_1 - \mu N = 0$ ……①
Aの y 軸方向の力のつりあいの式は
 $N - Mg\sin\theta_1 = 0$ ……②
Bの力のつりあいの式は
 $mg - T = 0$ ……③

(A) プロセス 3
②より　$N = Mg\sin\theta_1$
③より　$T = mg$　　これらを①に代入
 $mg - Mg\cos\theta_1 - \mu Mg\sin\theta_1 = 0$
 $mg = Mg(\cos\theta_1 + \mu\sin\theta_1)$
 $\dfrac{m}{M} = \cos\theta_1 + \mu\sin\theta_1$　　答 ④

問2 (B) 運動方程式のたて方のプロセス

(B) プロセス 1　　プロセス 2

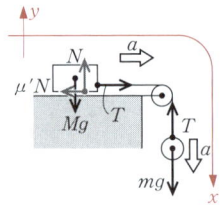

(B) プロセス 3
Aの x 軸方向の運動方程式
 $Ma = T - \mu' N$ ……④
Aの y 軸方向の力のつりあいの式
 $N - Mg = 0$ ……⑤
Bの運動方程式　$ma = mg - T$ ……⑥
⑤より　$N = Mg$　　これを④に代入
 $Ma = T - \mu' Mg$ ……④′
④′+⑥より
 $Ma + ma = mg - \mu' Mg$
 $(M+m)a = (m - \mu' M)g$
 $a = \dfrac{m - \mu' M}{M + m}g$

130　……… センター過去問演習

(C) 等加速度直線運動のプロセス

(C) プロセス 1

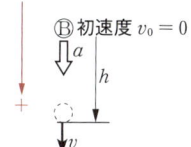

(C) プロセス 2

「$v^2 - v_0^2 = 2ax$」より

(C) プロセス 3

$$v^2 - 0^2 = 2 \times \frac{m - \mu' M}{m + M} gh$$

$$v = \sqrt{\frac{2gh(m - \mu' M)}{m + M}} \quad \text{答} \quad ⑥$$

11 ［糸でつながれた2物体の運動方程式］(p.129)

解答 問1 ② 問2 ⑤ 問3 ④
問4 ⑥ 問5 ② 問6 ①

リード文check

❶質量 m を大きくしていく … おもりの質量 m を変化させ，限りなく大きく（無限大に）する

解説 ■ 運動方程式のたて方，静止摩擦力のプロセス Process

プロセス 0

(A) 運動方程式のたて方のプロセス

プロセス 1 着目する物体を決め，その物体が受ける力をすべて力の矢印で図示する

プロセス 2 軸を設定し，正の向きを定める

プロセス 3 力を x 軸方向，y 軸方向に分解し，
$\begin{cases} x \text{軸方向では} \quad ma = F \\ y \text{軸方向では} \quad \text{力のつりあいの式} \end{cases}$ をたてる

(B) 静止摩擦力のプロセス

プロセス 1 摩擦力の向きを見抜く（すべろうとする向きと逆向き）

プロセス 2 静止摩擦力の大きさは力のつりあいで求める

プロセス 3 最大摩擦力の式を適用する

問1 2つの物体の加速度の大きさ a を求める。

(A) 運動方程式のたて方のプロセス

(A) プロセス 1 プロセス 2

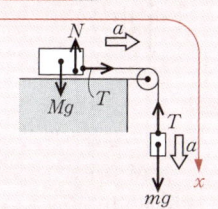

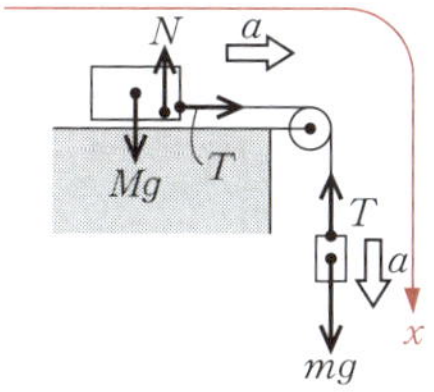

(A) プロセス 3

木片の運動方程式 $Ma = T$ ……①
おもりの運動方程式 $ma = mg - T$ ……②
①+②より
$Ma + ma = mg$
$(M + m)a = mg$
$a = \dfrac{m}{M + m} g$ 　答 ②

問2 張力 T を求める。

問1で求めた a を①に代入

$T = Ma$

$\quad = \dfrac{Mm}{M + m} g$ 　答 ⑤

問3 静止摩擦係数 μ を求める。

(B) 静止摩擦力のプロセス

(B) プロセス 1

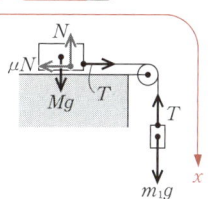

おもりの質量が m_1 のとき，木片には最大摩擦力がはたらき，力がつりあう。

(B) プロセス 2　プロセス 3

木片の水平方向の力のつりあい
$T - \mu N = 0$　……③

木片の鉛直方向の力のつりあい
$N - Mg = 0$　……④

おもりの力のつりあい　$m_1 g - T = 0$　…⑤

④より　$N = Mg$

⑤より　$T = m_1 g$　これらを③に代入
$m_1 g - \mu M g = 0$
$\mu = \dfrac{m_1}{M}$　　答 ④

問4 (A) 運動方程式のたて方のプロセス

(A) プロセス 1　プロセス 2

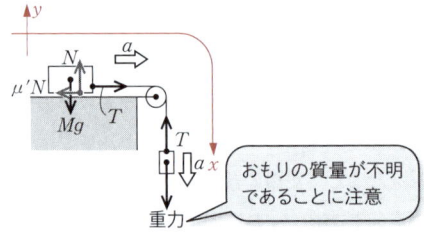

おもりの質量が不明であることに注意

(A) プロセス 3

木片の x 軸方向の運動方程式
$Ma = T - \mu' N$　……⑥

木片の y 軸方向の力のつりあい
$N - Mg = 0$　……⑦

⑦より　$N = Mg$

これを⑥に代入し，
$Ma = T - \mu' Mg$　　答 ⑥

問5　動摩擦係数 μ' を求める。
(A) 運動方程式のたて方のプロセス

(A) プロセス 1　プロセス 2

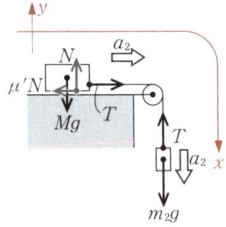

(A) プロセス 3

木片の x 軸方向の運動方程式
$Ma_2 = T - \mu' N$　……⑧

木片の y 軸方向の力のつりあい
$N - Mg = 0$　……⑨

おもりの運動方程式　$m_2 a_2 = m_2 g - T$　…⑩

⑨より　$N = Mg$　これを⑧に代入
$Ma_2 = T - \mu' Mg$　……⑧′

⑧′+⑩より
$Ma_2 + m_2 a_2 = m_2 g - \mu' Mg$
$(M + m_2) a_2 = m_2 g - \mu' Mg$
$\mu' Mg = m_2 g - (M + m_2) a_2$
$\mu' = \dfrac{m_2 g - (M + m_2) a_2}{Mg}$　　答 ②

問6 (A) 運動方程式のたて方のプロセス

(A) プロセス 1　プロセス 2

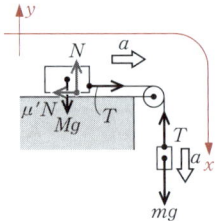

(A) プロセス 3

木片の x 軸方向の運動方程式
$Ma = T - \mu' N$　……⑥

木片の y 軸方向の力のつりあい
$N - Mg = 0$　……⑦

おもりの運動方程式　$ma = mg - T$　……⑪

加速度 a を求める。

⑦より　$N = Mg$　これを⑥に代入
$Ma = T - \mu' Mg$　……⑥′

⑥′+⑪より
$Ma + ma = mg - \mu' Mg$
$(M + m) a = (m - \mu' M) g$
$a = \dfrac{m - \mu' M}{m + M} g$

分母，分子を m で割ると
$a = \dfrac{1 - \mu' \times \dfrac{M}{m}}{1 + \dfrac{M}{m}} g$　……⑫

ここで，m を大きくしていくと，$\dfrac{M}{m}$ は 0 に近づく。

よって，⑫は
$a = \dfrac{1 - \mu' \times 0}{1 + 0} g$
$= g$　　答 ①

12 ［重なる２物体の運動方程式］(p.130)

解答 問1 ③ 問2 ④
問3 台車：④，小物体：②
問4 台車：③，小物体：②
問5 ④

リード文check
❶同じ加速度で動き … 一体となって動く
（小物体と台車の間には静止摩擦力がはたらく）

解説 ■ 運動方程式のたて方のプロセス

プロセス 0
台車と小物体が互いに及ぼしあう摩擦力は，作用・反作用の関係にあるので，小物体にはたらく摩擦力は右向き

台車は床と小物体の間を右向きに動こうとするので，台車にはたらく摩擦力は左向き

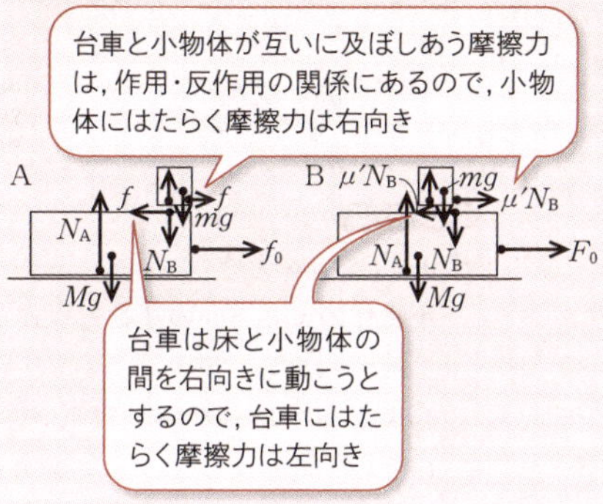

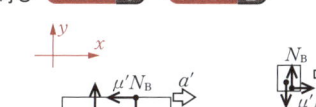

プロセス 1 着目する物体を決め，その物体が受ける力をすべて力の矢印で図示する
プロセス 2 軸を設定し，正の向きを定める
プロセス 3 力を x 軸方向，y 軸方向に分解し，
$$\begin{cases} x \text{軸方向では} \quad ma = F \\ y \text{軸方向では} \quad 力のつりあいの式 \end{cases}$$
をたてる

問1 プロセス 1 プロセス 2

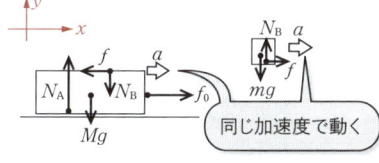

同じ加速度で動く

プロセス 3
台車の x 軸方向の運動方程式
$$Ma = f_0 - f \quad \cdots\cdots ①$$
y 軸方向の力のつりあいの式
$$N_A - N_B - Mg = 0 \quad \cdots\cdots ②$$
小物体の x 軸方向の運動方程式
$$ma = f \quad \cdots\cdots ③$$
y 軸方向の力のつりあいの式
$$N_B - mg = 0 \quad \cdots\cdots ④$$
①＋③より $Ma + ma = f_0$
$(M+m)a = f_0$
$$a = \frac{f_0}{M+m} \quad \text{答} \ ③$$

問2 問1で求めた a を③に代入する。
$f = ma$
$= \dfrac{m}{M+m} f_0 \quad$ 答 ④

問3 プロセス 1 プロセス 2

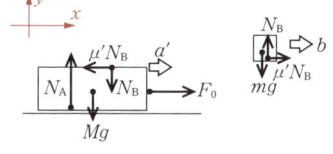

プロセス 3
台車の x 軸方向の運動方程式
$$Ma' = F_0 - \mu' N_B \quad \cdots\cdots ⑤$$
y 軸方向の力のつりあいの式
$$N_A - N_B - Mg = 0 \quad \cdots\cdots ⑥$$
小物体の x 軸方向の運動方程式
$$mb = \mu' N_B \quad \cdots\cdots ⑦$$
y 軸方向の力のつりあいの式
$$N_B - mg = 0 \quad \cdots\cdots ⑧$$
台車が受ける合力の x 成分 F_A は
$F_A = F_0 - \mu' N_B$
$\quad = F_0 - \mu' mg \quad$ （←⑧を代入）
答 台車：④
小物体が受ける合力の x 成分 F_B は
$F_B = \mu' N_B$
$\quad = \mu' mg \quad$ （←⑧を代入）
答 小物体：②

問4 台車の加速度 a' を求める。
⑤, ⑧より
$$Ma' = F_0 - \mu' mg$$
$$a' = \frac{F_0 - \mu' mg}{M}$$ 答 台車：③

小物体の加速度 b を求める。
⑦, ⑧より
$$mb = \mu' mg$$
$$b = \mu' g$$ 答 小物体：②

問5 台車の運動について考える。

プロセス 1　　プロセス 2

$0 \leq t \leq t_1$　　$t_1 < t$
台車の上に小物体が　　台車の上に小物体が
あるとき　　ないとき

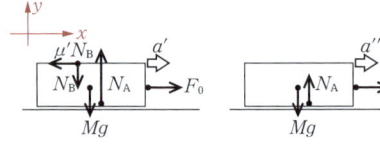

プロセス 3

$0 \leq t \leq t_1$ のとき
台車の x 軸方向の運動方程式
$$Ma' = F_0 - \mu' N_B \quad \cdots\cdots ⑨$$
$t_1 < t$ のとき
台車の x 軸方向の運動方程式
$$Ma'' = F_0 \quad \cdots\cdots ⑩$$
⑨, ⑩より $a' < a''$
よって，台車の速度の x 成分 u の変化は③
もしくは④　　……⑪

小物体の運動について考える。

プロセス 1　　プロセス 2

$0 \leq t \leq t_1$　　$t_1 < t$
小物体が台車上にあ　　小物体が空中にある
るとき　　とき

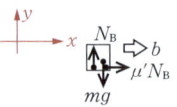

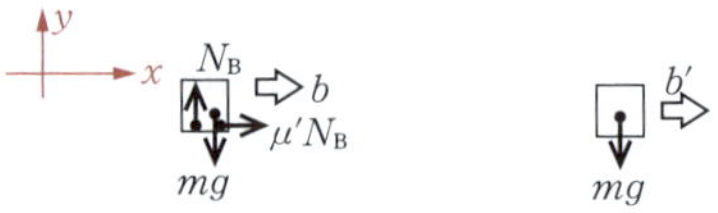

プロセス 3

$0 \leq t \leq t_1$ のとき
小物体の x 軸方向の運動方程式
$$mb = \mu' N_B \quad \cdots\cdots ⑫$$
⑫より $b > 0$

$t_1 < t$ のとき
小物体の x 軸方向の運動方程式
$$mb' = 0 \quad \cdots\cdots ⑬$$
⑬より $b' = 0$
よって，小物体の速度の x 成分 v の変化は
②もしくは④　　……⑭
⑪, ⑭より，答 ④

13 ［仕事］(p.131)

解答　問1　⑦
　　　問2　⑤
　　　問3　①

リード文check
❶物体は静止 … 水平方向にはたらく，静止摩擦力と弾性力がつりあっている。静止摩擦力の大きさは，他の力の大きさによって変化する

解説　■ 仕事，力のつりあい，力学的エネルギーの変化量と仕事，静止摩擦力のプロセス　Process

プロセス 0

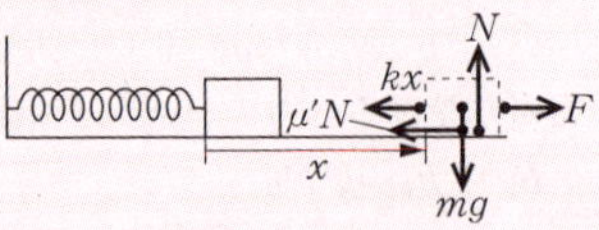

(A) 仕事を求めるプロセス

プロセス 1　どの力がする仕事を考えているのかはっきりさせる

プロセス 2　物体の運動方向と力の向きが斜めの場合，力を運動方向とそれに垂直な方向に分解する

プロセス 3　「$W = Fx$」を用いる（力の向きと動く向きが逆の場合はマイナスの符号をつける）

(B) 力のつりあいのプロセス

プロセス 1 物体にはたらく力をすべて図示し，鉛直・水平方向に力を分解する

プロセス 2 鉛直方向と水平方向について，力のつりあいの式をたてる

プロセス 3 連立方程式を解き，求めたい物理量を求める

(C) 力学的エネルギーの変化量から仕事を求めるプロセス

プロセス 1 ＜はじめ＞と＜あと＞の力学的エネルギーを求める

プロセス 2 力学的エネルギーの変化量を求める

プロセス 3 「$\frac{1}{2}mv^2 - \frac{1}{2}mv_0^2 = W$」を用いる

(D) 静止摩擦力のプロセス

プロセス 1 摩擦力の向きを見抜く（すべろうとする向きと逆向き）

プロセス 2 静止摩擦力の大きさは力のつりあいで求める

プロセス 3 最大摩擦力の式を適用する

問1 (A) 仕事を求めるプロセス

(A) **プロセス 1** **プロセス 2**

摩擦力がする仕事を考える。

(A) **プロセス 3**

$W = -\mu' N \times x$
$= -\mu' mgx$

答 ⑦

（吹き出し: (B) 力のつりあいのプロセス **プロセス 1** **プロセス 2** 鉛直方向の力のつりあい $N - mg = 0$）

問2 (C) 力学的エネルギーの変化量から仕事を求めるプロセス

(C) **プロセス 1**

はじめとばねが x 伸びたときの力学的エネルギーを U_A, U_B とおく。

$U_A = 0$
$U_B = \frac{1}{2}kx^2$

(C) **プロセス 2**

力学的エネルギーの変化量を ΔU とおくと

$\Delta U = U_B - U_A$
$= \frac{1}{2}kx^2$

(C) **プロセス 3**

力学的エネルギーと仕事の関係より

$\Delta U = W'$

（力学的エネルギーの変化量　外力がした仕事）

$\frac{1}{2}kx^2 = Fx - \mu' mgx + 0 + 0$

（手がした仕事　摩擦力がした仕事　重力がした仕事　垂直抗力がした仕事）

$Fx = \frac{1}{2}kx^2 + \mu' mgx$　答 ⑤

問3 (D) 静止摩擦力のプロセス

(D) **プロセス 1**

摩擦力は右向きにはたらく。

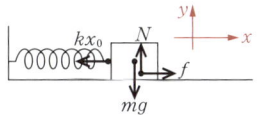

(D) **プロセス 2**

x 軸方向の力のつりあい　$f - kx_0 = 0$ …①
y 軸方向の力のつりあい　$N - mg = 0$ …②

(D) **プロセス 3**

$f = \mu N$ に①，②を代入する。

$kx_0 = \mu mg$

$x_0 = \frac{\mu mg}{k}$　答 ①

センター過去問演習 ……… 135

14 ［重力による位置エネルギーと運動エネルギー］(p.131)

解答 問1 ②
問2 W_1：①, W_2：④

リード文check
❶なめらかに回転 … 摩擦力がはたらかない。重力と棒がおもりに及ぼす力の2力だけで運動する

解説 ■ 力学的エネルギー保存の法則, 仕事のプロセス Process

プロセス 0

角度 θ は, $0° \leq \theta \leq 90°$ で考えるとわかりやすい

(A) 力学的エネルギー保存の法則を用いるプロセス
- プロセス 1　非保存力による仕事が0であることを確認する（物体が受ける力をすべてかいて確認）
- プロセス 2　重力による位置エネルギーの基準面を定める
- プロセス 3　2つの場所における力学的エネルギーを「=」（イコール）で結ぶ

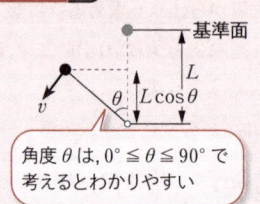

(B) 仕事を求めるプロセス
- プロセス 1　どの力がする仕事を考えているのかはっきりさせる
- プロセス 2　物体の運動方向と力の向きが斜めの場合，力を運動方向とそれに垂直な方向に分解する
- プロセス 3　「$W = Fx$」を用いる（力の向きと動く向きが逆の場合はマイナスの符号をつける）

問1 (A) 力学的エネルギー保存の法則を用いるプロセス

(A) プロセス 1　プロセス 2

$\theta = 0°$ の点を重力による位置エネルギーの基準面とする。

(A) プロセス 3

角度 θ のときの, 基準面からの高さ h は
$$h = -L(1-\cos\theta)$$
角度 θ のときの, 重力による位置エネルギー U は
$$U = -mgL(1-\cos\theta)$$
$\theta = 0°$ と角度 θ における力学的エネルギー保存の法則の式は
$$\frac{1}{2}mv^2 - mgL(1-\cos\theta) = 0$$
$$v = \sqrt{2gL(1-\cos\theta)} \quad \cdots\cdots ①$$
①より
　$\theta = 90°$ のとき　$v = \sqrt{2gL}$
　$\theta = 180°$ のとき　$v = 2\sqrt{gL}$

また, 式①より, v は $\cos\theta$ の値で変化するから, 直線的には変化しない。　**答** ②

問2 (B) 仕事を求めるプロセス

(B) プロセス 1　プロセス 2

棒が及ぼす力　棒が及ぼす力がする仕事 W_1
　　　　　　→力と運動方向は常に垂直
重力　　　　重力がする仕事 W_2
　　　　　　→重力の向きに $2L$ 動く

(B) プロセス 3

仕事の定義より
$W_1 = 0$　**答** W_1：①
$W_2 = mg \times 2L$
　　$= 2mgL$　**答** W_2：④

15 [弾性エネルギー] (p.132)

解答 問1 ③　**リード文check**
問2 ②　❶自然の長さ … 弾性力による位置エネルギーの基準点

解説 ■ 力学的エネルギー保存の法則，運動方程式のたて方のプロセス　**Process**

プロセス ⓪

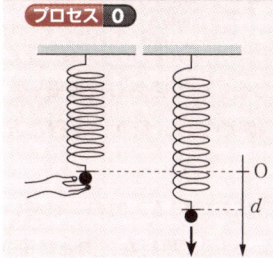

(A) 力学的エネルギー保存の法則を用いるプロセス
- プロセス 1　非保存力による仕事が0であることを確認する（物体が受ける力をすべてかいて確認）
- プロセス 2　重力による位置エネルギーの基準面を定める
- プロセス 3　2つの場所における力学的エネルギーを「＝」で結ぶ

(B) 運動方程式のたて方のプロセス
- プロセス 1　着目する物体を決め，その物体が受ける力をすべて力の矢印で図示する
- プロセス 2　軸を設定し，正の向きを定める
- プロセス 3　力を x 軸方向，y 軸方向に分解し，
$$\begin{cases} x\text{軸方向では} \quad ma=F \\ y\text{軸方向では} \quad 力のつりあいの式 \end{cases}$$ をたてる

問1 (A) 力学的エネルギー保存の法則を用いるプロセス

(A) プロセス 1　プロセス 2

手を離した位置を，重力による位置エネルギーの基準面とする。

(A) プロセス 3

手を離した点の力学的エネルギー U_1，ばねが自然の長さのときの力学的エネルギー U_2 を求める。

運動エネルギー	重力による位置エネルギー	弾性力による位置エネルギー	力学的エネルギー
0	0	$\frac{1}{2}kd^2$	U_1
$\frac{1}{2}mv^2$	$-mgd$	0	U_2

$U_2 = U_1$ より
$$\frac{1}{2}mv^2 - mgd = \frac{1}{2}kd^2$$
$$\frac{1}{2}mv^2 = mgd + \frac{1}{2}kd^2 \quad \boxed{答} ③$$

問2 (B) 運動方程式のたて方のプロセス

(B) プロセス 1　プロセス 2

$0 \leq x \leq d$ のとき　$x > d$ のとき

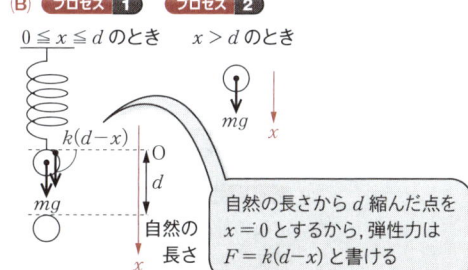

自然の長さから d 縮んだ点を $x=0$ とするから，弾性力は $F=k(d-x)$ と書ける

(B) プロセス 3

$0 \leq x \leq d$ のときの加速度を a_1 とすると
$$ma_1 = mg + k(d-x)$$
$$a_1 = g + \frac{k}{m}(d-x) \quad \cdots 右下がりの直線$$

$x > d$ のときの加速度を a_2 とすると
$$ma_2 = mg$$
$$a_2 = g \quad \cdots x 軸に平行な直線$$

以上より，$\boxed{答}$ ②

16 [力学的エネルギーの保存] (p.132)

解答 問1 ③
問2 ①　❶物体の速さが最大となる点 C … 点 A～C では（重力の斜面に平行な成分）≧（弾性力）より，速くなる（点 C でつりあう）

解説 ■ 力のつりあい，力学的エネルギー保存の法則のプロセス　Process

プロセス 0

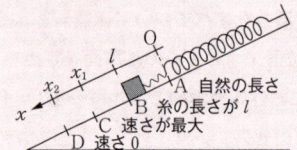

(A) 力のつりあいのプロセス
プロセス 1 物体にはたらく力をすべて図示し，鉛直・水平方向に力を分解する（斜面では，斜面に平行な方向と垂直な方向）
プロセス 2 鉛直方向と水平方向について，力のつりあいの式をたてる（斜面では，斜面に平行な方向と垂直な方向）
プロセス 3 連立方程式を解き，求めたい物理量を求める

(B) 力学的エネルギー保存の法則を用いるプロセス
プロセス 1 非保存力による仕事が 0 であることを確認する（物体が受ける力をすべてかいて確認）
プロセス 2 重力による位置エネルギーの基準面を定める
プロセス 3 2 つの場所における力学的エネルギーを「＝」で結ぶ

問1　(A) 力のつりあいのプロセス
(A) **プロセス 1**

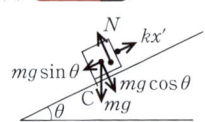

(A) **プロセス 2**
ばねの伸びを x' とする。
斜面に平行な方向の力のつりあいより
$$mg\sin\theta = kx'$$

(A) **プロセス 3**
$$x' = \frac{mg}{k}\sin\theta$$

よって，AC 間の距離 x_1 は
$$x_1 = l + x'$$
$$= l + \frac{mg}{k}\sin\theta \quad \text{答 ③}$$

問2　(B) 力学的エネルギー保存の法則を用いるプロセス
(B) **プロセス 1**　**プロセス 2**
重力による位置エネルギーの基準面を A とする。

(B) **プロセス 3**

	運動エネルギー	重力による位置エネルギー	弾性力による位置エネルギー
A	0	0	0
B	$\frac{1}{2}mv_1^2$	$-mgl\sin\theta$	0
C	$\frac{1}{2}mv_2^2$	$-mgx_1\sin\theta$	$\frac{1}{2}k(x_1-l)^2$
D	0	$-mgx_2\sin\theta$	$\frac{1}{2}k(x_2-l)^2$

位置エネルギーの和

A～B の運動について…
物体の A からの距離を x とすると，位置エネルギーの和は $-mgx\sin\theta$ となり，x の一次式で表すことができるので，直線的に減少する。

B～D の運動について…位置エネルギーの和は $-mgx\sin\theta + \frac{1}{2}k(x-l)^2$ となり，x の二次式で表すことができるので，放物線となる。また，点 C において，運動エネルギーが最大であることから，位置エネルギーの和は点 C で最小となる。

D について…A と D における力学的エネルギー保存の法則より，D の位置エネルギーの和は A と等しい。　答 ①

17 ［摩擦力がはたらく場合の物体のエネルギー］（p.133）

解答　問1　⑥
　　　　問2　①
　　　　問3　ア：③，イ：④

リード文check
❶部分ABだけがあらく，その他の部分はなめらか …
　部分ABのみ摩擦力がはたらく。部分ABを移動するときのみ，力学的エネルギーが減少する

解説 ■ 力学的エネルギー保存の法則，力学的エネルギーの変化量と仕事のプロセス　**Process**

プロセス 0

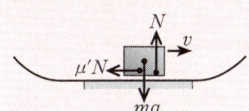

(A) 力学的エネルギー保存の法則を用いるプロセス
- **プロセス 1** 非保存力による仕事が0であることを確認する（物体が受ける力をすべてかいて確認）
- **プロセス 2** 重力による位置エネルギーの基準面を定める
- **プロセス 3** 2つの場所における力学的エネルギーを「＝」で結ぶ

(B) 力学的エネルギーの変化量から仕事を求めるプロセス
- **プロセス 1** ＜はじめ＞と＜あと＞の力学的エネルギーを求める
- **プロセス 2** 力学的エネルギーの変化量を求める
- **プロセス 3** 「$\frac{1}{2}mv^2-\frac{1}{2}mv_0^2=W$」を用いる

問1　(A) 力学的エネルギー保存の法則を用いるプロセス

(A) **プロセス 1**　非保存力（垂直抗力）がする仕事は0

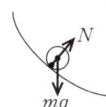

(A) **プロセス 2**　水平面を重力による位置エネルギーの基準面とする。

(A) **プロセス 3**

	運動エネルギー	重力による位置エネルギー
P	0	mgh
A	$\frac{1}{2}mv_A^2$	0

力学的エネルギー保存の法則より
$$0+mgh=\frac{1}{2}mv_A^2+0$$
$$v_A=\sqrt{2gh} \quad \text{答} \ ⑥$$

問2　(B) 力学的エネルギーの変化量から仕事を求めるプロセス

(B) **プロセス 1**

	運動エネルギー	重力による位置エネルギー
P	0	mgh
Q	0	$\frac{7}{10}mgh$

(B) **プロセス 2**　力学的エネルギーの変化量 ΔU は

$$\Delta U=\left(0+\frac{7}{10}mgh\right)-(0+mgh)$$
　　　　Qにおける　　　　Pにおける
　　　　力学的エネルギー　力学的エネルギー
$$=-\frac{3}{10}mgh$$

(B) **プロセス 3**
ΔU は摩擦力による仕事に等しいから
$$-\mu'N\times L=-\frac{3}{10}mgh$$
$$-\mu'mgL=-\frac{3}{10}mgh$$
（鉛直方向の力のつりあいより $N=mg$）
$$\mu'=\frac{3h}{10L} \quad \text{答} \ ①$$

問3　(B) 力学的エネルギーの変化量から仕事を求めるプロセス

(B) **プロセス 1**

	運動エネルギー	重力による位置エネルギー
P	0	mgh
X	0	0

(B) **プロセス 2**　力学的エネルギーの変化量 $\Delta U'$ は
$$\Delta U'=(0+0)-(0+mgh)$$
　　　　Xにおける　Pにおける
　　　　力学的エネルギー　力学的エネルギー
$$=-mgh$$

(B) **プロセス 3**

摩擦のある面を移動した総距離を x とする。
$$-\mu' mgx = -mgh$$
$$-\frac{3h}{10L}mgx = -mgh$$
$$x = \frac{10}{3}L$$
$$= 3L + \frac{1}{3}L$$

> 摩擦力の大きさは, 物体の運動する向きに関係なく $\mu' mg$

左の図より, 小物体は点 A を 3 回通過する。

$$AX = L - \frac{1}{3}L$$
$$= \frac{2}{3}L$$

答 ア：③, イ：④

---

18 [熱量] (p.134)

解答 問1 ④
問2 ①
問3 ③

リード文check
❶ 熱量計とその内部の水を合わせたもの全体の熱容量が金属 A に対する測定時と同じ …
金属 A の実験と金属 B の実験で変化しない物理量は, 熱量計とその内部の水を合わせた熱容量である

解説 ■ 熱量の保存のプロセス Process

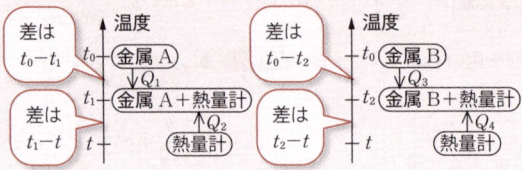

プロセス 1 温度の関係を数直線で表す
プロセス 2 移動した熱量を求める
  (Q_1, Q_2)
プロセス 3 熱量の保存を式で表す
  ($Q_1 = Q_2$)

問1 **プロセス 1** **プロセス 2**
金属 A が失った熱量 Q_1 は
$$Q_1 = mc_A(t_0 - t_1) \quad \text{答 ④}$$

問2 金属 A を用いた実験において, 熱量計と水全体が得た熱量 Q_2 は, 熱量計と水全体の質量を M, 比熱を c とすると
$$Q_2 = Mc(t_1 - t)$$

プロセス 3
$Q_1 = Q_2$ より
$$mc_A(t_0 - t_1) = Mc(t_1 - t) \quad \cdots\cdots ①$$

プロセス 1 **プロセス 2**
金属 B を用いた実験において, 金属 B が失った熱量 Q_3 は
$$Q_3 = mc_B(t_0 - t_2)$$
熱量計と水全体が得た熱量 Q_4 は
$$Q_4 = Mc(t_2 - t)$$

プロセス 3
$Q_3 = Q_4$ より
$$mc_B(t_0 - t_2) = Mc(t_2 - t) \quad \cdots\cdots ②$$

①, ②の辺々を割ると

$$\frac{mc_B(t_0 - t_2)}{mc_A(t_0 - t_1)} = \frac{Mc(t_2 - t)}{Mc(t_1 - t)}$$

よって
$$c_B = c_A \frac{(t_0 - t_1)(t_2 - t)}{(t_0 - t_2)(t_1 - t)} \quad \text{答 ①}$$

問3 「$Q = mc\varDelta T$」より, 水が少なくなると, 同じ熱量を得ても, 温度は高くなる。 > よって答は③か④

よって, 問2で求めた c_B の式において,
 t_2 の測定値は大きくなる。
そのため, 分母に含まれる
 $t_0 - t_2$ の値は小さくなる。
また, 分子に含まれる
 $t_2 - t$ の値は大きくなる。
c_B の式の, 他の値は変化しないことから
 c_B の値は大きくなる。
以上のことから, **答** ③ > よって答は①か③

19 [熱エネルギーの移動] (p.135)

解答 問1 ③
問2 ①

リード文check

❶ 全量を一つ目の湯飲みに入れたあと，二つ目の湯飲みに移す …
一つ目の湯飲みも二つ目の湯飲みも，お茶より温度が低い。したがって，お茶の温度はそれぞれの操作で下がる

❷ 全量を二つの湯飲みに均等にわけたあと，一つの湯飲みにまとめる …
二つの湯飲みに均等にお茶をわけると，二つの湯飲みはお茶と温度が等しくなる。したがって，お茶の温度は1回目の操作では下がるが，2回目の操作では下がらない

解説 ■ 熱量の保存のプロセス Process

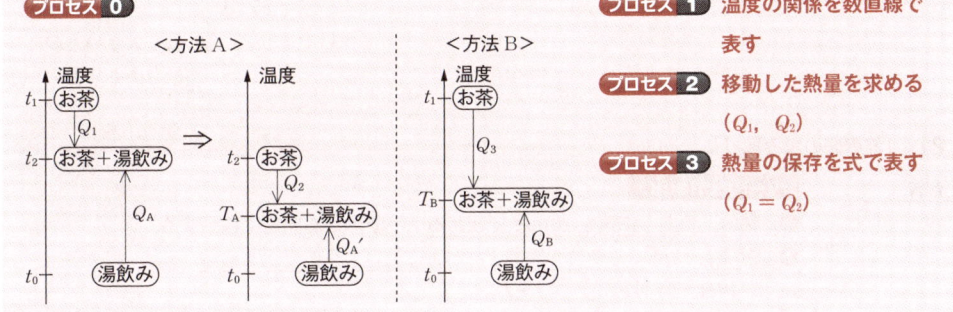

プロセス 1 温度の関係を数直線で表す
プロセス 2 移動した熱量を求める (Q_1, Q_2)
プロセス 3 熱量の保存を式で表す ($Q_1 = Q_2$)

問1 Q_A と Q_B の大きさを比べるために，方法 A の1回目の操作を，半分の量で2回にわけて行ったと仮想的に考えてみる。

プロセス 1

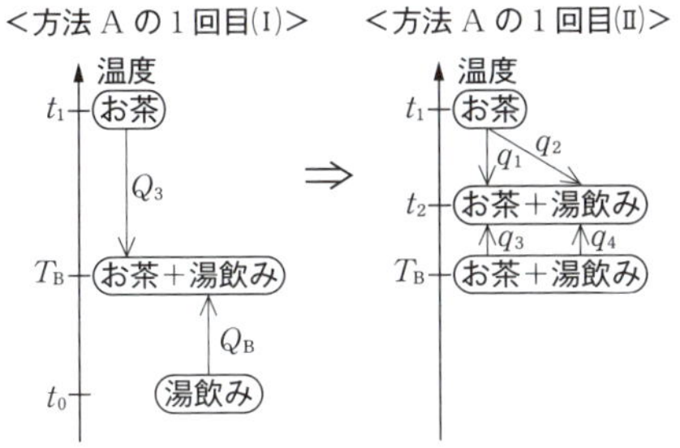

<方法 A の1回目(I)> <方法 A の1回目(II)>

お茶の半分の量を湯飲みに入れているので，上図(I)では，方法 B の1回目の操作の片方と同じ状況になる。この状況にさらに半分の量のお茶を入れることになるので，上図(II)のような熱量のやりとりが行われる。このとき，$q_1 = q_3 > 0$，$q_2 = q_4 > 0$ となる。よって，(I)・(II)を合わせて湯飲みが受け取った熱量 Q_A は

$$Q_A = Q_B + q_4 > Q_B \quad \cdots\cdots ①$$

次に，方法 A, B それぞれについて，お茶が失った熱量と湯飲みが得た熱量の保存を考える。全量のお茶の熱容量を C，湯飲み1つの熱容量を C' とする。

プロセス 2 **プロセス 3**

方法 A について
$$\underline{C(t_1 - T_A)}_{\text{お茶が失った熱量}} = \underline{Q_A + C'(T_A - t_0)}_{\text{2つの湯飲みが得た熱量}} \quad \cdots\cdots ②$$

方法 B について
$$\underline{C(t_1 - T_B)}_{\text{お茶が失った熱量}} = \underline{Q_B + C'(T_B - t_0)}_{\text{2つの湯飲みが得た熱量}} \quad \cdots\cdots ③$$

② − ③ より
$$C(T_B - T_A) = Q_A - Q_B + C'(T_A - T_B)$$
$$C(T_B - T_A) + C'(T_B - T_A) = Q_A - Q_B$$
$$(C + C')(T_B - T_A) = Q_A - Q_B$$

C, $C' > 0$，① より $Q_A - Q_B > 0$ なので
$$T_B - T_A > 0$$
$$T_A < T_B \quad \text{答 ③}$$

問2 お茶が放出した総熱量 Q を考えるので，時刻0では $Q = 0$ となる。したがって，Q のグラフは原点を通る。また，お茶は温度 T_1 で空気と熱平衡状態になり，それ以降熱を放出しない。したがって，Q のグラフは熱平衡状態に達したあと，一定の値をとる。

以上より，**答 ①**

20 ［さまざまなエネルギー］(p.135)

解答　最も大きいもの：③
　　　最も小さいもの：④

リード文check

❶質量 10 g の水 … 熱量を求める式（$Q = mc\Delta T$）における質量の単位は g

解説

① 「$Q = mc\Delta T$」より
　　　$Q = 10 \times 4.2 \times 2.0$
　　　　$= 84$ 〔J〕

② 「$Q = Pt$」より
　　　$Q = 60 \times 1.0$
　　　　$= 60$ 〔J〕

③ 「$U = mgh$」より
　　　$U = 1.0 \times 9.8 \times 10$
　　　　$= 98$ 〔J〕

④ 「$K = \dfrac{1}{2}mv^2$」より
　　　$K = \dfrac{1}{2} \times 1.0 \times 10^2$
　　　　$= 50$ 〔J〕

以上より　**答** 最も大きいもの：③
　　　　　　　最も小さいもの：④

21 ［波の図の読み取り］(p.136)

解答　③

リード文check

❶x 軸の正の向きに速さ 20 m/s で伝わる … 波形は右向きに移動する
❷位置 $x = 15$ m での変位が時間 t とともにどのように変化するか …
　　横軸が時刻 t のグラフをかいて考える

解説

■ 波の図の読み取りのプロセス

プロセス 0

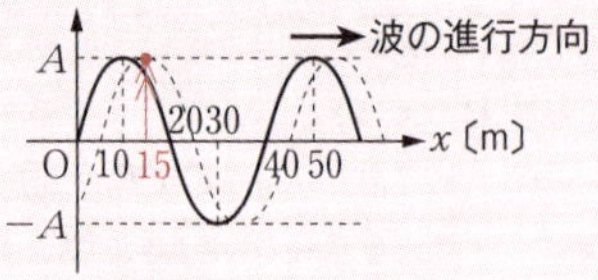

プロセス 1 横軸の物理量を確認する（位置 x か時刻 t か）

プロセス 2 横軸が x のとき ⇒ 波長 λ，振幅 A ⎫
　　　　　　 横軸が t のとき ⇒ 周期 T，振幅 A ⎬ を読み取る

プロセス 3 「$v = f\lambda$」，「$f = \dfrac{1}{T}$」から速さ v，振動数 f，周期 T を求める

プロセス 1 横軸が x
プロセス 2 波長 $\lambda = 40$ m
プロセス 3 $v = f\lambda$ より

$f = \dfrac{v}{\lambda} = \dfrac{20}{40}$
　　$= 0.50$ 〔Hz〕

$f = \dfrac{1}{T}$ より

$T = \dfrac{1}{f} = \dfrac{1}{0.50}$
　　$= 2.0$ 〔s〕　（答は③か④）

$x = 15$ m の位置において
　変位は，$t = 0$ s のとき　正
　その後，さらに大きくなることより，**答** ③

22 ［波の合成］(p. 136)

解答 ②

リード文check

❶パルス波 … 孤立した波形の波

解説 ■ 波の重ねあわせのプロセス Process

- プロセス 0
- プロセス 1 同じ位置にある2つの波の変位をそれぞれ読み取る
- プロセス 2 2つの波の変位の和を求め，点を打つ
- プロセス 3 2 で打った点を線で結ぶ

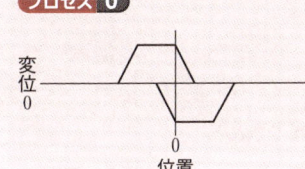

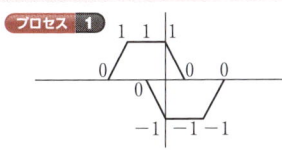
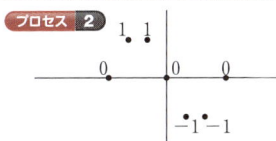
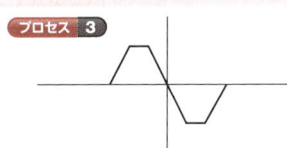

答 ②

23 ［波の反射］(p. 136)

解答 問1 ③
問2 ②

リード文check

❶固定端 … 壁で変位が上下反転し，向きが変わって左へ進む
❷自由端 … 壁で向きが変わって左へ進む

解説 ■ 波の反射のプロセス Process

- プロセス 1 入射波を延長し，反射板がないときの波形をかく
- プロセス 2 固定端の場合 ⇒ 延長した波形の上下を逆にする
  自由端の場合 ⇒ 何もしない
- プロセス 3 2 の波形を反射板で折り返した波形をかく

問1　固定端の場合

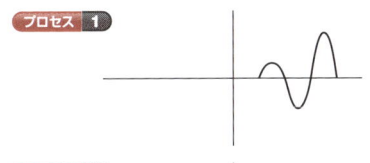

問2　自由端の場合

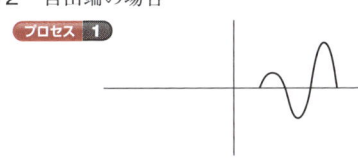

上下反転

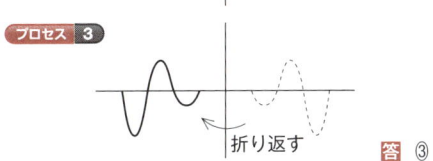
折り返す　答 ③

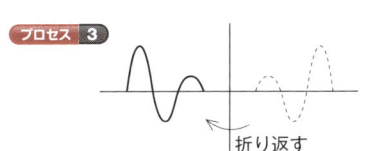
折り返す　答 ②

24 ［定常波］(p.137)

解答 問1 ④　問2 ⑤　問3 ④

リード文check
❶電磁おんさ … 電磁石を利用して振動させるおんさ

解説 ■ 弦の固有振動，波の図の読み取り，定常波のプロセス

(A) 弦の固有振動のプロセス
- プロセス 1　定常波の図をかく
- プロセス 2　図から波長 λ を，弦の長さを用いて表す
- プロセス 3　「$v = f\lambda$」，「$f = \dfrac{1}{T}$」を用いて，必要な物理量を求める

(B) 波の図の読み取りのプロセス
- プロセス 1　横軸の物理量を確認する（位置 x か時刻 t か）
- プロセス 2　横軸が x のとき ⇒ 波長 λ，振幅 A
　　　　　　　横軸が t のとき ⇒ 周期 T，振幅 A ｝を読み取る
- プロセス 3　「$v = f\lambda$」，「$f = \dfrac{1}{T}$」から速さ v，振動数 f，周期 T を求める

(C) 定常波のプロセス
- プロセス 1　2 つの波は距離で $\dfrac{1}{8}\lambda$（時間で $\dfrac{1}{8}T$）ずつずらして，定常波の波形を考える
- プロセス 2　定常波の変位が最大のとき，山や谷となる位置が腹となり，隣りあう腹の中間に節ができる
- プロセス 3　定常波の振幅はもとの波の 2 倍，波長は同じである

問1　(A) 弦の固有振動のプロセス

(A) プロセス 1

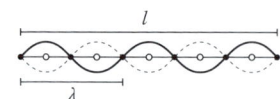

(A) プロセス 2

$\lambda = \dfrac{2}{5}l$　　答 ④

問2　(B) 波の図の読み取りのプロセス

(B) プロセス 1
横軸は t

(B) プロセス 2
周期 $T = 4t_0$

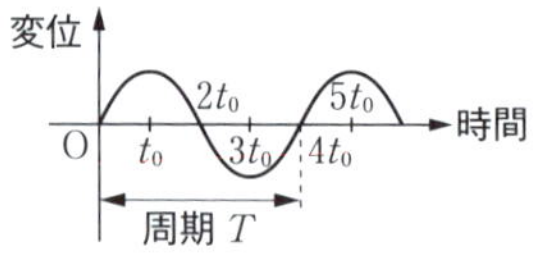

(B) プロセス 3

$v = f\lambda$
$ = \dfrac{1}{T} \times \lambda$　　（$f = \dfrac{1}{T}$）
$ = \dfrac{\lambda}{4t_0}$　　答 ⑤

問3　(C) 定常波のプロセス

(C) プロセス 1
D は節である。
図①〜④のうち，D で常に変位 0 となるものを探す。

$t = 0$

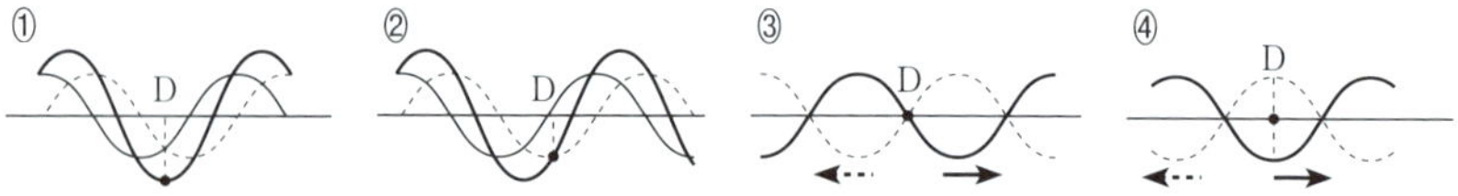

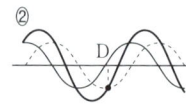

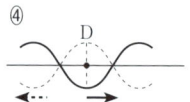

$t = \dfrac{T}{8}$

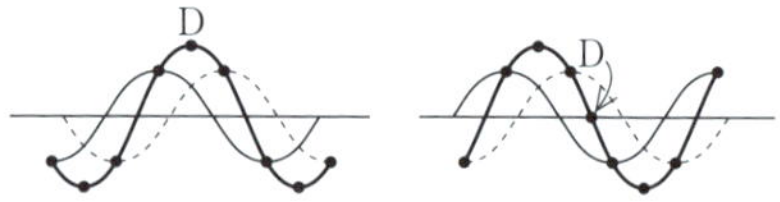

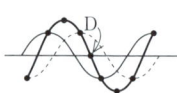

よって，D で常に変位 0 になるのは④　　答 ④

25 ［うなり］(p. 137)

解答 ①

リード文 check
❶低い音 … 振動数が小さい音

解説 ■ うなりのプロセス Process

プロセス 1 2つの物体の振動数を数値または記号で表す
プロセス 2 うなりの式「$f=|f_1-f_2|$」を用いる
プロセス 3 絶対値をはずして，題意にあった値を求める

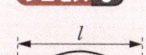
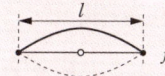

うなりの周期 T〔s〕は $T=0.5$ s
うなりの振動数 f〔Hz〕は $f=\dfrac{1}{T}$
$=\dfrac{1}{0.5}$
$=2.0$〔Hz〕

バイオリンの振動数 f_0〔Hz〕は，おんさよりも小さいから
$f_0=440.0-2.0$
$=438.0$〔Hz〕 **答** ①

26 ［弦の振動］(p. 137)

解答 ア：③，イ：⑥

リード文 check
❶どこも押さえずに弾く … 基本振動が生じる

解説 ■ 弦の固有振動のプロセス Process

プロセス 0
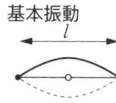
$f_0=330$ Hz

プロセス 1 定常波の図をかく
プロセス 2 図から波長 λ を，弦の長さを用いて表す
プロセス 3 「$v=f\lambda$」，「$f=\dfrac{1}{T}$」を用いて，必要な物理量を求める

プロセス 1

基本振動　図1 $\dfrac{3}{4}l$　図2 l

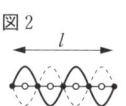

プロセス 2

$\lambda=2l$ 　 $\lambda_1=\dfrac{3}{4}l\times 2$ 　 $\lambda_2=\dfrac{l}{4}\times 2$
$=\dfrac{3}{2}l$ 　 $=\dfrac{l}{2}$

プロセス 3

「$v=f\lambda$」より

$f=\dfrac{v}{\lambda}$ 　 $f_1=\dfrac{v}{\lambda_1}$ 　 $f_2=\dfrac{v}{\lambda_2}$

$330=\dfrac{v}{2l}$ 　 $=\dfrac{2v}{3l}$ 　 $=\dfrac{2v}{l}$

$=\dfrac{4}{3}\times\dfrac{v}{2l}$ 　 $=4\times\dfrac{v}{2l}$

$=\dfrac{4}{3}\times 330$ 　 $=4\times 330$

$=440$〔Hz〕 　 $=1320$〔Hz〕

答 ア：③，イ：⑥

27 [弦を伝わる波の速さ] (p. 138)

解答 問1 ①
問2 ③
問3 ④

リード文check

❶基本振動 … 腹が1つの定常波
❷AB間の中心を押さえながら，その弦を鳴らした … ABの中心が節となる定常波

解説 ■ 弦の固有振動のプロセス

Process

プロセス 0

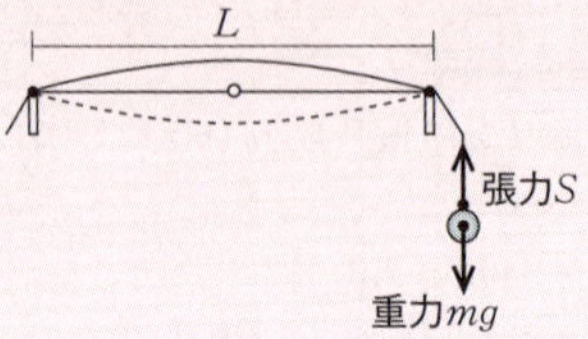

プロセス 1 定常波の図をかく
プロセス 2 図から波長 λ を，弦の長さを用いて表す
プロセス 3 「$v=f\lambda$」，「$f=\dfrac{1}{T}$」を用いて，必要な物理量を求める

問1 図2aより，m が4倍になると f は2倍になっている。
f は $\sqrt{m}$ に比例する。
$$f = k_1\sqrt{m}$$
(k_1 は比例定数)…①

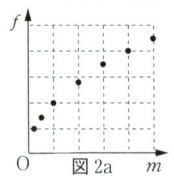

図2bより，L が2倍になると f は $\dfrac{1}{2}$ 倍，L が4倍になると f は $\dfrac{1}{4}$ 倍になる。
f は $\dfrac{1}{L}$ に比例する。
$$f = \dfrac{k_2}{L} \quad (k_2 \text{ は比例定数}) \cdots ②$$

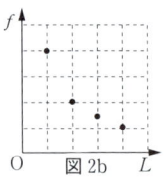

①，②より
$$f = k\dfrac{\sqrt{m}}{L} \quad (k \text{ は比例定数})$$ **答** ①

問2 おもりの質量を変えていないことから，弦の張力は変化しない。
よって，弦を伝わる波の速さは変化しない。

プロセス 1　プロセス 2

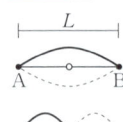

押さえないとき
　波長　$\lambda = 2L$

AB の中心を押さえたとき
　波長　$\lambda' = L$

プロセス 3

「$v=f\lambda$」より
押さえないときの振動数は
$$f = \dfrac{v}{\lambda} = \dfrac{v}{2L}$$

AB の中心を押さえたときの振動数は
$$f' = \dfrac{v}{\lambda'} = \dfrac{v}{L}$$

よって　$f' > f$　**答** ③

問3　プロセス 1　プロセス 2

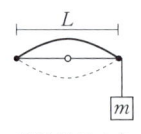 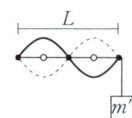

実験結果より
押さえないときの振動数は
$$f = k\dfrac{\sqrt{m}}{L}$$

AB の中心を押さえたとき，この弦についているおもりの質量を m' とすると，振動数は
$$f' = k\dfrac{\sqrt{m'}}{\dfrac{L}{2}}$$

振動数が等しい弦が互いに共鳴するから
$$k\dfrac{\sqrt{m}}{L} = k\dfrac{\sqrt{m'}}{\dfrac{L}{2}}$$

$$m = 4m'$$

よって　$m : m' = 4 : 1$　**答** ④

28 ［閉管の共鳴］（p. 139）

解答 ⑥

リード文check

❶振動数を徐々に大きくしていく …「$v = f\lambda$」より，徐々に波長 λ を小さくする

❷開口端を腹とする定常波 … 開口端補正は考えなくてよい

解説 ■ 閉管の固有振動のプロセス Process

プロセス 0

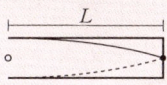

プロセス 1 管口が腹，管の底が節となる定常波をかく

プロセス 2 節と節の間の距離が $\frac{1}{2}$ 波長（腹と節の間の距離が $\frac{1}{4}$ 波長）であることを用いて，波長を求める

プロセス 3 「$v = f\lambda$」，「$f = \frac{1}{T}$」を用いて，必要な物理量を求める

プロセス 1 **プロセス 2**

振動数が大きくなると波長は短くなる

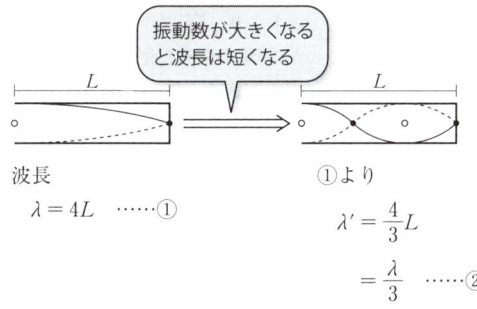

波長
$\lambda = 4L$ ……①

①より
$\lambda' = \frac{4}{3}L$
$= \frac{\lambda}{3}$ ……②

プロセス 3

振動数
$f = \frac{v}{\lambda}$ ……③

$f' = \frac{v}{\lambda'}$
$= \frac{3v}{\lambda}$ （←②より）
$= 3f$ （←③より） **答** ⑥

29 ［開管・閉管の共鳴］（p. 139）

解答 問1 ②　問2 ④

リード文check

❶初めて共鳴 … 基本振動が生じる

解説 ■ 開管・閉管の固有振動のプロセス Process

(A) 開管の固有振動のプロセス

プロセス 1 両方の管口が腹になる定常波をかく

プロセス 2 腹と腹の間の距離が $\frac{1}{2}$ 波長（腹と節の間の距離が $\frac{1}{4}$ 波長）であることを用いて，波長を求める

プロセス 3 「$v = f\lambda$」，「$f = \frac{1}{T}$」を用いて，必要な物理量を求める

(B) **閉管の固有振動のプロセス**

プロセス 1 管口が腹，管の底が節となる定常波をかく

プロセス 2 節と節の間の距離が $\frac{1}{2}$ 波長（腹と節の間の距離が $\frac{1}{4}$ 波長）であることを用いて，波長を求める

プロセス 3 「$v = f\lambda$」，「$f = \frac{1}{T}$」を用いて，必要な物理量を求める

問1 ア (A) 開管の固有振動のプロセス

(A) **プロセス 1** **プロセス 2**

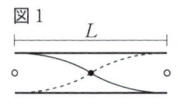

図1　波長 $\lambda = 2L$　　図2　$\lambda' = 4L$

(A) **プロセス 3**

音速を v とすると

図1の振動数は　$f = \dfrac{v}{\lambda} = \dfrac{v}{2L}$

これが 440 Hz だから　$\dfrac{v}{2L} = 440$

よって　$\dfrac{v}{L} = 880$　……①

図2の振動数は　$f' = \dfrac{v}{\lambda'} = \dfrac{v}{4L}$

$= \dfrac{1}{4} \times 880$　（①より）

$= 220 \,[\text{Hz}]$

イ (B) 閉管の固有振動のプロセス

(B) **プロセス 1** **プロセス 2**

次の共鳴では，波長 $\lambda'' = \dfrac{4}{3}L$

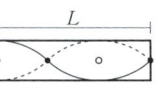

(B) **プロセス 3**

振動数は「$v = f\lambda$」より

$f'' = \dfrac{v}{\lambda''} = \dfrac{3v}{4L}$

$= \dfrac{3}{4} \times 880$　（①より）

$= 660 \,[\text{Hz}]$

以上より，**答** ②

問2 (A) 開管の固有振動のプロセス

(A) **プロセス 1** **プロセス 2**

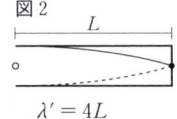

図1　波長 $\lambda = 2L$　　図3　$\lambda = 2L$

（波長は同じ）

(A) **プロセス 3**

空気中の音速を v とすると，図3のヘリウムガス中の音速は $3v$

図3の振動数は　$f''' = \dfrac{3v}{\lambda} = 3f$

$= 3 \times 440$

$= 1320 \,[\text{Hz}]$

答 ④

---

30 ［クントの実験］(p.140)

解答　問1 ④　問2 ⑤　問3 ②

リード文 check

❶粉末の濃くかたまった位置 … $x_1 \sim x_8$ は節の位置を表す

解説　■ 閉管の固有振動のプロセス　Process

プロセス 0

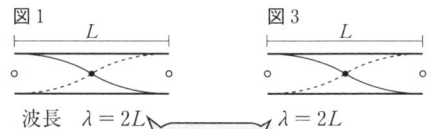

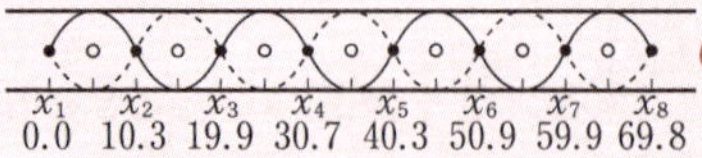

x_1　x_2　x_3　x_4　x_5　x_6　x_7　x_8
0.0　10.3　19.9　30.7　40.3　50.9　59.9　69.9

クントの実験では，ガラス管の両端は定常波の節になることに注意！

プロセス 1 管口が腹，管の底が節となる定常波をかく

プロセス 2 節と節の間の距離が $\frac{1}{2}$ 波長（腹と節の間の距離が $\frac{1}{4}$ 波長）であることを用いて，波長を求める

プロセス 3 「$v = f\lambda$」，「$f = \dfrac{1}{T}$」を用いて，必要な物理量を求める

問1 プロセス1 プロセス2

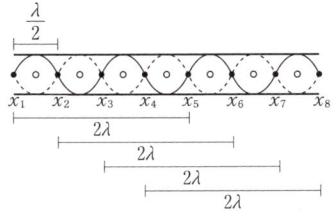

$x_5 - x_1 = 2\lambda$
$x_6 - x_2 = 2\lambda$ より
$x_7 - x_3 = 2\lambda$
$x_8 - x_4 = 2\lambda$

$(x_5-x_1)+(x_6-x_2)+(x_7-x_3)+(x_8-x_4)$
$= 8\lambda$

よって
$\lambda = \dfrac{1}{8}\{(x_5-x_1)+(x_6-x_2)+(x_7-x_3)$
$\qquad\qquad +(x_8-x_4)\}$

与式と比較すると
$k = \dfrac{1}{8}$ 答 ④

問2 問1の結果より
$\lambda = \dfrac{1}{8}\{(40.3-0.0)+(50.9-10.3)$
$\qquad\qquad +(59.9-19.9)+(69.8-30.7)\}$
$= \dfrac{1}{8}(40.3+40.6+40.0+39.1)$
$= \dfrac{1}{8}(40 \times 4)$
$= 20 \text{[cm]}$
$= 0.20 \text{[m]}$

40.3 ≒ 40+0.3
40.6 ≒ 40+0.6
40.0 ≒ 40+0
39.1 ≒ 40−0.9
これらを足すと 40×4

プロセス3
$f = \dfrac{v}{\lambda}$
$= \dfrac{3.4 \times 10^2}{0.20}$
$= 1.7 \times 10^3 \text{[Hz]}$ 答 ⑤

問3 金属棒に生じる定常波の振動が，ガラス管に伝わり，定常波をつくる。

よって，金属棒とガラス管内の定常波の振動数は等しい。

プロセス1 プロセス2

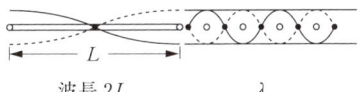

波長 $2L$ λ

プロセス3
「$f = \dfrac{v}{\lambda}$」より

金属棒の振動数は $f = \dfrac{V}{2L}$ ……①

気柱の振動数は $f = \dfrac{v}{\lambda}$ ……②

①，②が等しいことから
$\dfrac{V}{2L} = \dfrac{v}{\lambda}$

$V = \dfrac{2Lv}{\lambda}$ 答 ②

---

31 [箔検電器] (p.141)

解答　問1 ④
　　　問2 ①
　　　問3 ⑥

リード文check
❶箔検電器 … 金属板と箔は，金属棒でつながっており，電荷が移動する。箔が帯電すると，同種の電荷は互いに斥力を及ぼしあうことから，箔は開く

解説　■電荷にはたらく力のプロセス　Process

プロセス1 電荷0とは，正電荷と負電荷が等量存在する状態である
プロセス2 正・負の電荷のどちらかに注目して，電荷の移動を考える
プロセス3 同種の電荷は互いに反発力（斥力）を及ぼしあい，異種の電荷は互いに引力を及ぼしあう

問1 プロセス1 プロセス2
負電荷の移動に注目する。

プロセス3

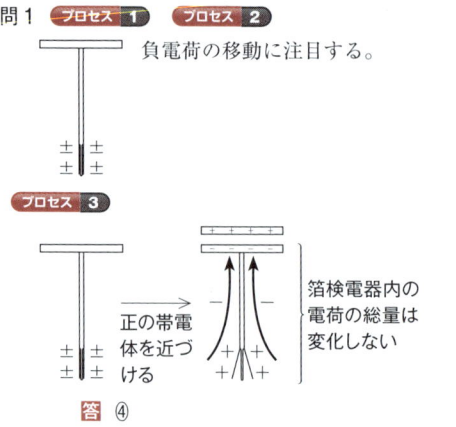

答 ④

問2 はじめ，箔検電器が負に帯電していると考え，負電荷の移動に注目する。

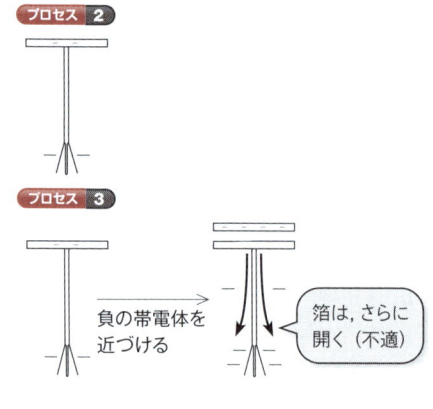

はじめ，箔検電器が正に帯電していると考え，正電荷の移動に注目する。

プロセス2

プロセス3

問3 プロセス1 プロセス2 プロセス3
正電荷の移動に注目する。

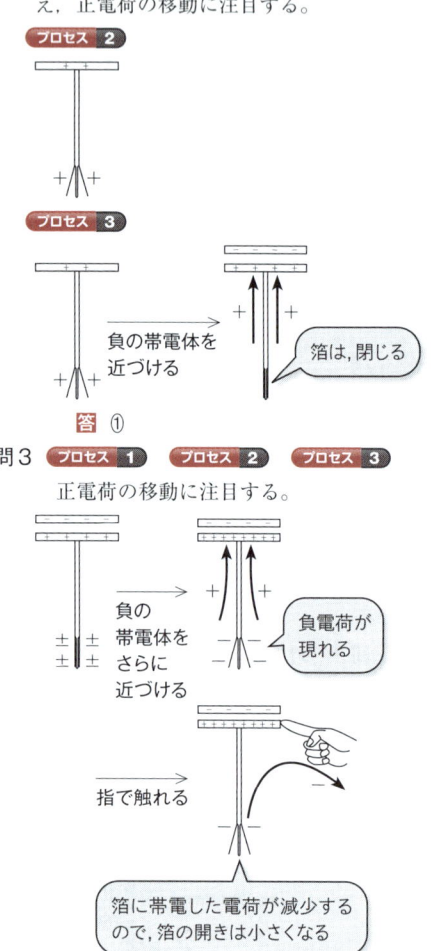

答 ⑥

32 ［電流］（p. 142）

解答 ④   リード文check
❶電流 … 1秒間に移動する電気量

解説 ■ 電流，電気量，自由電子の速さのプロセス Process

プロセス0

プロセス1 物理量を文字で表す
プロセス2 「$Q = It$」，「$I = envS$」を用いて，求めたい物理量を式で表す
プロセス3 数値を代入する

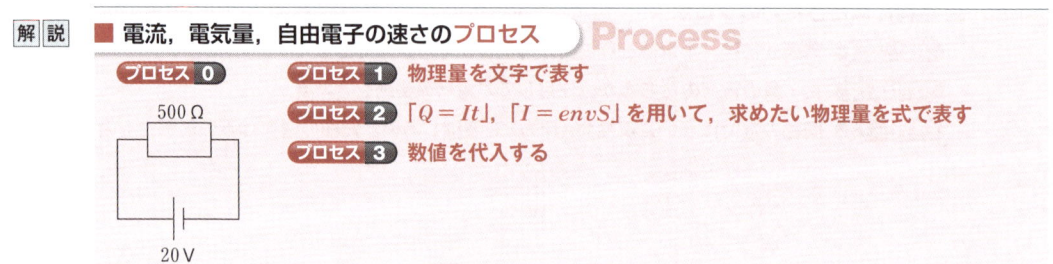

オームの法則「$V = RI$」より，抵抗器を流れる電流 I〔A〕は

$$I = \frac{V}{R} = \frac{20}{500} = 4.0 \times 10^{-2} \text{〔A〕}$$

プロセス 1

電流を流した時間を t〔s〕，移動した電子の数を N〔個〕，1個の電子の電気量の大きさを e〔C〕とする。

プロセス 2 **プロセス 3** 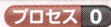 t 秒間で流れた電気量

$$It = eN$$

$$N = \frac{It}{e} = \frac{4.0 \times 10^{-2} \times 10}{1.6 \times 10^{-19}}$$

$$= \frac{4.0}{1.6} \times 10^{18}$$

$$= 2.5 \times 10^{18} \text{〔個〕} \quad \text{答} \; ④$$

33 ［電流と流れる電気量］(p. 142)

解答 ②　**リード文check**

❶電流が 100 mA … 1 秒間に，100 mC の電荷が移動する

解説 ■ 電流，電気量，自由電子の速さの**プロセス**

プロセス 0

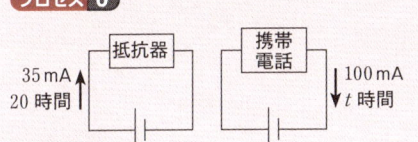

プロセス 1 物理量を文字で表す

プロセス 2 「$Q = It$」，「$I = envS$」を用いて，求めたい物理量を式で表す

プロセス 3 数値を代入する

プロセス 1

抵抗器を接続したときに流れる電流を I_1，電流が流れる時間を t_1，携帯電話を接続したときに流れる電流を I_2，電流が流れる時間を t_2 とする。

プロセス 2

抵抗器を接続したときに電池から流れる電気量は $I_1 t_1$

携帯電話を接続したときに電池から流れる電気量は $I_2 t_2$

これらは等しいから

$$I_1 t_1 = I_2 t_2$$

プロセス 3

$$\underbrace{35 \times 10^{-3}}_{35\,\text{mA を〔A〕で表現}} \times \underbrace{20 \times 60 \times 60}_{20\,\text{時間を〔秒〕で表現}} = \underbrace{100 \times 10^{-3}}_{100\,\text{mA}} \times \underbrace{t \times 60 \times 60}_{t\,\text{時間}}$$

$$t = \frac{35 \times 20}{100}$$

$$= 7 \text{〔時間〕} \quad \text{答} \; ②$$

34 ［オームの法則］(p. 142)

解答 問1 ⑤　**リード文check**

問2 ⑧　❶電池内部の抵抗は無視できる … 抵抗 R の両端に，電圧 E がかかる

解説 ■ 複数の抵抗が接続された回路の**プロセス**

プロセス 0

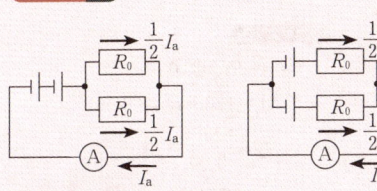

プロセス 1 できるだけわかりやすい回路図にかき直す

プロセス 2 単純な接続部分を見つけ，合成抵抗を求める

プロセス 3 合成抵抗 R，合成抵抗にかかる電圧 V，流れる電流 I で，オームの法則を適用する

問1 プロセス 1

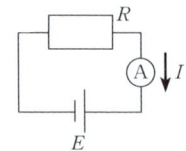

プロセス 3

$V = RI$ より $I = \dfrac{E}{R}$

よって，電流は抵抗に反比例する。反比例のグラフは⑤である。 **答** ⑤

問2 プロセス 1   プロセス 2

(a) 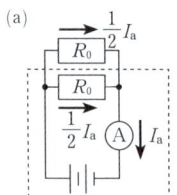   (b)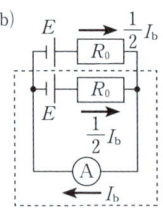

プロセス 3

問1より $I_0 = \dfrac{E}{R_0}$ ……①

図の □ の部分について考える。

(a)において「$V = RI$」より

$$2E = R_0 \times \dfrac{1}{2}I_a$$

$$I_a = \dfrac{4E}{R_0} \quad ……②$$

(b)において「$V = RI$」より

$$E = R_0 \times \dfrac{1}{2}I_b$$

$$I_b = \dfrac{2E}{R_0} \quad ……③$$

①，②，③より

$I_0 < I_b < I_a$ **答** ⑧

---

35 ［直流回路］（p.143）

解答　問1　ア：④，イ：③
　　　　問2　⑥

リード文check
❶電流計の内部抵抗は無視する … 抵抗 R_1，および，抵抗 R_2 と R_3 の合成抵抗の両端にかかる電圧は 30 V

解説　■複数の抵抗が接続された回路のプロセス　Process

プロセス 1　できるだけわかりやすい回路図にかき直す
プロセス 2　単純な接続部分を見つけ，合成抵抗を求める
プロセス 3　合成抵抗 R，合成抵抗にかかる電圧 V，流れる電流 I で，オームの法則を適用する

問1　抵抗 R_2 において

プロセス 1

AB 間を流れる電流を I_2〔A〕とする。

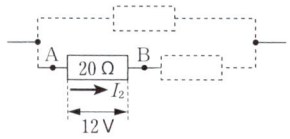

プロセス 3

「$V = RI$」より

$$I_2 = \dfrac{12}{20}$$
$$= 0.60 〔A〕 \quad ……①$$

抵抗 R_2，R_3 において

プロセス 1　プロセス 2

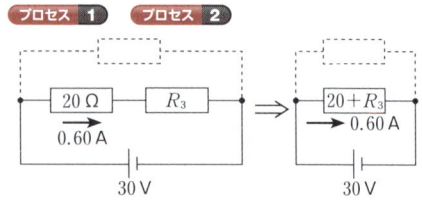

プロセス 3

「$V = RI$」より

$$30 = (20 + R_3) \times 0.60$$
$$R_3 = \dfrac{30}{0.60} - 20$$
$$= 30 〔Ω〕 \quad \textbf{答} \ ア：④$$

抵抗 R_1 において

プロセス 1

R_1 に流れる電流を I_1 〔A〕とする。

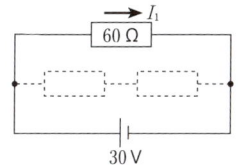

プロセス 3

「$V = RI$」より

$$I_1 = \frac{30}{60}$$

$$= 0.50 \text{〔A〕} \cdots\cdots ②$$

回路全体において，電流計を流れる電流を I 〔A〕とする。

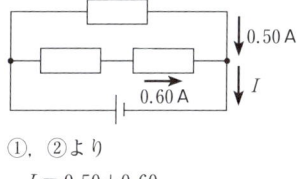

①，②より

$$I = 0.50 + 0.60$$

$$= 1.1 \text{〔A〕} \quad \boxed{答} \quad \boxed{イ} : ③$$

問2　抵抗 R_1 において

プロセス 1

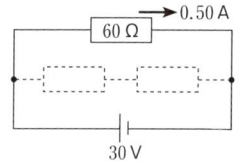

電力 P_1 〔W〕は，「$P = IV$」より

$$P_1 = 0.50 \times 30$$

$$= 15 \text{〔W〕} \cdots R_4 \text{ の値に関係なく一定}$$

抵抗 R_2，R_4 において，流れる電流を I 〔A〕とする。

プロセス 1　**プロセス 2**

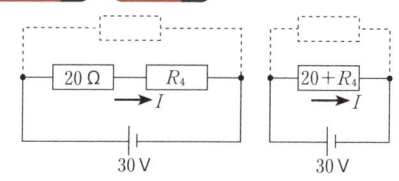

電力 P_2 〔W〕は，「$P = IV = \dfrac{V^2}{R}$」より

$$P_2 = \frac{30^2}{20 + R_4} \text{〔W〕}$$

…R_4 が大きくなるほど，P_2 は小さくなる

$\boxed{答}$　⑥

---

36 ［抵抗の性質］(p. 143)

解答　問1　③

　　　　問2　①

リード文check

❶ 一様な太さのニクロム線 … ニクロム線の抵抗値は長さに比例する

解説　■ 複数の抵抗が接続された回路のプロセス **Process**

プロセス 0

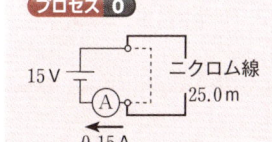

プロセス 1　できるだけわかりやすい回路図にかき直す

プロセス 2　単純な接続部分を見つけ，合成抵抗を求める

プロセス 3　合成抵抗 R，合成抵抗にかかる電圧 V，流れる電流 I で，オームの法則を適用する

プロセス 1

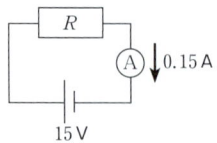

プロセス 3

「$V=RI$」より

$R = \dfrac{15}{0.15}$
$= 100\,[\Omega]$ ← ニクロム線 25.0 m の抵抗値

「$R = \rho\dfrac{l}{S}$」より，抵抗値は抵抗の長さに比例するから，ニクロム線 1 m あたりの抵抗値 $r\,[\Omega/\mathrm{m}]$ は

$r = \dfrac{100}{25.0} = 4.0\,[\Omega/\mathrm{m}]$

問1 プロセス 1 プロセス 2

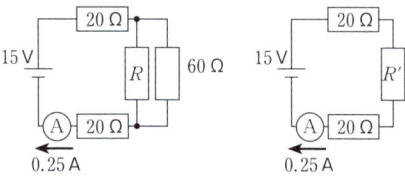

接続した抵抗 $R\,[\Omega]$ と 15.0 m のニクロム線 (60 Ω) の合成抵抗 $R'\,[\Omega]$ は，並列に接続していることから

$\dfrac{1}{R'} = \dfrac{1}{60} + \dfrac{1}{R} = \dfrac{R+60}{60R}$

$R' = \dfrac{60R}{R+60}\,[\Omega]$

回路全体の合成抵抗 $R''\,[\Omega]$ は

$R'' = R' + 40 = \dfrac{60R}{R+60} + 40\,[\Omega]$

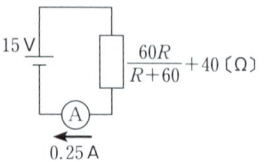

プロセス 3

「$V=RI$」より

$15 = \left(\dfrac{60R}{R+60} + 40\right) \times 0.25$

$R = 30\,[\Omega]$ 　答 ③

問2 プロセス 1 プロセス 2

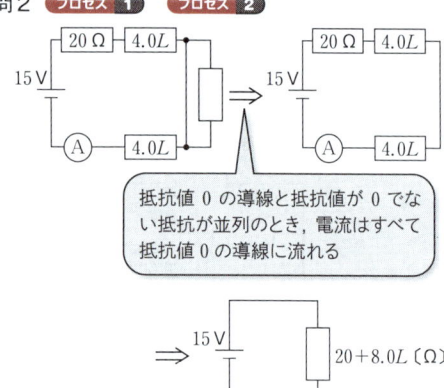

抵抗値 0 の導線と抵抗値が 0 でない抵抗が並列のとき，電流はすべて抵抗値 0 の導線に流れる

プロセス 3

「$V=RI$」より

$I = \dfrac{V}{R} = \dfrac{15}{20+8.0L}\,[\mathrm{A}]$

$L=0\,\mathrm{m}$ のとき　　$I=0.75\,\mathrm{A}$
$L=5.0\,\mathrm{m}$ のとき　$I=0.25\,\mathrm{A}$
$L=10.0\,\mathrm{m}$ のとき　$I=0.15\,\mathrm{A}$

よって，グラフは① 　答 ①

37 [変圧器と送電] (p.145)

解答　問1　⑥
　　　問2　2 : ②，3 : ①

リード文check

❶交流 … 交流は，周期的に電圧が変化し，その結果，周期的に変圧器内の磁場が変化することから，電磁誘導により，2次コイル側にも交流が発生する。直流では，エネルギーの損失がなければ電圧を変えることができない

解説 ■ 変圧器,電力,電力量のプロセス Process

プロセス 0

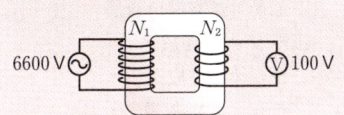

(A) 変圧器のプロセス
- **プロセス 1** 電圧は,変圧器の巻数と電圧の関係を用いる
- **プロセス 2** 電流は,2つのコイルにおける電力の関係を用いる
- **プロセス 3** 周波数は,1次コイル・2次コイルで等しいことを用いる

(B) 電力,電力量のプロセス
- **プロセス 1** 電力は「$P = IV$」,電力量は「$W = IVt$」と表される
- **プロセス 2** オームの法則「$V = RI$」を用いて変形する
- **プロセス 3** 電力は「$P = RI^2 = \dfrac{V^2}{R}$」,電力量は「$W = RI^2 t = \dfrac{V^2}{R} t$」と表す

問1 (A) 変圧器のプロセス

(A) **プロセス 1**
$V_1 : V_2 = N_1 : N_2$
$N_1 : N_2 = 6600 : 100$
$= 66 : 1$ **答** ⑥

問2 (B) 電力,電力量のプロセス

(B) **プロセス 1** **プロセス 2** **プロセス 3**

送電するときの電圧を変えても,電力は変化しないから

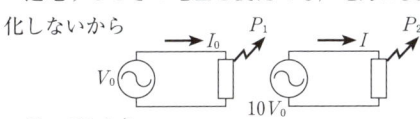

$P = IV$ より
$I_0 V_0 = I \times 10 V_0$
よって $I = \dfrac{1}{10} I_0$ **答** $\boxed{2}$: ②

$P = IV = RI^2$ より

送電電圧 V_0 のときに,抵抗で消費する電力 P_1 は
$P_1 = RI_0{}^2$

送電電圧 $10 V_0$ のときに,抵抗で消費する電力 P_2 は
$P_2 = R\left(\dfrac{1}{10} I_0\right)^2$
$= \dfrac{1}{100} RI_0{}^2$
$= \dfrac{1}{100} P_1$ **答** $\boxed{3}$: ①

38 [電磁波] (p.145)

解答 問1 $\boxed{1}$: ⑥, $\boxed{2}$: ③, $\boxed{3}$: ②, $\boxed{4}$: ⑤
問2 ② 問3 ③

リード文check
❶マイクロ波 … 波長の短い電波
❷X線 … 放射線の一種

センター過去問演習 ……… 155

解説 問1

周波数	波長	名称	利用の例
3～30 kHz	100～10 km	超長波 (VLF)	
30～300 kHz	10～1 km	長波 (LF)	船舶，航空機用通信
300～3000 kHz	1 km～100 m	中波 (MF)	ラジオ AM 放送
3～30 MHz	100～10 m	電波 短波 (HF)	ラジオ短波放送
30～300 MHz	10～1 m	超短波 (VHF)	ラジオ FM 放送
300～3000 MHz	1 m～10 cm	極超短波 (UHF)	テレビ放送（地上デジタル波），携帯電話，電子レンジ
3～30 GHz	10～1 cm	センチ波 (SHF) マイクロ波	電話中継，衛星放送
30～300 GHz	1 cm～1 mm	ミリ波 (EHF)	電話中継
300～3000 GHz	1 mm～100 μm	サブミリ波	
$3.0×10^{12}$～約$3.9×10^{14}$ Hz	100 μm～約 770 nm	赤外線	赤外線写真，乾燥，赤外線リモコン
約$3.9×10^{14}$～約$7.9×10^{14}$ Hz	約 770～約 380 nm	可視光線	光学機器，光通信
約$7.9×10^{14}$～$3.0×10^{17}$ Hz	約 380～1 nm	紫外線	殺菌灯
$3.0×10^{15}$～$3.0×10^{19}$ Hz	10～0.01 nm	X 線	X 線写真，材料検査，医療
$3.0×10^{18}$ Hz 以上	0.1 nm 未満	γ 線	材料検査，医療

答 1 : ⑥, 2 : ③, 3 : ②, 4 : ⑤

問2 **答** ②
① マイクロ波は直進しやすい。
③ 電磁波は周波数に関係なく，同じ速さ（$3.00×10^8$ m/s）である。
④ 電波は，波長が長いほど，障害物にさえぎられることなく遠くへ伝わる。マイクロ波は，電波の中で最も波長が短いので，障害物にさえぎられやすく，あまり遠くへ伝わらない。

問3 **答** ③
① X 線は放射線の一種なので，妊婦などには影響を考慮する必要がある。
② X 線，γ 線ともに写真フィルムに写る（感光作用をもつ）。
④ X 線は周波数が高く，発生させやすいわけではない。

39 [エネルギー変換] (p. 146)

解答 ⑤　**リード文check**
❶化石燃料 … 物質がもつ化学エネルギーは，化学反応によって放出される

解説

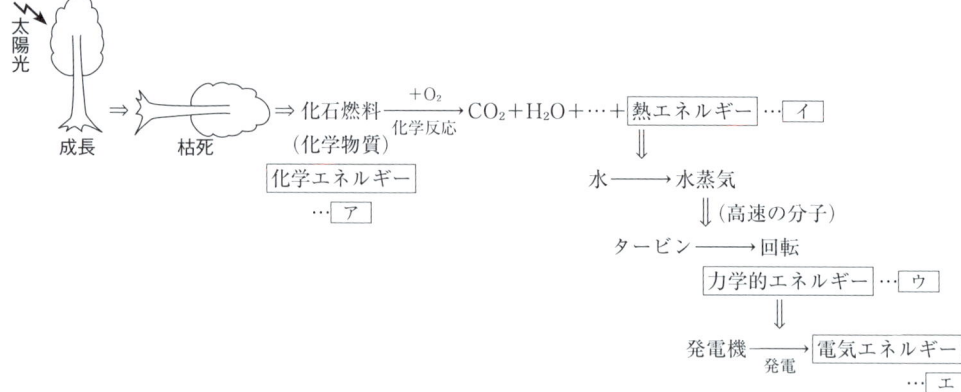

答 ⑤

40 ［放射線］（p. 146）

解答 問1 ① 問2 ③

リード文check

❶放射線 … 放射線は，透過力，電離作用，感光作用をもつ

解説 問1 **答** ①
② 放射線は，電離作用をもつ。
③ γ線は紫外線よりも波長が短い。
④ X線は電荷をもたない。
問2 **答** ③
③ 大容量通信に利用されているのは，マイクロ波である。

大学入学共通テスト特別演習

第1問

解答
問1 $\boxed{1}$：③
問2 $\boxed{2}$：②
　　$\boxed{3}$：⑤
　　$\boxed{4}$：③
問3 $\boxed{5}$：②, ⑤

リード文check（Ⅰ）
❶動かずにしゃがんだ状態 … しゃがんだ状態で静止していると考える
❷体重計が測定しているのは，体重計が上に乗っているものから押される力の大きさ … 体重計が受ける力の大きさを測定しており，上に乗っているもの（人）の質量を直接測定しているわけではないことに注意する

解説

問題の把握（Ⅰ）

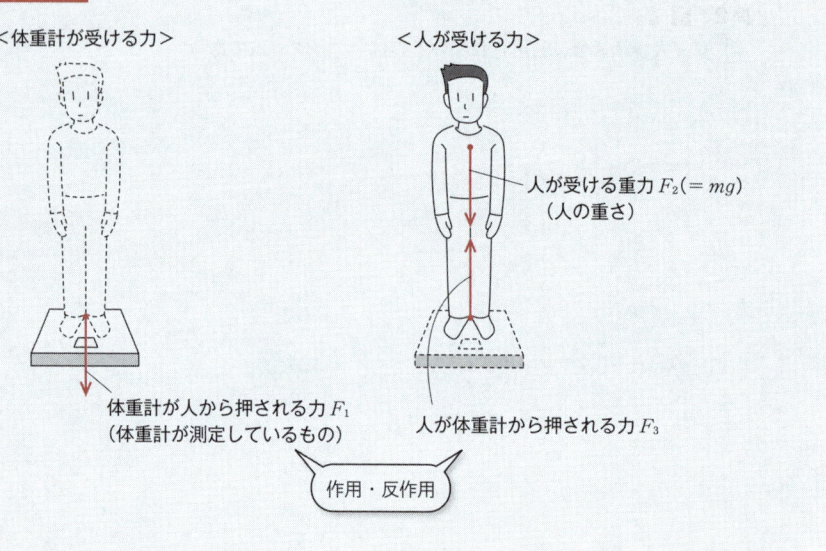

問1 一般に，体重計の上に乗っている人が動かずに静止している場合には，人が受ける2力がつりあっているので
　　$F_2 = F_3$ ……①
また，作用・反作用の関係より
　　$F_1 = F_3$ ……②
よって，①,②より　$F_1 = F_2$ ……③
の関係が成り立つ。

（③は人が動かずに静止しているときだけ成り立つ）

いま，太郎が立った状態でもしゃがんだ状態でも，太郎の質量60 kgは変わらないので，太郎が受ける重力 F_2 も変わらない。動かずにしゃがんだ状態では③も成り立つので，体重計が太郎から押される力 F_1 も変わらない。

（「$F_2 = mg$」より m が不変ならば F_2 も不変）

答　$\boxed{1}$：③

問2 **リード文check（Ⅱ）**
❸太郎にかかる重力 …「太郎が受ける重力」（F_2）
❹体重計の上部が太郎を押す力 …「太郎が体重計から押される力」（F_3 または F_3'）
❺体の中心が鉛直下向きに加速 … 受ける力の合力が鉛直下向きになる
　　　　　　　　　　　　　（合力は0ではない。つまり，力はつりあっていない）

問題の把握（Ⅱ）

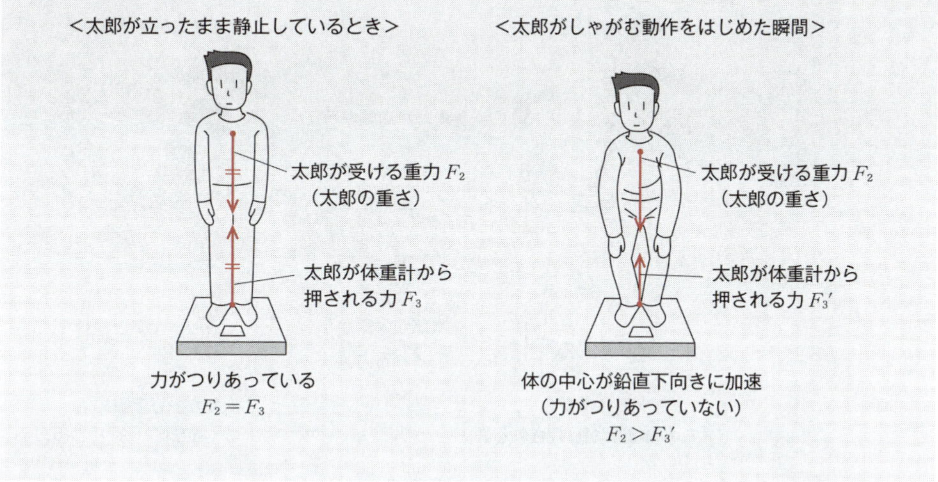

<太郎が立ったまま静止しているとき>　　<太郎がしゃがむ動作をはじめた瞬間>

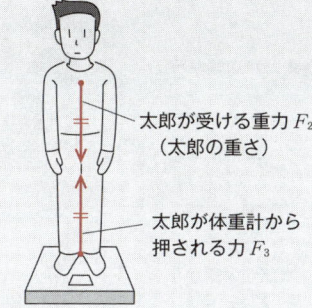

力がつりあっている
$F_2 = F_3$

体の中心が鉛直下向きに加速
（力がつりあっていない）
$F_2 > F_3'$

(ア) 太郎が立ったまま静止しているとき，太郎が受ける重力 F_2 と太郎が体重計から押される力 F_3 はつりあいの関係になっており，次式が成り立つ。

$F_2 = F_3$ ……④

答 2 ： ②

(イ) 太郎がしゃがむ動作をはじめた瞬間は，太郎の体の中心が鉛直下向きに加速する。したがって，この加速度を鉛直下向きに a として，鉛直下向きを正の向きとすると，次の運動方程式が成立する。

$60 \times a = \underbrace{F_2 - F_3'}_{合力}$
　　質量

（太郎の動作にかかわらず，太郎が受ける重力 F_2 は変わらない）

$a > 0$ より，$F_2 > F_3'$
　　……⑤

④, ⑤より　$F_3 > F_3'$

答 3 ： ⑤

（受ける力の合力の向きに加速する）

(ウ)・「体重計の上部が太郎を押す力」つまり「太郎が体重計から押される力」(F_3')
・「太郎が体重計の上部を押す力」つまり「体重計が太郎から押される力」(F_1')

これら2力は作用・反作用の関係になっており，互いの大きさは等しい。　答 4 ： ③

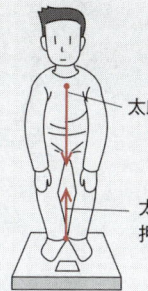

（作用・反作用の法則は物体が運動をしていても成立する）

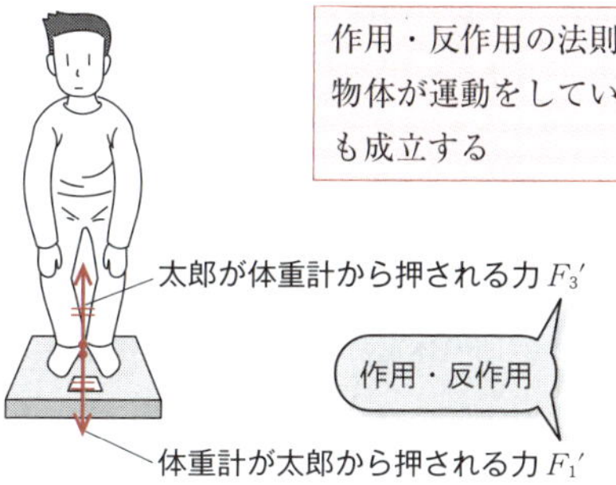

太郎が体重計から押される力 F_3'

（作用・反作用）

体重計が太郎から押される力 F_1'

以上，(ア)〜(ウ)より，体重計の目盛りが示す値は，素早くしゃがむ動作をはじめた瞬間では，小さくなっていると考えられる。

問3　**リード文check(Ⅲ)**

❻太郎さんが次郎さんの手を下に押し下げるように力を加え …
　「次郎が太郎から押される力」(f_4) で向きは下向き
❼次郎さんが太郎さんの手を上に持ち上げるように力を加えて …
　「太郎が次郎から押される力」(F_4) で向きは上向き
❽2人で合わせた手は動かないようにしてくださいね … 2人とも静止していると考える
❾はじめの状態 …
　2人ともそれぞれの体重計の上に乗っており，まだお互いに手を合わせていない状態

（だれが受ける力なのか，注意しよう）

問題の把握（Ⅲ）

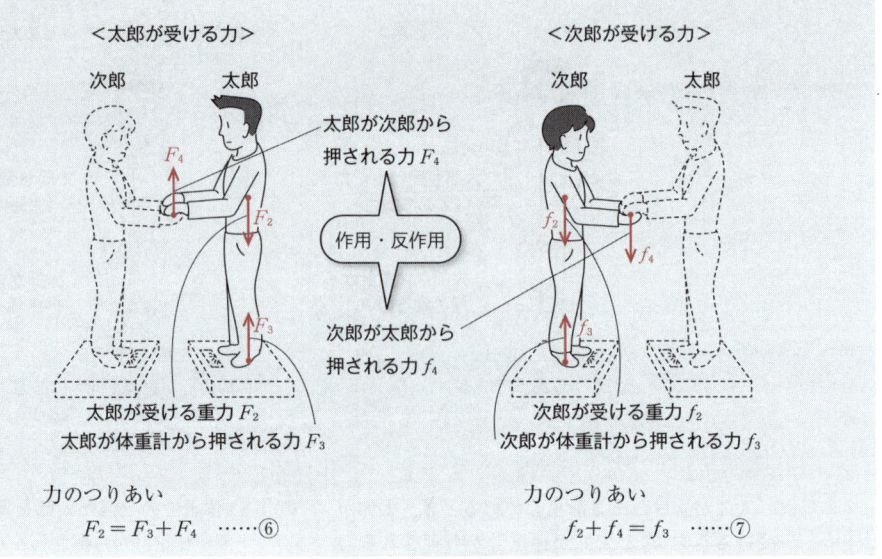

力のつりあい
$F_2 = F_3 + F_4$ ……⑥

力のつりあい
$f_2 + f_4 = f_3$ ……⑦

×①
○② ⇒ ⑥より $F_2 > F_3$
×③

×④
○⑤ ⇒ ⑥+⑦より $F_2 + f_2 + f_4 = F_3 + F_4 + f_3$
×⑥

はじめの状態とあとの状態を比べても F_2 は変化しない。はじめの状態では F_2 と F_3 の2力がつりあっていたので、あとの状態では F_3 が小さくなったことがわかる。体重計の値は F_3 の反作用を測定している（『問題の把握(Ⅰ)』参照）ので、太郎の体重計の値ははじめの状態よりも小さな値となる。また、⑦より $f_2 < f_3$ だから、同様の議論により、次郎の体重計の値ははじめの状態よりも大きな値となる。

ここで、作用・反作用の関係より $F_4 = f_4$ であることに注意すると

$F_2 + f_2 = F_3 + f_3$

太郎と次郎を"1つの物体"と考えたときのつりあいの式と考えられる

はじめの状態とあとの状態を比べても、F_2 および f_2 は変化しないので、$F_3 + f_3$ もはじめの状態と変わらない。それぞれの体重計は、F_3 および f_3 の反作用を測定している（『問題の把握(Ⅰ)』参照）ので、2つの体重計の値の和も変わらない。

答 5 ：②，⑤

ベストフィット
力のつりあいを考えるときは、着目する物体が受ける力だけを考える（着目する物体が他の物体に及ぼす力は関係ない！）

第2問

解答
問1 　1 ：④
問2 　2 ：③
問3 　3 ：④
問4 　4 ：⑦
　　　5 ：⑤
　　　6 ：①
問5 　7 ：④

リード文check（Ⅰ）

❶(Ⅰ) 水の外で、おもりとニュートンばねばかりを糸でつなげて、ばねばかりの値を読む
❷(Ⅱ) 水中におもりを沈めた状態にして、ばねばかりの値を読む
❸(Ⅲ) (Ⅰ)の値と(Ⅱ)の値の差が、水中でおもりが受ける浮力の大きさである
　→「ニュートンばねばかりの値」は、ニュートンばねばかりにつながっている糸の張力の大きさを示す

解説　問題の把握

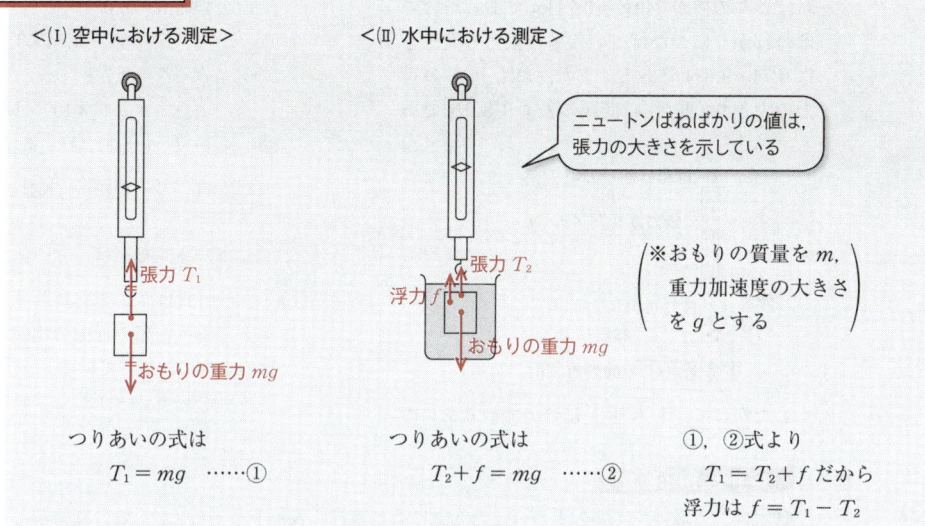

問1　同じ種類の金属ならば，密度（1cm³ あたりの質量）は等しい。表1は質量ではなく，重さ（質量×重力加速度の大きさ）が示されているので，1cm³ あたりの重さを比べればよい。

種類	重さ〔N〕	体積〔cm³〕	1cm³ あたりの重さ〔N/cm³〕	
A	8.0	100	0.080	← 8.0N÷100cm³
B	8.0	100	0.080	← 8.0N÷100cm³
C	2.8	35	0.080	← 2.8N÷35cm³
D	2.8	100	(0.028)	← 2.8N÷100cm³
E	8.0	100	0.080	← 8.0N÷100cm³

上記の表より，Eとは異なる種類の金属はDである。　答　1 ： ④

> ベストフィット
> 同じ種類の金属 ⇒ 密度は等しい

問2　浮力が生じる要因を確かめる実験を計画する際は，確かめる要因以外は条件をそろえる必要がある。DとEのおもりを使った場合，体積と形はそろっており，重さだけ異なるので，浮力の大きさが重さに関係しているかどうかを調べることができる。
　　答　2 ： ①

問3　浮力の大きさがおもりの形に関係しているかどうかを調べるためには，問2と同様に考えて，重さと体積をそろえ，形だけを変えればよい。したがって，それを満たす組合せは，(AとB)(BとC)(AとE)(AとBとE)の4通りである。この実験で確実に結果を確認するためには，上記の条件が制御されたうえで，できるだけ多くの場合で実験を行うことが望ましい。そのため，最も適当な組合せは(AとBとE)である。
　　答　3 ： ⑤

> ベストフィット
> ある要因が影響を与えるかどうかを調べる際には，その要因のみ変化させ，他の要因は一定に保つような実験を計画する必要がある。

問4 おもりAの一部だけが水中にあるとき,ばねばかりの値が740g＝0.74kgであったので,ばねばかりにつなげている糸の張力の大きさは0.74×9.8Nである。また,おもりAの重力の大きさ（重さ）は問題の表より8.0Nである。

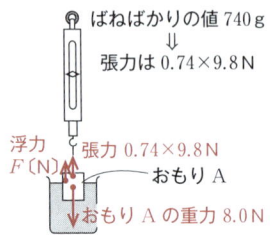

したがって,おもりAについてつりあいの式をたてると

$F + 0.74 \times 9.8 = 8.0$
$F = 8.0 - 0.74 \times 9.8 \quad \cdots\cdots(*)$
$F = 0.748$
$\fallingdotseq 7.48 \times 10^{-1}$ 〔N〕

答 ④：⑦, ⑤：⑤, ⑥：①

ばねばかりの値が m 〔kg〕
⇓
ニュートンばねばかりの値で mg 〔N〕

（注）（*）の式は,問題文におけるインターネットで調べた際の浮力の実験法の(Ⅰ)～(Ⅲ)と次のように対応している。

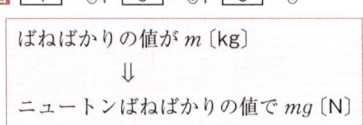

問5 リード文check(Ⅱ)
❹流体 … 液体や気体のように,力を受けると容易に変形するもの（水,油,空気など）
❺それが排除している流体の重さ … 下図の斜線部に対応する流体の重さ

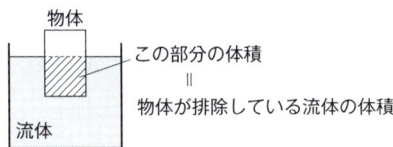

❻Vは物体の流体中にある部分の体積 … 上図の斜線部の体積

「アルキメデスの原理」を式で表したものが「$F = \rho V g$」であり,この2つが意味することは同じである。注意すべき点は,Vは物体の流体中にある部分の体積であって,必ずしも物体全体の体積ではないことである。また,物体全体が流体の中にある場合は,浮力の大きさは深さによらず一定の値となることにも留意する。
①～④のそれぞれについて,矛盾がないか確認していく。

①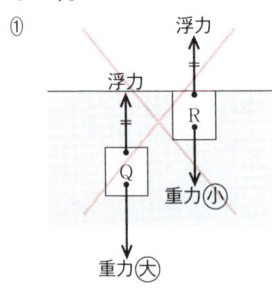

QとRは2つとも全体が水の中にあり,体積が等しいので,2つの物体が受ける浮力の大きさは同じ。また,題意よりQの方がRより質量が大きいので,受ける重力も大きい。Q,Rにはそれぞれ浮力と重力の2力だけがはたらいているので,Q,Rがこの位置で静止することはありえない。（Qが水槽の底まで沈むか,Rの上部が水面より上に出るはずである）

②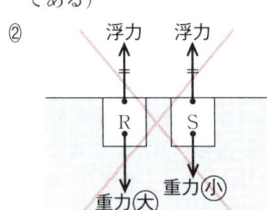

①のときと同様に考えると,RとSがともに水面に接して,静止して並ぶことはない。

③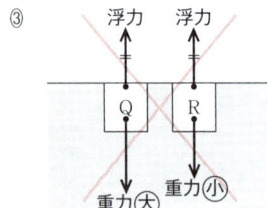

①,②のときと同様に,QとRがともに水面に接して,静止して並ぶことはない。

④ 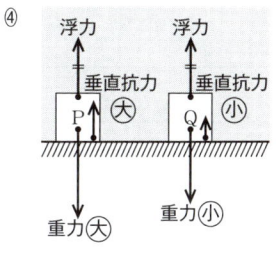 図のように，PとQについてはそれぞれ水槽の底から受ける力(垂直抗力)がある。P，Qはともに静止しているが，Pの受ける垂直抗力の方が大きいと考えると矛盾は生じない。

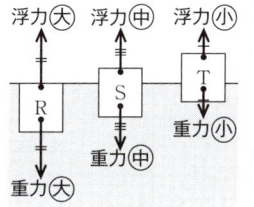 R，S，Tは水中にある部分の体積がこの順に小さくなるので，それぞれが受ける浮力もこの順に小さくなる。また，題意より，この順にそれぞれが受ける重力も小さい。R，S，Tにはそれぞれ浮力と重力の2力だけがはたらいているので，それぞれが静止してこの位置に並ぶことに矛盾はない。

答 7 ：④

第3問

(解答) 問1 1 ：③
問2 2 ：⑧
   3 ：①
問3 4 ：⑤

リード文check(Ⅰ)

❶ドライバーがブレーキを必要と判断した瞬間から車が停止するまでにかかった時間 …「停止時間」
❷その間に車が動いた距離 …「停止距離」
→ 車の時速に応じて，停止時間と停止距離がそれぞれ決まることに注意する

解説 **問題の把握(Ⅰ)**

表を，方眼紙を使ってグラフ化する。

Ⓐ 時速と停止時間の関係(グラフⒶ)

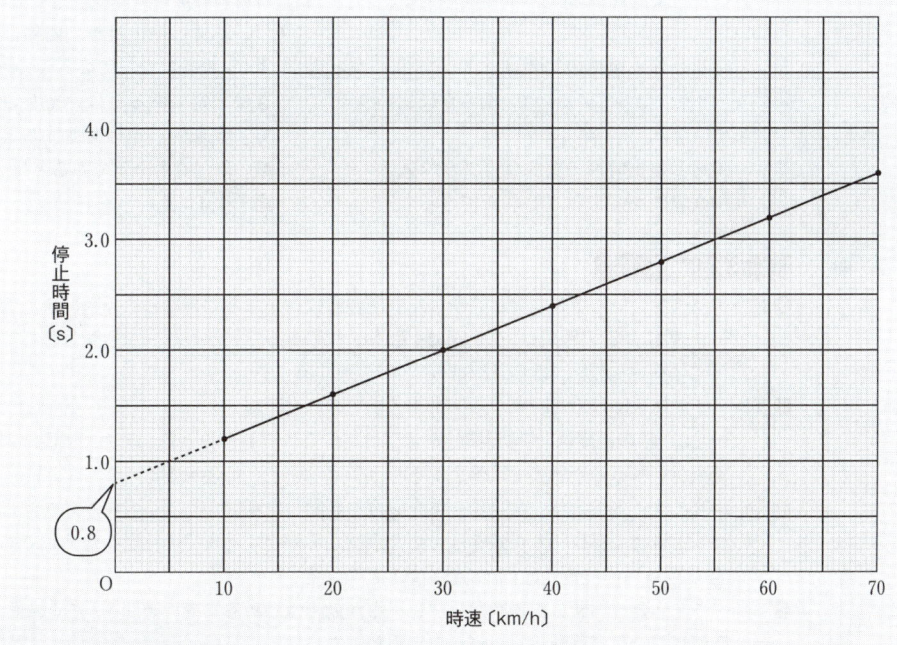

Ⓑ 時速と停止距離の関係(グラフⒷ)

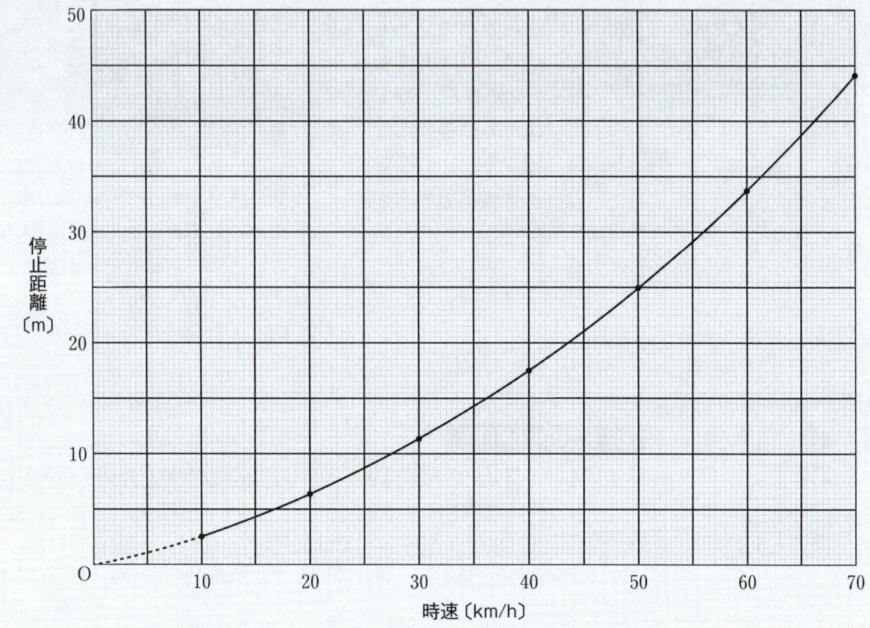

問1 ×① ⇒ 時速と停止時間の関係は，グラフⒶより，直線になっているが原点を通らないので，比例しているとはいえない。

×② ⇒ 時速と停止距離の関係は，グラフⒷより，曲線になっているので，明らかに比例していない。

○③ ⇒ 時速と停止時間の関係は，グラフⒶより，直線になっていると判断できるので，グラフの傾きが一定である。したがって，時速が1km/h増加するときの停止時間の増加量はほぼ一定であるといえる。

×④ ⇒ 時速と停止距離の関係は，グラフⒷより，曲線になっているので，グラフの傾きは一定であるとはいえない。したがって，時速が1km/h増加するときの停止距離の増加量も一定であるとはいえない。

答　1 ：③

問2　**リード文check(Ⅱ)**

❸ドライバーがブレーキを必要と判断した瞬間からブレーキが効きはじめる瞬間までの移動距離
… 一般に，この距離は「空走距離」とよばれている。ドライバーが危険と感じても，すぐにブレーキが効くわけではないことに注意する

❹ブレーキが効きはじめた瞬間から停止するまでの移動距離 …
一般に，この距離は「制動距離」とよばれている。ブレーキが効いても，慣性によって路面上で車がすべるので，すぐに停止するわけではないことに注意する

❺停止距離とは，ドライバーがブレーキを必要と判断した瞬間からブレーキが効きはじめる瞬間までの移動距離と，ブレーキが効きはじめた瞬間から停止するまでの移動距離の和である …
(停止距離)＝(空走距離)＋(制動距離) と考える

❻ブレーキを必要と判断した瞬間からブレーキが効きはじめるまでの時間を「空走時間」とよび …
空走時間に車が移動した距離が空走距離である

ブレーキが効きはじめた瞬間から停止するまでの時間，つまり制動距離を移動するのに要する時間は，一般に「制動時間」とよばれている。(停止時間)＝(空走時間)＋(制動時間)と考える。グラフⒶにおいて，時速10～70〔km/h〕までの7つの点をほぼ通る線分を定め，それを縦軸までのばした点に着目する(このように，与えられたデータの範囲外の値を推測することを「外挿」という)。グラフⒶは，原点を通る直線になっていない。これは，時速を0に近づけても，停止時間は0にならないことを意味している。時速がほぼ0の場合は制動距離もほぼ0となるので，制動時間もほぼ0であるはずである。したがって，グラフ上で時速が0のときの停止時間は，空走時間そのものと考えることができる。

よって，縦軸(停止時間)切片の値を有効数字1桁で読みとればよい。以上より，
$$T = 0.8 = 8 \times 10^{-1} \text{ [s]}$$

答 ２ : ⑧, ３ : ①

ベストフィット
データの範囲外の値の推測 ⇒「外挿」して考える

問3　リード文check(Ⅲ)

❼このスリップ痕の長さは，回転しなくなったタイヤが路面から動摩擦力を受けた状態で移動した距離と考えることができる … (スリップ痕の長さ)＝(摩擦面をすべった距離)と考える

❽この動摩擦力が仕事をしたために，車のもつ運動エネルギーが0になったと考えられる … 「運動エネルギーと仕事の関係」を具体的に述べている。式にすると次のようになる

$$\underbrace{0 - \frac{1}{2}mV^2}_{\text{運動エネルギーの変化量}} = (\text{動摩擦力がした仕事 } W)$$
（あと）（はじめ）

問題の把握（Ⅱ）

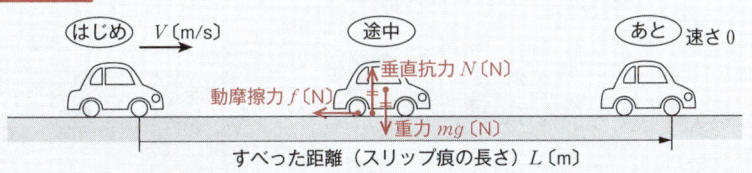

車の質量を m〔kg〕，垂直抗力を N〔N〕，重力加速度の大きさを g〔m/s²〕とすると，鉛直方向の力のつりあいより，$N = mg$

よって，動摩擦力 $f = \mu N = \mu mg$〔N〕

したがって，車が L〔m〕すべる間に動摩擦力が車に対してした仕事 W〔J〕は，動摩擦力の向きと車が移動した向きが逆であることに注意すると
$$W = -\mu mg \cdot L \text{ [J]}$$

ブレーキが効きはじめた瞬間の車の速さを V〔m/s〕とすると，「運動エネルギーと仕事の関係」より

$$\underbrace{0 - \frac{1}{2}mV^2}_{\text{運動エネルギーの変化量}} = \underbrace{-\mu mg \cdot L}_{\text{動摩擦力がした仕事 } W}$$
（あと）（はじめ）

よって，$V = \sqrt{2\mu gL}$〔m/s〕　（← $V > 0$ より）

速さの単位を m/s から km/h に変換すると

$$\sqrt{2\mu gL} \text{ [m/s]} = \frac{\sqrt{2\mu gL} \text{ [m]}}{1 \text{ [s]}}$$

$$= \frac{\sqrt{2\mu gL} \times \frac{1}{1000} \text{ [km]}}{\frac{1}{60 \times 60} \text{ [h]}}$$

$$= \frac{60 \times 60}{1000}\sqrt{2\mu gL} \text{ [km/h]}$$

$$= \frac{36}{10}\sqrt{2\mu \times 9.8 \times L} \text{ [km/h]}$$

（↑ $g = 9.8$〔m/s²〕を代入）

$$= \sqrt{\frac{36^2}{10^2} \times 2 \times 9.8 \times \mu L} \text{ [km/h]}$$

$$= \sqrt{254.0} \times \sqrt{\mu L} \text{ [km/h]}$$

答 ４ : ⑤

第4問

解答 問1 `1`：①
問2 `2`：①
問3 `3`：③
　　 `4`：⓪
　　 `5`：①
問4 `6`：③

リード文check（Ⅰ）

❶ 電球は消費する電気エネルギーのうち，光エネルギーとなるのはわずか10％だけであり，残りはすべて熱となってしまう

❷ 消費電力100Wの電球から発生する単位時間あたりの熱量と，1人の人間が外部に出す単位時間あたりの熱量は，ほぼ同じ

　→ Ⓐ 人間から発生する熱：1人が1秒間あたりに出す熱エネルギーは 90 J
　　　　（100 W × 0.90 = 90 W = 90 J/s）

❸ 学校の教室は熱の発生が少ない蛍光灯を使用している …

　Ⓑ 実際の教室：{ ・電球はない
　　　　　　　　　・蛍光灯を使用（熱の発生小）

❹ 教室を断熱された箱と仮定 …

　Ⓑ 実際の教室：外部との熱のやりとりが考えられる
　Ⓒ モデル化した教室：外部との熱のやりとりがない（断熱）

❺ 40人の生徒が窓を閉め切った教室に50分いた場合には，生徒から発生する熱だけで教室内の気温が何度上昇するのかを考えてみた …

　Ⓒ モデル化した教室：{ ・熱を発生させるもの（熱源）は40人の生徒だけ
　　　　　　　　　　　　・50分間で上昇する教室内の空気の温度を考える

解説　**問題の把握**

Ⓐ 人間から発生する熱　　Ⓑ 実際の教室　　Ⓒ モデル化（＊）した教室

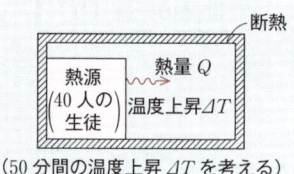

（＊）モデル化とは，物事のある性質を理解しやすくするために，必要最低限の要素で状況を単純化することをいう。

問1　**リード文check（Ⅱ）**

❼ 学校の教室で窓を閉め切ると暑苦しく感じることがある …

　モデル化した教室ではなく，実際の学校の教室について考えていることに注意

❽ 何が原因であると，花子は思ったのか …

　花子が思う原因を問題の文脈から読みとる。文脈から読みとれないものは不適当。"自分が考える原因"と混同しないように注意

○ ① 人間から発生する熱によって，教室内の気温が上昇すること。

× ② 教室の電球から発生する熱によって，教室内の気温が上昇すること。
　⇒ 教室は電球を使用していないので，電球が教室内の気温上昇の原因にはなりえない。

× ③ 教室に生徒が大勢いることで，教室内の二酸化炭素が増えること。
　⇒ 問題文の中で，花子が教室内の二酸化炭素について述べている文は一切ないので，二酸化炭素の増加が，花子が思う温度上昇の原因と判断することはできない。また，暑苦しさと息苦しさを混同したり，温室効果ガスとしての性質と混同しないように注意。

- ×④ 　教室は断熱された箱であること。
  - ⇒ 問題文から，花子は，モデル化した教室は断熱された箱と考えるが，実際の教室は断熱された箱とは考えられない。また，問題文の文脈から，「花子はこの本を読んで…窓を閉め切るととても暑苦しく感じるのはそのためだったと思った。」とあり，暑苦しく感じる原因は本の中に書いてあることだとわかる。
- ×⑤ 　花子自身は，その原因が何かを具体的によくわかっていない。
  - ⇒ 文脈から①が原因であると想像できている。

  答 　1 ：①

問2　リード文check(Ⅲ)

- ❾「測定しなければならない量」…「調べておかなければならない量」以外で，教室内の気温上昇の値を求めるために必要な量
- ❿「調べておかなければならない量」…「空気の密度」と「空気の比熱」の2つ
- ⓫これらは一定の値であると単純化して考える … 一般に，気体の密度や比熱は，温度や圧力などの状況によって変化するが，ここで考えている範囲内では，一定の値と単純化してよい

熱量 Q〔J〕と温度上昇 ΔT〔K〕との間には，「$Q = mc\Delta T$」の関係があるので，「$\Delta T = \dfrac{Q}{mc}$」として解けば，ΔT を求めることができる。ここで，Q〔J〕は 40 人の生徒が 50 分間に出す熱量なので，計算可能であり（『問題の把握Ⓐ』参照），比熱 c〔J/(g·K)〕は，「調べておかなければならない量」である。したがって，「測定しなければならない量」は，空気の質量 m〔g〕を算出するために必要な量であるということがわかる。

- 〇① 　教室の容積
  - ⇒ 教室の容積 V〔cm³〕がわかると，空気の密度 ρ〔g/cm³〕は「調べておかなければならない量」なので，「$m = \rho V$」より空気の質量 m〔g〕を算出することができる。
- ×② 　教室内の気温
  - ⇒ 推定したいのは，温度上昇の値である。「$\Delta T = \dfrac{Q}{mc}$」からもわかるように，ΔT〔K〕の値は現在の教室内の気温に関係なく求められる。
- ×③ 　教室外の気温
  - ⇒ ②と同様に不適。
- ×④ 　教室の電球の数
  - ⇒ 問題文より，「生徒から発生する熱だけで教室内の気温が何度上昇するのか」を考える（『問題の把握Ⓒ』参照）ので，電球の数は考慮しない。

  答 　2 ：①

問3

＜モデル化した教室＞

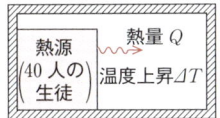

教室内の空気の質量を m〔g〕とする。教室の容積は
$$300 \text{ m}^3 = 300 \times 100^3 \text{ cm}^3$$
$$= 3.0 \times 10^8 \text{ cm}^3$$

（単位変換に注意！）

なので，「$m = \rho V$」より
$$m = 1.2 \times 10^{-3} \times 3.0 \times 10^8$$
$$= 3.6 \times 10^5 \text{〔g〕}$$

また，40 人の生徒から 50 分間に発生する熱量 Q〔J〕は，「$P = \dfrac{W}{t}$」より「$W = Pt$」であるから
$$Q = 90 \times 40 \times (50 \times 60)$$
$$= 1.08 \times 10^7 \text{〔J〕}$$

よって，温度上昇 ΔT〔K〕は，「$Q = mc\Delta T$」より「$\Delta T = \dfrac{Q}{mc}$」であるから
$$\Delta T = \dfrac{1.08 \times 10^7}{3.6 \times 10^5 \times 1.0}$$
$$= 3.0 \times 10^1 \text{〔K〕}$$
$$(= 3.0 \times 10^1 \text{〔℃〕})$$

答 　3 ：③，4 ：⓪，5 ：①

問4　モデル化した教室内では気温上昇 $\varDelta T$〔K〕が算出できたが，実際の教室では，それほど温度は上昇しない。モデル化した教室と実際の教室の違いについて再度確認し，なぜ実際の教室内では気温上昇が $\varDelta T$〔K〕よりも小さな値となるのかを考え直す問題である。

× ①　実際の教室には，電球が1個もなかったから。
　⇒ モデル化した教室でも電球による発熱は想定していないので，不適当。

× ②　実際の教室の空気は，密度が表1の値よりも 小さかったと考えられるから。
　⇒ 「$Q = mc\varDelta T$」と「$m = \rho V$」より，「$\varDelta T = \dfrac{Q}{\rho Vc}$」であるから，密度 ρ が実際は表の値よりも小さい場合，実際の気温上昇は算出した $\varDelta T$〔K〕よりも大きな値となるはずである。したがって，密度が表の値よりも小さいことは合理的な理由にならない。

○ ③　実際には，花子の教室の戸や窓などから熱が外に逃げていたから。
　⇒ モデル化した教室は断熱された箱と考えていたが，実際の教室では，戸や窓などから外との熱のやりとりがあったと考えられる。教室内の気温が外気温よりも高くなると，教室内から外へ熱が放出されるので，モデル化した教室で算出した気温上昇 $\varDelta T$〔K〕ほど，実際の教室内では気温が上昇しない。

× ④　実際には，生徒たちはとても活発で，一般的な人間よりも多くの熱を排出していたから。
　⇒ 1人あたりの排出した熱量が，想定していた熱量よりも大きかった場合，実際の気温上昇は，算出した $\varDelta T$〔K〕よりももっと大きな値となるはずである。
答　6 ：③

▶ ベストフィット
現実の世界を数値化して分析する場合には，モデル化して考える
⇩
モデル化して算出した値が妥当でない場合は，モデルに修正を加えて再構成する

第5問

解答

［実験1］
問1　1 ：③
問2　2 ：③
　　　3 ：⑤
　　　4 ：②
問3　5 ：⓪

［実験2］
問4　6 ：④
問5　7 ：③
　　　8 ：③
　　　9 ：②
問6　10 ：①

リード文check（Ⅰ）　［実験1］

❶ 校庭に立って，50 m 先にある校舎の壁に向かって図1のように拍子木を打ち鳴らす …
　　拍子木と校舎の壁の間の距離は 50 m

❷ この反射音が聞こえる瞬間に合わせてさらに拍子木を打ち（2回目），音が重なるようにする …
　　1回目の反射音が自分に到達すると同時に，2回目の拍子木の音が発せられる

❸ 測定された時間は 14.0 秒 …
　　1回目に拍子木を打ってから50回目に拍子木を打つまでの時間が 14.0 秒

|解説| **問題の把握**

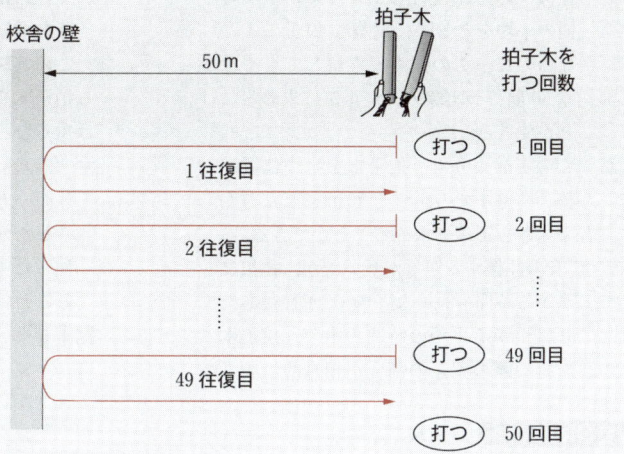

問1 『問題の把握』の図のように，音は，1回目に拍子木を打ってから2回目に拍子木を打つまでの間に1往復，3回目に拍子木を打つまでの間に2往復しているので，同様に繰り返し行うと，50回目の拍子木を打つまでの間に49往復することになる。
　　答 ⃞1⃞ : ③

問2 拍子木と校舎の壁の間の距離は50mなので，1回往復するのに進む距離 L [m] は
$$L = 50 \times 2 = 100 \text{ [m]}$$
である。また，音は14.0秒間に49往復したので，1往復あたりにかかる（平均の）時間 T [s] は，
$$T = \frac{14.0}{49} \text{ [s]}$$
となる。

（T の計算では分数のまま残しておき，最終的に v の計算をするときに割り算をした方が誤差は少なくてすむ）

したがって，音の速さ v [m/s] は
$$v = \frac{L}{T} = \frac{100}{\frac{14.0}{49}} = 100 \times \frac{49}{14.0} = 350$$
$$\fallingdotseq 3.5 \times 10^2 \text{ [m/s]}$$
　　答 ⃞2⃞ : ③, ⃞3⃞ : ⑤, ⃞4⃞ : ②

|別解| 音が14.0秒間に49往復したので，この間に音が進んだ距離 L' [m] は
$$L' = \underbrace{(50 \times 2)}_{\text{1回の往復距離}} \times 49 = 4900 \text{ [m]}$$
である。したがって，音の速さ v [m/s] は
$$v = \frac{4900 \text{ [m]}}{14.0 \text{ [s]}} = 350 \fallingdotseq 3.5 \times 10^2 \text{ [m/s]}$$

問3 ×① この実験よりも，拍子木を2回だけ打つ実験にした方が，音の速さを正確に求めることができる。
　⇒ 反射音と重なるように拍子木を打っても，実際にはタイミングが前後にずれて，誤差が生じる。

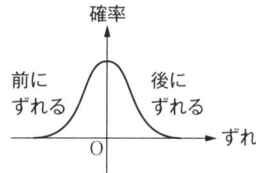

しかし，タイミングのずれる確率が前後に対して対称であれば，拍子木を打つ回数（試行回数）を増やして合計していくと，ずれが相殺される場合が多くなる。したがって，その合計値の平均をとることで，真の値からのずれを減らすことができる。

以上の考察から，拍子木を2回だけ打つ実験（音は1往復する）よりも50回打つ実験（音は49往復する）の方が音の速さを正確に求めることができる。

（注）人間が拍子木の音を聞いてストップウォッチを押す際にも，反応時間や動作時間による誤差が生じると考えられる。拍子木を2回だけ打つ実験でも50回打つ実験でも，ストップウォッチを押すのは測定開始時刻と測定終了時刻の2回だけであり，ここで誤差が生

じる。拍子木を50回打つ実験（音は49往復）の方は，1往復あたりにかかる時間の平均をとる際に誤差も49分の1となるので，この観点で考察してもやはり50回打つ実験の方が正確に求めることができる。

×② この実験よりも，拍子木を打つ位置から校舎の壁までの距離を20mにした方が，音の速さを正確に求めることができる。
⇒ 音の往復する距離が長い方が，往復にかかる時間も長くなるので，1往復あたりにかかる平均の時間の中で，拍子木を打つ際の誤差の割合が相対的に小さくなる。したがって，拍子木から壁までの距離は20mよりも50mの方が速さを正確に求めることができる。

×③ この実験で使ったものより高い音が出る拍子木を使った方が，測定される時間は短くなる。
⇒ 音の速さは，音の高さと関係がない。（「高い方が速く進む」は間違い）
したがって，高い音が出る拍子木を使った方が，測定される時間が短くなることはない。

答 5 : ⓪

リード文check(Ⅱ) ［実験2］

❹1分間あたり … 60秒間あたり

❺スピーカーBを観測者Cのすぐそばに置くと，Aからの音とBからの音は重なって聞こえる …
音源A，スピーカーBがともに観測者Cのすぐそばにある状態

❻さらに離していくと，A，Bからの音が再び重なって聞こえるようになる …
1つ前（1波長分前）のBからの波とAからの波が重なって聞こえるので，スピーカーBから聞こえる波が，ちょうど1波長分遅れて観測者Cに届くようになる

問4　1分間あたり300回の音が発せられているので，1秒間あたりに鳴る回数 n〔回/s〕は
$$n = \frac{300 \text{〔回〕}}{60 \text{〔s〕}} = 5.0 \text{〔回/s〕}$$
また，パルス音の間隔 T〔s〕は
$$T = \frac{1}{n} = \frac{1}{5.0} = 0.20 \text{〔s〕}$$

答 6 : ④

問5　はじめはAからの音とBからの音は同時に観測者Cに届いているが，Bを観測者Cから離していくと，Bからの音は遅れて届くようになる。A，B 2つからの音が再び重なって聞こえるようになったとき，Bからの音は，測定された距離 $L = 66.5$〔m〕を時間 $T = 0.20$〔s〕だけかかって伝わったことになるので，音の速さ v〔m/s〕は
$$v = \frac{L}{T} = \frac{66.5}{0.20} = 332.5$$
$$\fallingdotseq 3.3 \times 10^2 \text{〔m/s〕}$$

答 7 : ③, 8 : ③, 9 : ②

問6　○① この実験を気温の高い日に行うと，測定される距離は長くなる。
⇒ 測定される距離は，音が時間 $T = 0.20$〔s〕あたりに進む距離である。気温が高くなると音の速さは大きくなるので，測定される距離も長くなる。

$V = 331.5 + 0.6t$ 〔m/s〕
（t〔℃〕：気温）

×② この実験で，観測者Cにはうなりが聞こえている。
⇒ A，Bから発せられる音は，振幅は異なっていても振動数は同じ音である。したがって，観測者Cが同時に聞いても，うなりは生じない。
（注）振動数が異なっていても，パルス音なので，うなりを検知するのは難しい。

×③ この実験では，音の縦波の性質を利用している。
⇒ この実験は，A，Bそれぞれから到達する音の時間のずれを利用しているものであり，音の縦波の性質を利用しているわけではない。

答 10 : ①

第6問

解答
問1 １ : ①
問2 ２ : ⑤
問3 ３ : ③
問4 ４ : ④

リード文check

❶ パイプの長さを 10 cm, 20 cm とすると，いずれもラの音が測定されたが，振動数は異なった（表1）… 10 cm から 20 cm へパイプの長さが 2 倍になると，1760 Hz から 880 Hz へ振動数は $\frac{1}{2}$ 倍になることがわかる（Ⓐ）

❷ 振動数と音階（ドレミ）の関係は表2のようになり，「ラ」は「ラ」より 1 オクターブ高い音を表している …
「ラ」から「ラ」へ 1 オクターブ高い音になると，440 Hz から 880 Hz へ振動数は 2 倍になることがわかる

❸ 10 cm のパイプの片側を手でふさいで風を送ると 880 Hz の音が観測され …
表1より 10 cm のパイプでは 1760 Hz の音が響くので，片側を手でふさぐと，1760 Hz から 880 Hz へ振動数は $\frac{1}{2}$ 倍になることがわかる（Ⓑ）

❹ 20 cm のパイプの真ん中に穴をあけて同じように風を送ると 1760 Hz の音が観測され … 表1より 20 cm のパイプでは 880 Hz の音が響くので，真ん中に穴をあけると，880 Hz から 1760 Hz へ振動数は 2 倍になることがわかる（Ⓒ）

❺ 10 cm の塩化ビニルパイプに風を送り，振動数 1760 Hz の音を響かせた。このときの音波の変位の様子を横波表示したものが図1である …
パイプの両端とも開いている「開管」の定常波（両方の管口が腹になる定常波）である

解説　問題の把握

※ 表1から，開口端補正はないことがわかる。

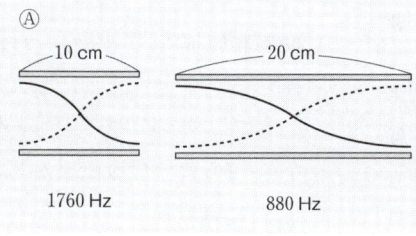
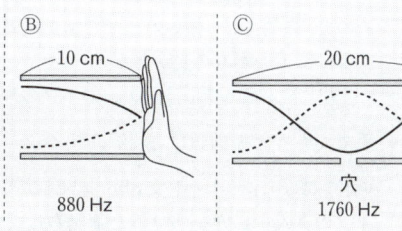

問1 パイプに送風機で風を送ると，いろいろな振動数の音が生じるが，その中で定常波ができる振動数の音だけが大きく響くことになる。ここでは，どんな振動数の音でも音速は同じであることに注意する。

> 媒質が同じであれば，音速は気温のみで決まる

「$v = f\lambda$」より音速 v が一定で，振動数 f が $\frac{1}{2}$ 倍のときは，波長 λ が 2 倍になる。20 cm のパイプ（振動数 880 Hz）では，10 cm のパイプ（振動数 1760 Hz）よりも波長が 2 倍となる定常波ができるので，波形の様子は①となる。
　答 １ : ①

問2 パイプの長さが 2 倍，3 倍，……になると，振動数は $\frac{1}{2}$ 倍，$\frac{1}{3}$ 倍，……になるので，パイプの長さと振動数は反比例の関係になっている。パイプの長さが 10 cm のときの振動数は 1760 Hz なので，振動数が $\frac{1}{16}$ 倍の 110 Hz となるのは，パイプの長さが 16 倍の 160 cm のときである。
　答 ２ : ⑤
（注）パイプの長さと振動数が反比例の関係になることは表1から推測されることであるが，パイプ（気柱）の固有振動を考えると，反比例の関係になることがわかる。

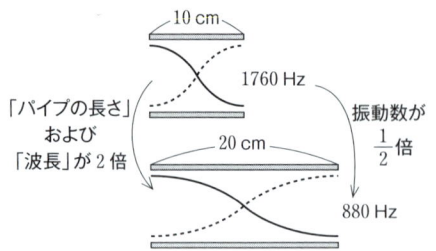

「$v=f\lambda$」より，音速 v が一定であるので，波長 λ と振動数 f は反比例の関係である。一方，パイプ（気柱）で生じる定常波の波長は図より，パイプの長さの 2 倍である。

したがって，パイプの長さと振動数も反比例の関係になることがわかる。

なお，表 1 より，パイプの長さが 2 倍になると，音の振動数はちょうど $\frac{1}{2}$ 倍で観測されている。したがって，この実験では，開口端補正は無視してよいと考えられる。

問3 問 2 での考察より，振動数が 1760 Hz の $\frac{1}{4}$ 倍の 440 Hz となるのは，パイプの長さが 10 cm の 4 倍つまり 40 cm のときである。ところが，パイプの長さは 35 cm しかない。パイプは短いほど振動数の大きな音（高い音）が響くので，ここでは，短いパイプでも低い音が響くように工夫する必要がある。

『リード文 check ③』より，パイプの片側を手でふさぐと振動数は $\frac{1}{2}$ 倍（1 オクターブ低い音）になり，『リード文 check ④』より，パイプの真ん中に穴をあけると振動数は 2 倍（1 オクターブ高い音）になることがわかる。

ここでは，短いパイプでも低い音を出す工夫が必要なので，パイプの片側を手でふさぐことを考える。

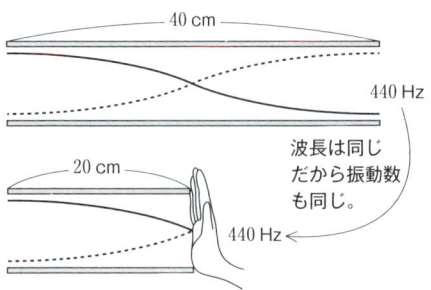

パイプの長さが 40 cm でなくても 440 Hz の音が響くためには，短いパイプの中で定常波の波長が変わらなければよい。

図のようにパイプの長さが 20 cm であれば，片側を手でふさいでも 40 cm のパイプと同じ振動数（同じ高さ）の音を響かせることができる。

答 ③ : ③

ベストフィット

パイプの真ん中に穴をあける	パイプの片側を手でふさぐ
↓	↓
1 オクターブ高い音が響く（2 倍の振動数）	1 オクターブ低い音が響く（$\frac{1}{2}$ 倍の振動数）
↓	↓
穴をあけずに，パイプの長さを $\frac{1}{2}$ 倍にすることに相当	手でふさがずに，パイプの長さを 2 倍にすることに相当

問4 問 2 での考察より，パイプの長さと振動数は反比例の関係になっている。したがって，音階が上がる，つまり振動数が大きくなるにつれて，パイプの長さは短くなる。

さらに，音階が 1 オクターブ上がる，つまり振動数が 2 倍になると，パイプの長さは $\frac{1}{2}$ 倍になる。

音階が上がるにつれてパイプの長さが短くなり，さらにパイプの長さがドはドの $\frac{1}{2}$ 倍，ドはドの $\frac{1}{2}$ 倍になっているものは，①〜⑥の中で④だけである。

答 ④ : ④

（参考）トロンボーンは気柱の長さを直接変えて音階を調節している。一方，リコーダーは気柱の途中に穴をあけることによって音階を調節している。

第7問

解答
- 問1 　1 ：⑧
- 問2 　2 ：②
- 問3 　3 ：②
- 問4 　4 ：②，③

リード文check
- ❶太い導線の方が耐えられる回数が少なくなる … 太い導線の方が切れやすい
- ❷導線にも抵抗がある … 導線にもわずかながら抵抗値がある
- ❸一定の電流を流したときに熱が発生 … この熱は「ジュール熱」とよばれるものである

解説

問題の把握（Ⅰ）

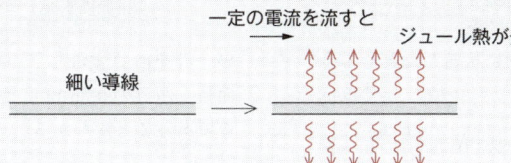

問1 表1を見ると，外径が小さくなるにしたがって，抵抗値は大きくなっていることがわかる。したがって，細い導線ほど抵抗値が大きい。一定の電流を流したときには，抵抗値が大きい（細い導線）ほどジュール熱が多く発生するので，エネルギーの損失も大きい。

答　1 ：⑧

（参考） 考えている導線の抵抗値を R〔Ω〕，流れる電流を I〔A〕，両端の電圧を V〔V〕とすると，t〔s〕間に発生するジュール熱 Q〔J〕は次の式で表される。

$$Q = IVt = RI^2 t$$

↑
（オームの法則「$V=RI$」より）

> 電流 I が一定のとき，発生するジュール熱 Q は抵抗値 R に比例する

問題の把握（Ⅱ）

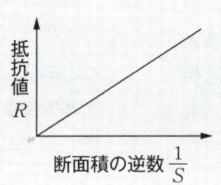

$\dfrac{1}{S}$ と R は比例関係
↓
R と S はどんな関係？

問2 グラフより，断面積の逆数 $\dfrac{1}{S}$ と抵抗値 R は比例関係になっていることがわかる。そこで，比例定数を k（一定の値）とすると

$$R = k\left(\dfrac{1}{S}\right) \quad \cdots\cdots ①$$

> x と y が比例関係のときは　$y=kx$　（k：定数）

の関係が成り立つ。

①は
$$R = \dfrac{k}{S}$$

> x と y が反比例関係のときは　$y=\dfrac{k}{x}$　（k：定数）

となるので，断面積 S と抵抗値 R は反比例することがわかる。

答　2 ：②

問題の把握（Ⅲ）

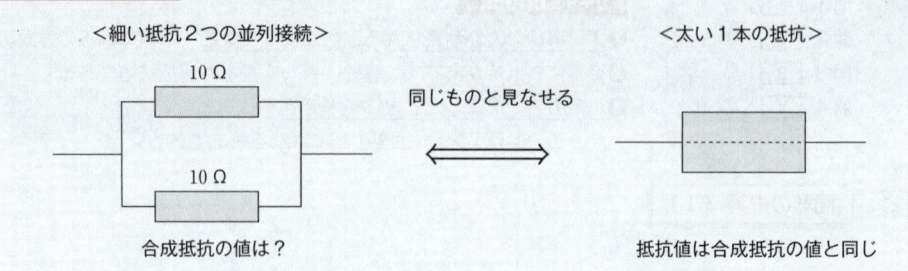

問3　10Ωの抵抗を2つ並列に接続したときの合成抵抗の値 R'〔Ω〕は，並列接続の合成抵抗の式「$\frac{1}{R} = \frac{1}{R_1} + \frac{1}{R_2}$」より「$R = \frac{R_1 R_2}{R_1 + R_2}$」であるから

$$R' = \frac{10 \times 10}{10 + 10} = \frac{100}{20} = 5.0 \text{〔Ω〕}$$

抵抗を2つ並列に接続したものを，『問題の把握（Ⅲ）』のように考えると，断面積が2倍の"太くなった抵抗"と見なせる。そして，抵抗値は1本あたり10Ωのものを2本に束ねて太くしたら5.0Ω（合成抵抗）になったと考えられるので，1つだけの抵抗の場合と比べて抵抗値は $\frac{1}{2}$ 倍になる。

答 ③：②

問4　問3の考察より，細い導線を束ねたものと太い導線を比べた場合，細い導線の断面積を束ねた本数分だけ合計したものが，太い導線の断面積と同じになれば，抵抗値はどちらも同じ値となる。①～⑥のそれぞれで，断面積の合計を計算すると下の表のようになり，断面積が題意の 0.36 mm² と等しくなるものは②，③であることがわかる。

	断面積の合計〔mm²〕
①	0.30
②	0.36
③	0.36
④	0.48
⑤	0.48
⑥	0.54

答 ④：②，③

（参考）　抵抗と抵抗率

導体の抵抗値 R〔Ω〕は導体の長さ l〔m〕に比例し，断面積 S〔m²〕に反比例する。抵抗率 ρ〔Ω·m〕を用いると次式で表される。

$$R = \rho \frac{l}{S}$$

この式より，長さ l が一定のときは，断面積 S と抵抗値 R は反比例することがわかる。

第8問

解答
問1　①：⑧
問2　②：④
問3　③：②
問4　④：⑤
問5　⑤：④

リード文check（Ⅰ）

❶太陽電池パネルに対して常に太陽光が直角にあたるように設置できれば，最も効率的に発電できる … 『問題の把握』を参照
❷発電によって供給される電力 … 発電によってつくられる単位時間あたりの電気エネルギー
❸おもりが1m上がるまでの時間 T〔s〕を測定した
❹おもりはいつも同じ質量のものを用いた
　→短い時間で引き上げた方が，発電の効率が良い
❺実験は，夏のよく晴れた日の正午ごろ（太陽の高度が1日で最も高い時刻）にひなたで行い
❻南中高度（太陽が真南にきて，いちばん高く上がったときの地平線との間の角度）
　→この実験は，太陽が南中しているときに測定している

解説　問題の把握

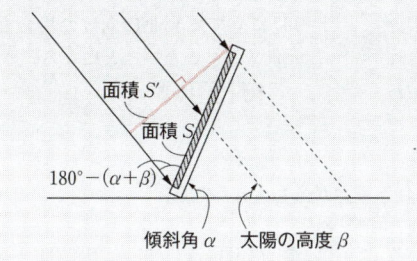

傾斜角を α，太陽の高度を β とする。太陽光に対してパネルが垂直でない場合，面積 S のパネルが受ける光エネルギーは，面積 S' に垂直に入射するエネルギーとなる。S' は，
$$S' = S\sin\{180°-(\alpha+\beta)\} = S\sin(\alpha+\beta)$$
と表すことができるので，$\alpha+\beta = 90°$（パネルが太陽光と垂直）のとき，入射するエネルギーは最大となり，最も効率的に発電できる。

問1 この実験装置では，太陽電池パネルにモーターが接続されている。太陽電池パネルは太陽から届く光エネルギーを電気エネルギーに変換し，モーターはその電気エネルギーをおもりの力学的エネルギーに変換している。　**答** $\boxed{1}$：⑧

（参考）

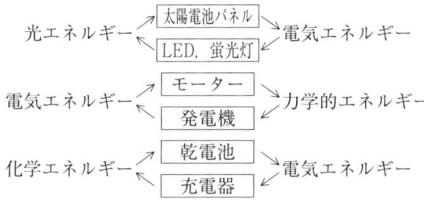

問2 おもりが1m上がるまでの時間が長いほど，おもりの運動エネルギーは小さく，単位時間あたりの位置エネルギーの増加量も小さい。つまり，単位時間あたりに得られる力学的エネルギーがより小さいので，単位時間あたりにおもりがされる仕事もより小さいことになる。モーターは太陽電池パネルから供給される電力によっておもりに仕事をしているので，この場合は供給される電力もより小さいことになる。　**答** $\boxed{2}$：④

（参考）

仕事率…単位時間あたりの仕事

電力…単位時間あたりの電気エネルギー

仕事，エネルギーともに単位はJを使う場合が多い。

問3 下の図のように，方位角が240°の場合と方位角が120°の場合は，南北に対して線対称な位置関係になるので，太陽電池パネルで供給される電力は同じになる。（この実験では太陽が南中しているときに測定しているから）

したがって，求める時間は(a)のグラフで方位角が120°の場合の時間，つまり4.8秒となる。　**答** $\boxed{3}$：②

＜太陽電池パネルを上から見た図＞
（図を見やすくするために傾斜角を90°にしている）

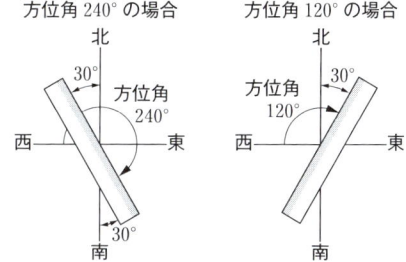

問4 この実験は，太陽が南中しているときに測定しているので，傾斜角が0°より大きい場合は，方位角が大きくなるにつれて太陽光がパネルに当たる角度が小さくなり，供給される電力も小さくなる。したがって，方位角が大きくなるにつれて，問2の議論より，測定される時間が長くなる。また，傾斜角が0°の場合は，地面に平行にパネルを置いている状態だから，方位角が変化しても供給される電力は変化しない。

よって，傾斜角が45°と90°であるものは，方位角が大きくなるにつれて測定される時間が長くなっているはずだから，それぞれグラフ(a)，(b)のいずれかである。また，傾斜角が0°であるものはグラフ(c)，(f)のいずれかである。

次に，この実験は題意より夏に測定（表1より南中高度が概ね65°～78°程度）されており，かなり高い高度から太陽光がパネルにあたっているので，傾斜角が45°よりも90°（パネルが垂直に立った状態）の場合の方が供給される電力は小さく（測定時間は長く）なるはずで

大学入学共通テスト特別演習　175

ある。したがって，傾斜角が 90°のものが(b)，45°のものが(a)であることがわかる。さらに，夏に測定されているので，傾斜角が 0°の場合でもかなり電力が供給されていると考えられるので，(c)は不適当であり，(f)であることがわかる。

かる。((c)は測定時間が(b)(傾斜角 90°)で方位角 180°の場合と同じであるので，パネルを 90°に立てて真北に向けた場合と同じ電力しか供給していないことになる）

答 4 ：⑤

問5　リード文check(Ⅱ)

❼時間 T [s] が最も短くなる　…　供給される電力が最も大きくなる

『問題の把握』より，最も効率的に発電しているのは，パネルに対して太陽光が直角にあたっているときである。パネルの方位角を 0°に固定している場合は，傾斜角 α と南中高度 β の関係が $\alpha+\beta=90°$ のときに，パネルから供給される電力が最も大きくなる。

いま，傾斜角 α は 30°なので 30°$+\beta=90°$，つまり，南中高度 β が 60°の場合にパネルから供給される電力が最も大きくなる。表1の6月〜11月までの南中高度を確認すると，60°に最も近いのは9月であることがわかる。

答 5 ：④